わくわく ポイント確認《かくにん》カード

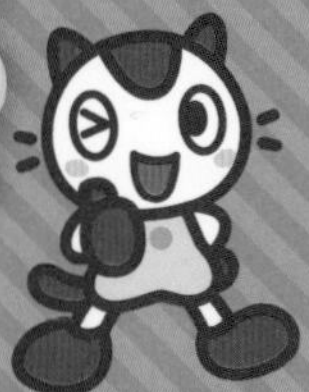

アプリでバッチリ! ポイント確認!

名前

花の色

とくちょう

❶

名前

花の色

とくちょう

❷

名前

花の色

とくちょう

❸

名前

花の色

とくちょう

❹

生き物《もの》のかんさつ

道具《どうぐ》の名前は？

この道具を使《つか》うと、どう見える？

❺

めが出たあとの植物《しょくぶつ》

あの名前は？

あの形はどの植物も同じ？ちがう？

❻

太陽《たいよう》のいちとかげのでき方

あの名前は？

ぼうのかげができるのは、ア～ウのどこ？

❼

ほういの調《しら》べ方

道具の名前は？

あ～うのほういは？

❽

太陽のいちのへんか

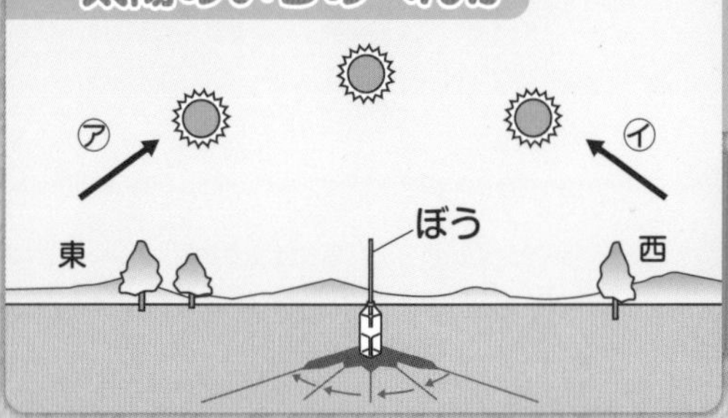

太陽のいちのへんかはア、イどっち？

かげの向《む》きのへんかは太陽と同じ？反対《はんたい》？

❾

温度《おんど》のはかり方

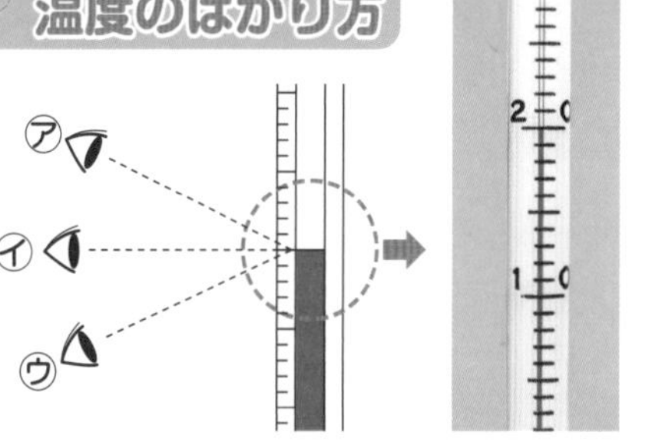

目もりはア～ウのどこから読む？

温度計は何℃《ど》を表《あらわ》している？

❿

アプリでバッチリ！ポイント確認！

おもての QR コードからアクセスしてください。

※本サービスは無料ですが、別途各通信会社の通信料がかかります。
※お客様のネット環境および端末によりご利用できない場合がございます。
※ QR コードは㈱デンソーウェーブの登録商標です。

使い方

- 切りとり線《せん》にそって切りはなしましょう。
- 写真や図を見て、質問《しつもん》に答えてみましょう。
- 使い終《お》わったら、あなにひもなどを通して、まとめておきましょう。

名前　ヒマワリ

花の色　黄色

高さ　1～3m

とくちょう

つぼみのころまでは太陽をおいかけて、向きをかえる。

②

名前　ホウセンカ

花の色　赤色・白色・ピンク色などがある。

高さ　30～60cm

とくちょう

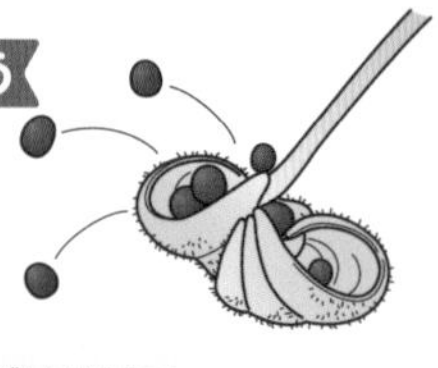

実《み》がはじけて、たねがとぶ。

①

名前　マリーゴールド

花の色　黄色・オレンジ色などがある。

高さ　15～30cm

とくちょう

これ全体《ぜんたい》が1まいの葉。

④

名前　タンポポ

花の色　黄色

高さ　15～30cm

とくちょう

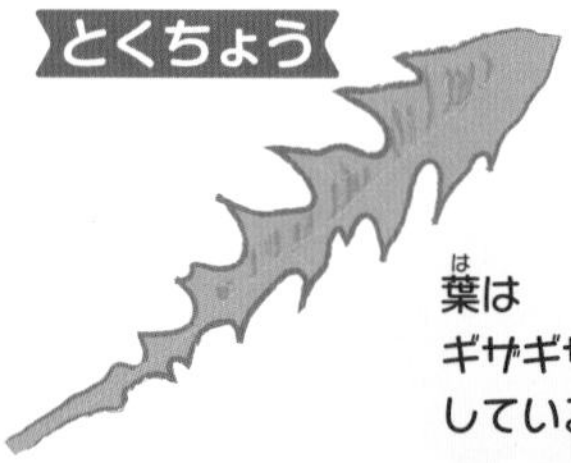

葉《は》はギザギザしている。

③

めが出たあとの植物

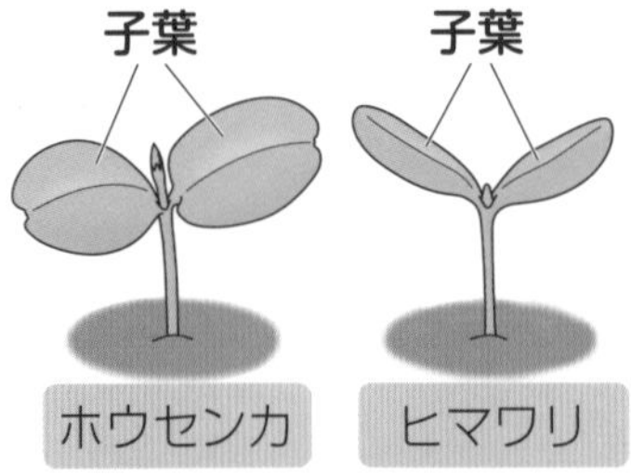

子葉《しよう》は、植物のしゅるいによって、形や大きさがちがうよ。

⑥

生き物のかんさつ

虫めがねでかんさつすると、小さいものが大きく見えるよ。

⑤

ほういの調べ方

①ほういじしんを水平《すいへい》に持《も》つ。
②はりの動《うご》きが止まるまでまつ。
③北の文字をはりの色のついた先に合わせる。

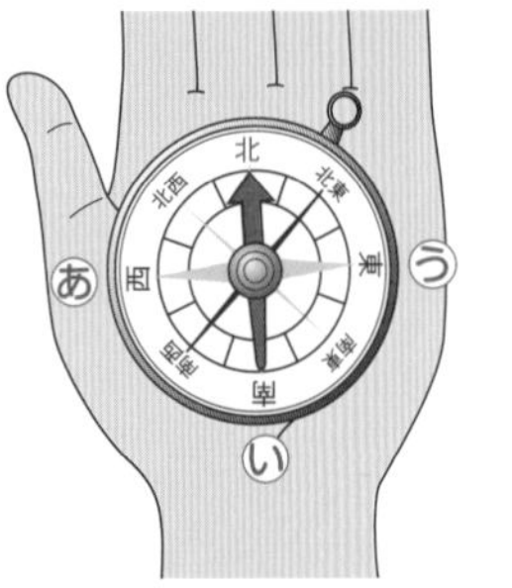

⑧

太陽のいちとかげのでき方

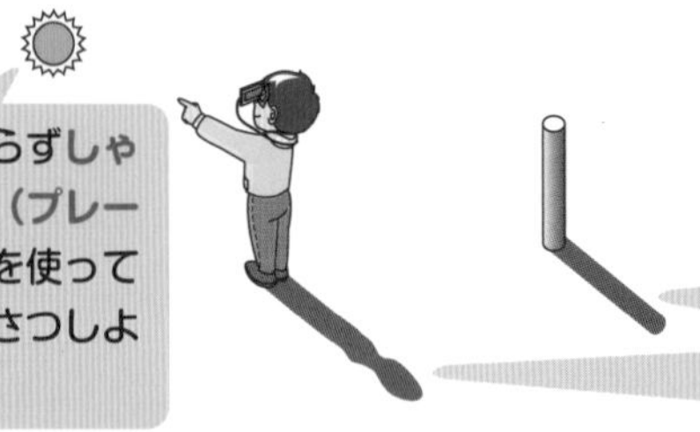

かならずしゃ光板《ばん》（プレート）を使ってかんさつしよう。

かげはどれも同じ向き（㋑）にできるよ。

⑦

温度のはかり方

温度計は、目の高さとえきの先を合わせて、真横《まよこ》から目もりを読もう。写真は、20℃だとわかるね。

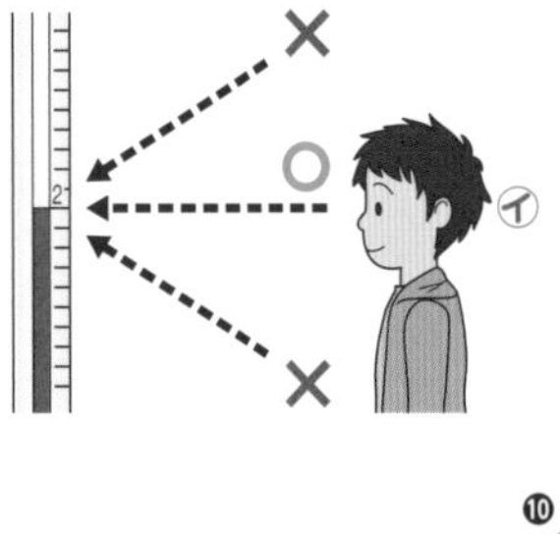

⑩

太陽のいちのへんか

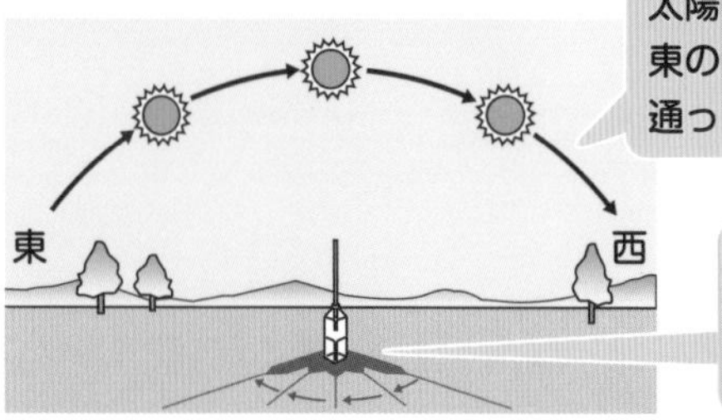

太陽のいちは㋐のように、東のほうから南の空を通って西のほうへかわる。

かげの向きのへんかは、太陽と反対になる。

⑨

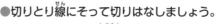

教科書ワーク

答えとてびき

「答えとてびき」は、とりはずすことができます。

学校図書版

理科 3年

使い方

まちがえた問題《もんだい》は、もう一度よく読んで、なぜまちがえたのかを考えましょう。正しい答えを知るだけでなく、なぜそうなるかを考えることが大切です。

1 しぜんのかんさつ
2 植物を育てよう

2ページ きほんのワーク

1. ①「黄色」に◯
   ②「ぎざぎざしている」に◯
   ③「ピンク色」に◯
   ④「長い」に◯
2. ①虫めがね ②花（見るもの）
   ③太陽

まとめ ①色 ②場所 ③太陽

3ページ 練習のワーク

❶ (1)㋒ (2)㋑ (3)㋐

❷ (1)ダンゴムシ (2)㋐ (3)㋒

❸ (1)虫めがね (2)①目 ②見るもの
(3)絵（スケッチ）

てびき ❶ (1)㋐はカラスノエンドウの花、㋑はシロツメクサの花です。

(3)花の色は、シロツメクサが白色、オオイヌノフグリは青色です。

❷ (1)㋐はナナホシテントウ、㋑はクロオオアリです。

(2)ナナホシテントウは、はねがあって、とぶことができます。

❸ (2)見るものが動かせないときは、虫めがねを前後に動かして、はっきりと見えるところで止めます。

(3)かんさつしたことを記ろくするときには、言葉だけでなく、絵をかくと、色や形などのとくちょうがよくわかります。

4ページ きほんのワーク

1. (1)①ホウセンカ ②ヒマワリ
   (2)③「ちがう」に◯
2. (1)①子葉《しよう》 (2)②ふえる

まとめ ①しゅるい ②形 ③葉

5ページ 練習のワーク

❶ (1)㋐ヒマワリ ㋑ホウセンカ
(2)㋐
(3)④→②→③→①

❷ (1)㋒→㋐→㋑
(2)い (3)ホウセンカ

❸ ①かんさつ ②天気 ③形
④絵（スケッチ） ⑤長さ（大きさ）

てびき ❶ (1)ヒマワリは、せは高くなり、くきは太くなり、葉も大きく育ちます。このため、地面にたねをまくときには、たねとたねの間をじゅうぶんにはなしておきます。

(2)ヒマワリのたねは、指でふかさ2cmくらいにあけたあなに入れ、土をかぶせます。ホウセンカのたねは、指で地面をおして、たねがうまるていどのふかさにあけたあなに入れます。

わかる! 理科 ホウセンカのたねは、小さいので、あまり土のふかいところにたねをまくと、めが出てこないことがあります。土は上からうすくかけるぐらいにしましょう。

❷ (1)ヒマワリやホウセンカのめばえは、とじた2まいの子葉が、たねの皮をつけて、土の中か

ら地面に出てきます。やがて子葉がひらき、そのあと、葉が出てきます。

(3)子葉のあとに出てくるホウセンカの葉は、外がわがぎざぎざになっていて、先がとがっています。ヒマワリの葉には丸みがあります。

❸ 記ろく用紙は、あとでほかの記ろく用紙とくらべたり、なかま分けしたりするときに使います。記ろくするときは、調べたことだけでなく、自分で感《かん》じたことや、思ったことなどを書いておくと、さらにくわしく調べたり、まとめたりするときに役立《やくだ》ちます。

6・7ページ まとめのテスト

1 (1)㋐　(2)㋐、㋒
(3)虫めがね
(4)太陽を見ること。

2 (1)ナナホシテントウ
(2)③に○　(3)㋓

3 (1)①—㋐＼／(あ)
②—㋑／＼(い)
(2)(あ)ホウセンカ　(い)ヒマワリ

4 (1)子葉
(2)㋐　(3)㋐

5 (1)天気
(2)考えたことや気がついたこと
(3)イ

丸つけのポイント

1 (4)虫めがねを目に近づけたまま太陽を見るということが書かれていれば正かいです。

てびき 1 (1)タンポポは、日当たりのよい野原や校庭《こうてい》のすみなどで、ぎざぎざした形の葉を広げています。葉が重《かさ》なり合っていないので、日光をじゅうぶん受けられるようになっています。

(2)タンポポとカタバミの花の色は黄色、ハコベは白色、ゲンゲはピンク色です。

2 ナナホシテントウは、春には日当たりのよいところにある植物の葉や花の上にいて、からだの形は、せ中がわから見ると、円に近い形です。

3 (1)①、②はたねです。①のように細長く、たてのしまもようがあるのが、ヒマワリのたねのとくちょうです。②は丸くて小さいのでホウセンカのたねです。

4 ㋐があとから出てきた葉、㋑が子葉です。子葉はめばえのときに出てきたものです。2まいの子葉の間から、ふちがぎざぎざした形の葉が出て、ふえていきます。

5 (1)(2)記ろく用紙には、かんさつした月日や天気、自分の名前も書きましょう。また、考えたことや気がついたことも書いておきましょう。

(3)記ろく用紙の絵には、大きさ、形、色などをかいておきましょう。

3 かげと太陽

8ページ きほんのワーク

❶ (1)①しゃ光板
(2)②「反対」に⬭
(3)③日光　④かげ

❷ (1)①「同じ」に⬭　(2)②先

まとめ ①反対　②同じ

9ページ 練習のワーク

❶ (1)後ろ　(2)後ろ
(3)(う)

❷ (1)㋐　(2)ア
(3)ア　(4)(あ)

てびき ❶ (1)(2)日光(太陽の光)をさえぎるものがあるとき、太陽の反対がわにかげができます。

(3)どんなもののかげも、同じ向きにできるので、ぼうのかげは、女の子のかげと同じ向きにできます。

❷ (1)(4)人やぼうが日光をさえぎって、かげができます。かげは、日光をさえぎるものがあると、太陽の反対がわにできます。

(2)めぐみさんがしゃがむと、かげもしゃがんだ人の形になるので、小さくなります。

(3)人が動くと、かげも動きます。

10ページ きほんのワーク

❶ (1)①東→南→西
(2)②西→北→東

❷ (1)①北
(2)②北

まとめ ①太陽　②東　③西

11ページ 練習のワーク

❶ (1)㋒
(2)南

(3)②に○

2 (1)しゃ光板

(2)右図

(3)太陽

3 (1)方位

(2)㋐　(3)南

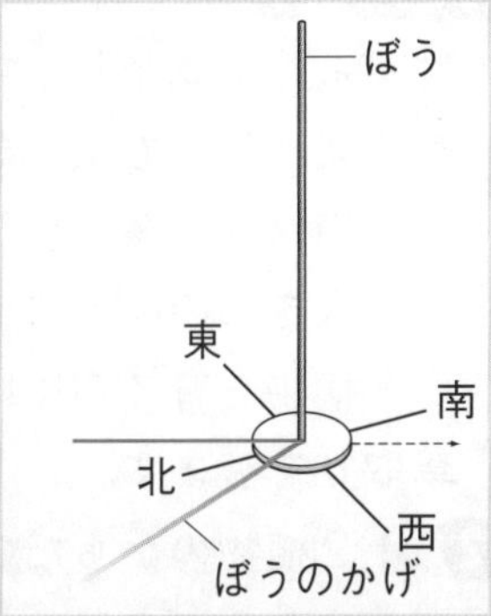
ぼう
東
南
北
西
ぼうのかげ

てびき **1** (1)(2)太陽は、いつも同じはやさで東からのぼって、正午ごろに南の空を通り、西へしずみます。かげは、日光をさえぎるものがあると、太陽の反対がわにできます。よって、図のようなとき、正午にはぼうのかげは北にできます。

(3)太陽は東からのぼって、南の空を通り、西にしずみます。かげは、日光をさえぎるものがあると、太陽の反対がわにできるので、太陽が東にあるときは西、太陽が南の空にあるときは北、太陽が西にあるときは東へと動いていきます。

2 (1)太陽を見るときは、かならずしゃ光板を使いましょう。直せつ見ると目をいためます。

(2)かげは、日光をさえぎるものをはさんで、太陽がある方向の反対がわにできます。ぼうのかげは、午後1時の太陽の方位を指す矢じるし----►の反対がわにできます。

わかる! 理科 かげのはしは、ぼうの上のはしが日光をさえぎるとき、太陽の反対がわにできているので、太陽が高いほど、かげのはしはぼうの元に近くなり、かげ全体は短くなります。反対に、かげのはしは太陽の位置がひくいほどぼうの元から遠くなり、かげ全体は長くなります。太陽の高さは、朝と夕方はひくく、正午ごろ一番高くなります。そのため、ぼうのかげの長さは、朝と夕方は長く、正午ごろ一番短くなります。

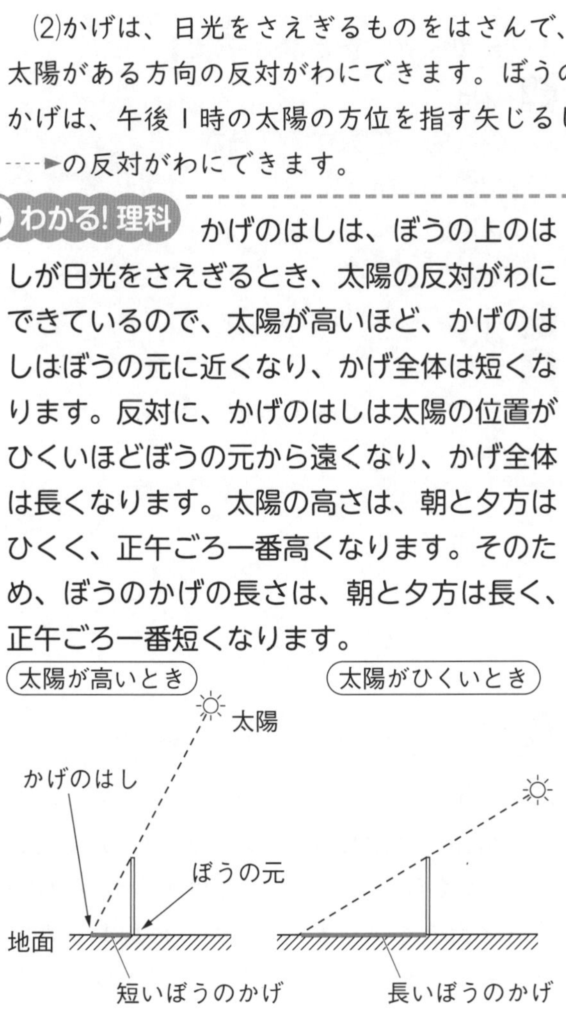
太陽が高いとき
太陽がひくいとき
太陽
かげのはし
ぼうの元
地面
短いぼうのかげ
長いぼうのかげ

3 (2)方位じしんの文字ばんの「北」は、色のぬってあるはりの先に合わせます。

12ページ　きほんのワーク

1 ①明るい　②暗い

③あたたかい　④つめたい

2 (1)①日光　(2)②日光

まとめ ①日なた　②日かげ　③日光

13ページ　練習のワーク

1 (1)㋐

(2)①㋑　②㋐

(3)㋐

(4)日光

2 (1)い

(2)①28℃　②25℃　③26℃

(3)①○　②×　③×

てびき **1** (1)(2)日なたでは、日光が当たって地面があたためられるので、地面はかわいています。日かげの地面は、日光にあたためられないので、つめたく、しめっています。

2 (1)(2)温度計の目もりを読むときは．真横から見て、えきの先にいちばん近い目もりを読みます。えきの先が目もりと目もりの真ん中にあるときには、上の方の目もりを読みます。

(3)①日なたで温度をはかるときは、日光が直せつ温度計に当たらないようにします。

14・15ページ　まとめのテスト

1 (1)㋓　(2)午後３時

(3)③、④、⑤に○

(4)太陽…東から西　かげ…西から東

(5)太陽を直せつ見ること。

2 (1)①×　②○　③○　④×

(2)16（じゅうろく）ど

3 (1)①あ　②え

(2)あ18℃　い21℃　う19℃　え29℃

(3)日なた（の地面）

(4)日光（太陽の光）によって、地面があたためられるから。

(5)②、⑤に○

丸つけのポイント

1 (5)しゃ光板などの目を守《まも》る道具を使わずに太

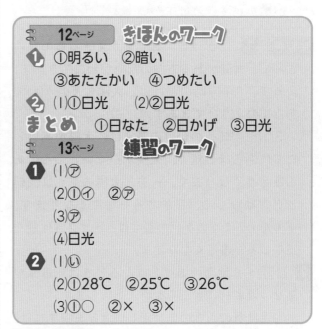

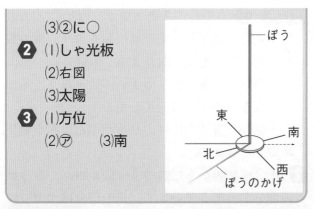

陽を見るということが書かれていれば正かいです。
3 (4)日光によって地面の温度が上がることが書かれていれば正かいです。

てびき **1** (1)かげは、日光をさえぎるものをはさんで、太陽がある方向の反対がわにできます。よって、午前9時のかげは、太陽の反対がわである㋓のようにできます。

(3)①～④ぼうのかげの長さは、太陽が高いところにあるほど短く、太陽がひくいところにあるほど長くなります。一方、太陽の高さは、朝と夕方はひくく、正午ごろ一番高くなります。そのため、ぼうのかげの長さは、朝と夕方は長く、正午ごろ一番短くなります。

2 (1)①～③地面の温度をはかるときは、日光が直せつ温度計に当たらないようにします。

④温度計のえきの先が正しい温度を指すには、少し時間がかかります。温度計の目もりを読むときは、えきの先の動きが止まってから読みます。

3 日なたでは、日光が地面に直せつ当たるので、地面の温度は、朝から昼ごろにかけてしだいに上がります。一方、日かげでは、日光が地面に当たらないため、地面の温度はあまりかわりません。このため、日なたの地面の温度は日かげより高くなります。

2-2 ぐんぐんのびろ

16ページ きほんのワーク

1 ①「ふえ」に◯
②「大きく」に◯
③「高く」に◯　④「太く」に◯

2 ①葉　②くき　③根

まとめ ①ちがうところ　②からだ　③根

17ページ 練習のワーク

1 (1)①ふえた。　②高くなった。
③太くなった。
(2)植えかえ
(3)水やり、草取り

2 (1)㋐葉　㋑くき　㋒根
(2)㋒
(3)㋐㋕　㋑㋖　㋒㋗
(4)あ

てびき **1** (1)6月ごろのホウセンカとヒマワリはぐんぐん成長《せいちょう》します。せが高くなり、葉の数がふえ、くきも太くなります。

(2)植物は、葉が6～8まいになったら、花だんか大きめのはちに植えかえます。

(3)植物を育てるには、じゅうぶんに水をやり、草取りをします。

2 (1)(2)植物のからだのつくりは、根、くき、葉の部分からできています。根の部分は土の中に広がっています。

(3)ヒマワリが成長すると、せがとても高くなり、大きな花をつけるので、それをささえる太くてじょうぶなくきが、上の方までのびています。そこからまわりにうちわのように大きな葉が出ています。根は太いくきをささえるため、太い根から細い根をたくさん出して土の中に広がっています。

(4)ホウセンカのくきには、少し赤くなったところがあります。ヒマワリのくきは、太くてざらざらしていて、すじがあります。

18・19ページ まとめのテスト

1 (1)㋑
(2)①数　②太さ　③高さ
(3)③に◯
(4)根
(5)①、③に◯

2 ①◯　②×　③×　④◯

3 (1)㋐ヒマワリ　㋑ホウセンカ
(2)あ葉　いくき　う根
(3)
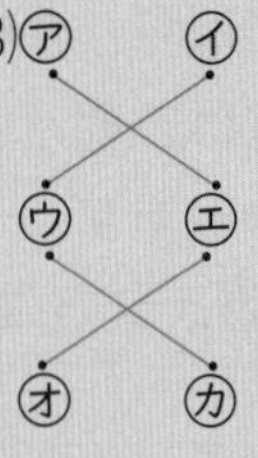

(4)う

4 ②、③、④、⑤、⑦、⑨に◯

てびき **1** (1)6月のはじめごろ、ホウセンカのせの高さは20cmくらい、ヒマワリは80～100cmくらいで、ヒマワリはホウセンカよりずっと大きくなります。また、ホウセンカの葉は、先がとがっていて細長く、ヒマワリの葉は、うちわのような形です。

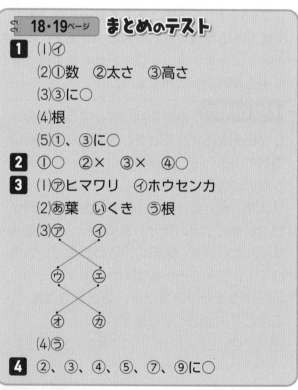

(4)(5)根の部分は土の中にあります。根のようすを調べるときには、むやみにほり起こさず、植えかえのときなどに、土をあらい落とすと、土の中にある部分をかんさつすることができます。かんさつが終《お》わったら、広いところに植えかえて、水をじゅうぶんにやります。

2 ③ヒマワリやホウセンカのほか、多くの植物の根は土の中にあります。

3 (4)ヒマワリの根は、大きくて重いからだをささえるため、太い根から細い根をたくさん出して土の中に広がっています。

4 ①植物の葉はくきから出ています。

⑥植物のくきは、育つにつれて太くなっていきます。

⑧植物によって、根、くき、葉の大きさや形がちがいます。

4 チョウを育てよう

20ページ きほんのワーク

1 (1)①キャベツ　②サンショウ
(2)③ 1 mm

2 ①葉　②えさ（葉）　③大きい

まとめ ①黄色　②よう虫

21ページ 練習のワーク

1 (1)①○　②○　③×　④×
(2)うらがわ
(3)㋑
(4)黄色

2 (1)①×　②○　③×　④○　⑤×
(2)手をあらうこと。

てびき **1** (1)(2)モンシロチョウやアゲハは、よう虫が食べる葉のうらがわにたまごをうみつけます。このため、モンシロチョウのたまごは、ダイコンやキャベツなどの葉のうらがわにうみつけられているのが多く見られます。

(3)(4)モンシロチョウのたまごは黄色で、大きさは1mmくらいです。

2 (1)①ようきを直せつ日光が当たるところにおくと、温度が高くなりすぎたり、えさやだっしめんがかわいたりしてしまいます。そのため、ようきは日光が直せつ当たらないところにおきます。

③よう虫が大きくなったら、大きなようきにうつします。

22ページ きほんのワーク

1 (1)①たまご
②たまごのから
(2)③「大きく」に◯
④「こく」に◯

2 (1)①糸
②成虫
(2)右図

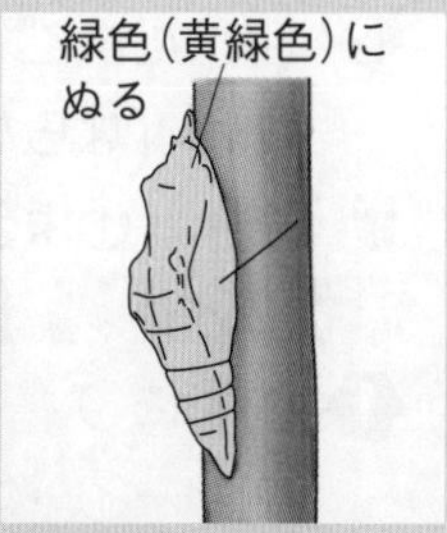

まとめ ①たまご　②よう虫　③さなぎ　④成虫

23ページ 練習のワーク

1 (1)①に○　(2)ふん
(3)緑色　(4)ウ

2 (1)㋐アゲハ　㋑モンシロチョウ
(2)①糸　②さなぎ
(3)㋒アゲハ　㋓モンシロチョウ

てびき **1** (1)モンシロチョウのよう虫は、キャベツやダイコンなどの葉を食べます。

(3)(4)モンシロチョウは、生まれたときのからだは黄色く、4回皮をぬぐたびに大きくなるとともにこい緑色になります。よう虫はたまごから出てくると、まずたまごのからを食べます。また、大きくなるために皮をぬいだときには、ぬいだ皮も食べます。

2 (1)㋐大きくなったアゲハのよう虫は緑色で、からだにはもようがあります。
㋑モンシロチョウのたまごはたて長で黄色く、1mmほどの大きさです。

(2)大きくなったよう虫は、糸でからだを葉にとめて皮をぬぎ、さなぎになります。さなぎは動かず、何も食べません。さなぎははじめは緑色で、中がすけて見えるようになると、やがて成虫が出てきます。

(3)たまごから成虫まで、モンシロチョウよりアゲハの方がからだが大きく、アゲハのはねにはあみの目のようなもようがあります。

24ページ　きほんのワーク

1. (1)①たまご　②よう虫　③成虫
 (2)④「ならない」に◯
2. (1)①たまご　②よう虫　③成虫
 (2)④「ならない」に◯

まとめ　①よう虫　②成虫　③さなぎ

25ページ　練習のワーク

❶ (1)④に○
 (2)㋐→㋑→㋓→㋒
 (3)さなぎ
❷ (1)水の中
 (2)㋑
 (3)ならない。
 (4)エ

てびき ❶ (1)コオロギを育てるとき、ようきは日光が直せつ当たらないところにおき、毎日そうじをして、えさを取りかえます。また、しめった土を入れ、土がかわかないようにときどききりふきで水をかけます。キュウリ、ナスのほかにかつおぶしもえさとしてあたえます。

(2)(3)コオロギは、さなぎにはならず、たまご→よう虫→成虫のじゅんに育ちます。

❷ トンボは水の中にたまごをうみ、よう虫は水の中の生き物を食べて育ちます。成虫になるときは草や木などをのぼって水から出ます。このあと、さいごに皮をぬいで成虫になります。

26・27ページ　まとめのテスト❶

1 (1)モンシロチョウ…㋐、㋓
 アゲハ…㋑、㋒
 (2)黄色
2 (1)㋑成虫　㋒さなぎ　㋓よう虫
 (2)（㋐→）㋓→㋒→㋑
 (3)①㋑　②㋓　③㋒　④㋑
 ⑤㋓　⑥㋒
3 (1)㋐よう虫　㋑たまご　㋒さなぎ
 ㋓よう虫　㋔成虫
 (2)イ
 (3)（㋑→）㋓→㋐→㋒→㋔
4 (1)㋑　(2)③に○
 (3)よう虫が成虫になるときにつかまるため。
 (4)水　(5)イ

丸つけのポイント

4 (3)トンボのよう虫が成虫になるとき、水から出て、からだをささえるために使われることが書かれていれば正かいです。

てびき **1** (1)モンシロチョウのよう虫は、キャベツやダイコンなどの葉を食べ、アゲハのよう虫は、カラタチやミカンなどの葉を食べます。成虫は、よう虫が食べる葉にたまごをうみます。

2 (1)(2)モンシロチョウは、たまご→よう虫→さなぎ→成虫のじゅんに育ちます。

(3)モンシロチョウのよう虫はキャベツやダイコンなどの葉を食べ、皮をぬいで大きくなります。4回皮をぬいでから、自分のからだを糸で葉などにとめて皮をぬぎ、さなぎになります。さなぎはじっとしていて何も食べません。成虫は花のみつをすい、たまごをうみます。

3 (3)アゲハは、㋑→㋓→㋐→㋒→㋔のじゅんに育ちます。㋓はたまごから出たばかりのよう虫で、㋐は育って大きくなったよう虫です。

4 (1)(3)(4)トンボは水の中にたまごをうみ、よう虫は水の中の生き物を食べて育ちます。成虫になるときは草や木などをのぼって水から出ます。そのあと、さいごに皮をぬいで成虫になります。そのため、トンボを育てるためのようきの中には、わりばしなどを立てておき、トンボのよう虫が水から出られるようにしておきます。

(2)コオロギやトンボは、よう虫がさなぎにはならずに成虫になります。

(5)トンボのよう虫は、水の中の生き物を食べて育ちます。

28ページ　きほんのワーク

1. ①頭　②むね　③はら
 ④しょっ角　⑤口　⑥目
2. (1)①頭　②むね　③はら
 (2)④3　⑤6　⑥こん虫

まとめ　①はら　②むね　③あし

29ページ　練習のワーク

❶ (1)㋐頭　㋑むね　㋒はら
 ㋓しょっ角　㋔目　㋕あし
 (2)6本

(3)3つ
(4)むね
(5)頭
(6)こん虫

2 (1)㋐頭　㋑むね　㋒はら
(2)①むね　②6本　③ちがう

てびき **1** モンシロチョウのからだは、頭、むね、はらの3つの部分に分かれ、むねにはあしが6本ついています。このようなからだのつくりは、こん虫のなかまのとくちょうです。

2 カイコはからだのいろいろな部分の形がアゲハやモンシロチョウとはちがっています。しかし、アゲハやモンシロチョウと同じように、からだは頭、むね、はらの3つの部分に分かれ、むねにはあしが6本ついています。このように、カイコもからだのつくりは、こん虫のとくちょうをもっています。

30ページ　きほんのワーク

1 (1)㋐たまご　㋑よう虫　㋒さなぎ
㋓成虫　㋔たまご　㋕よう虫　㋖成虫
(2)①完全へんたい　②不完全へんたい

まとめ　①完全へんたい　②さなぎ

31ページ　練習のワーク

1 (1)㋑、㋓
(2)完全へんたい
(3)㋑
(4)②に○
(5)よう虫

2 (1)よう虫から成虫になるとき、さなぎになるか、ならないかというところ。
(2)①㋑　②㋐　③㋐　④㋑

丸つけのポイント

2 (1)さなぎになる・ならないのちがいが書かれていれば正かいです。

てびき **1** (1)(2)(5)こん虫には、㋑カブトムシ、㋓ゲンジボタルのように、よう虫から成虫になるときにさなぎになるものと、㋐アブラゼミ、㋒トノサマバッタのように、よう虫から成虫になるときにさなぎにならないものがあります。㋑、㋓のような、たまご→よう虫→さなぎ→成虫という育ち方を完全へんたいといいます。また、㋐、㋒のような、たまご→よう虫→成虫という育ち方を不完全へんたいといいます。

(3)(4)カブトムシはさなぎになるまで、土の中でかれた木や葉を食べて育ちます。

2 アゲハやモンシロチョウのような、たまご→よう虫→さなぎ→成虫という、成虫になる前にさなぎになる育ち方を完全へんたいといいます。また、コオロギやトンボのような、たまご→よう虫→成虫という、成虫になる前にさなぎにならない育ち方を不完全へんたいといいます。

32・33ページ　まとめのテスト2

1 (1)㋐頭　㋑むね　㋒はら
(2)あし…むね　目…頭　しょっ角…頭
(3)6本

2 (1)㋒　(2)モンシロチョウ
(3)②に○

3 (1)㋐○　㋑○　㋒△　㋓○
㋔○　㋕△　㋖△　㋗△
(2)完全へんたい　(3)不完全へんたい

4 (1)①よう虫　②さなぎ　③よう虫
④さなぎ　⑤完全へんたい
⑥さなぎ　⑦不完全へんたい
(2)②に○

てびき **1** モンシロチョウのからだは、頭、むね、はらの3つの部分からできています。むねにはあしが6本、はねが4まいついていて、目、しょっ角、口は頭についています。

わかる! 理科 モンシロチョウの頭には、しょっ角と大きな目とストローのような形をした口があります。この口は、ストローのような形をしていますが、1本ではなく、左右2本のくだが合わさったものです。ふだんはくるくるとまかれていますが、みつをすうときにはこの口をのばして花の中にさしこみます。

2 (1)カブトムシは、たまご→㋐よう虫→㋒さなぎ→㋑成虫のじゅんに育ちます。また、よう虫は土の中でかれた木や葉を食べて育ち、さなぎになります。

3 よう虫が成虫になる前に、さなぎになるような育ち方を完全へんたいといい、㋐のカブトムシ、㋑のアゲハ、㋓のゲンジボタル、㋔のカイコがあてはまります。成虫になる前に、さなぎにならないような育ち方を不完全へんたいといい、㋒のアキアカネ、㋕のトノサマバッタ、㋖のコオロギ（エンマコオロギ）、㋗のアブラゼミがあてはまります。

4 (2)からだが、頭、むね、はらの3つの部分に分かれ、むねにはあしが6本ついているようなからだのつくりが、こん虫のなかまのとくちょうです。

2−3 花がさいた

34ページ きほんのワーク

1 ①つぼみ ②花 ③多く

2 ①つぼみ ②花 ③太く

まとめ ①ふえ ②高く ③花

35ページ 練習のワーク

1 (1)①大きくなった。 ②ふえた。
③太くなった。
(2)②、④に○

2 (1)つぼみ (2)上の方
(3)①○ ②○ ③○ ④○
⑤× ⑥× ⑦○

てびき 1 (1)ホウセンカは夏が近くなるとよく成長して、葉は大きくなり、葉の数はふえます。また、くきも太くなります。

(2)①、③はヒマワリのとくちょうです。

2 (1)㋐はつぼみで、やがて花がさきます。

(3)7月ごろ、ヒマワリはとても大きくなります。大きいものでは、せの高さが2mをこえます。葉は人の顔よりも大きくなるものもあり、くきは指よりも太くなります。花の色は黄色です。また、花はくきの一番上でさきます。

5 こん虫を調べよう

36ページ きほんのワーク

1 (1)①オンブバッタ ②トノサマバッタ
③オオカマキリ
④トンボ（アキアカネ）
(2)⑤「植物の葉」に⬭
⑥「ほかの虫」に⬭

2 (1)①ダンゴムシ（オカダンゴムシ）
②コオロギ（エンマコオロギ）
③アブラゼミ ④モンシロチョウ
(2)⑤「林」に⬭ ⑥「畑」に⬭

まとめ ①すみか ②しぜん

37ページ 練習のワーク

1 (1)ア (2)ア
(3)②に○

2 (1)オンブバッタ
(2)②に○
(3)㋒ (4)㋑ (5)㋓

てびき 1 (2)(3)ショウリョウバッタやトノサマバッタは、草むらで葉を食べて生活しています。

2 (1)オンブバッタは、草むらなどで見かけることができます。

(3)からだ全体が黒く、目が大きく、バッタと同じように太い後ろあしがあるのがエンマコオロギのとくちょうです。

(5)オカダンゴムシは、林の中の大きな石の下や落ち葉の下などで見られます。

38ページ きほんのワーク

1 (1)①むね ②はら
(2)

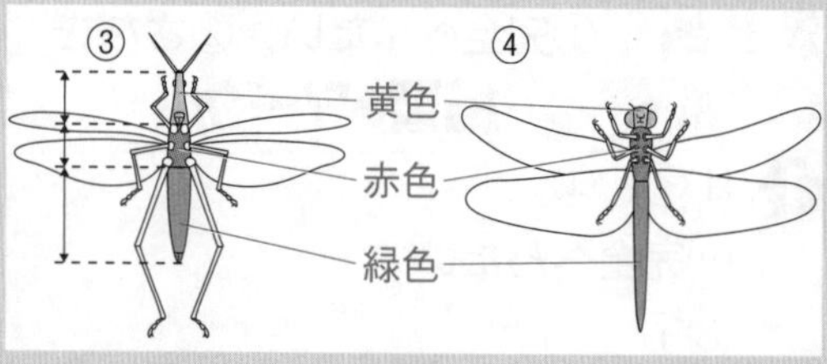

2 ①頭 ②8

まとめ ①頭 ②むね

39ページ 練習のワーク

1 (1)㋐頭 ㋑むね ㋒はら
(2)6本
(3)目…頭 あし…むね

2 (1)3つ (2)6本
(3)むね
(4)いえる。

3 (1)クモ (2)クモ
(3)いえない。

てびき 1 2 トンボ、モンシロチョウ、カブトムシはこん虫のなかまで、からだは、頭、むね、はらの3つの部分に分かれています。また、目やしょっ角は頭についていて、6本のあしがむねについています。

❸ ⑴ダンゴムシにはあしが14本あり、クモにはあしが8本あります。

⑵ダンゴムシのからだは頭、むね、はらの3つの部分に分かれていますが、クモのからだは、頭とむねがいっしょになった部分とはらの2つの部分に分かれています。

40・41ページ まとめのテスト

1

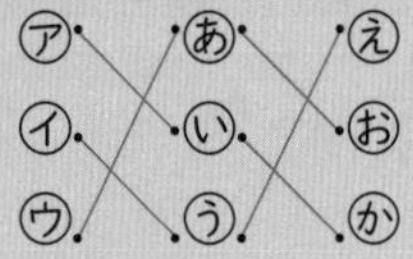

2 下の表

	名　前	すみか	食べ物
①	トノサマバッタ	エ	㋒
②	オオカマキリ	イ	㋐
③	カブトムシ	ア	㋑
④	モンシロチョウ	ウ	㋓

3 ⑴3つ

⑵2つ

⑶6本

⑷むね

⑸8本

⑹いえる。

⑺いえない。

⑻からだが頭、むね、はらの3つの部分に分かれてなく、あしが6本ではないから。

⑼㋐しょっ角　㋑目

4 ⑴㋔　⑵㋐　⑶㋐、㋑

⑷頭、むね、はら

丸つけのポイント

3 ⑻クモが、こん虫としてのとくちょう（からだが3つの部分に分かれ、むねにあしが6本ついている）をもっていないことが書かれていれば正かいです。

てびき **1** ショウリョウバッタは、草むらにすみ、葉を食べています。カブトムシは、林の中などにすみ、木のしるをなめます。オカダンゴムシは、石の下などにすみ、落ち葉などを食べています。

2 ②のオオカマキリは、こん虫の集まりやすい場所にすんでいて、ほかの虫を食べます。③のカブトムシは、木からしぜんに出るしるをなめています。

3 トンボのからだは、頭、むね、はらの3つの部分に分けることができ、目やしょっ角が頭にあり、6本のあしと4まいのはねがむねについています。一方、クモのからだは、頭とむねがいっしょになった部分とはらの2つの部分に分かれていて、頭とむねがいっしょになった部分には、あしが8本ついています。目はありますがしょっ角やはねはありません。

4 ⑴ショウリョウバッタ（㋔）の成虫は、緑色をしていて、草むらにすんでいます。また、一番後ろのあしはエンマコオロギ（㋒）と同じように太くなっています。

⑵クモ（㋐）のからだは、頭とむねがいっしょになった部分とはらの2つの部分に分かれていて、はねはなく、頭とむねがいっしょになった部分にはあしが8本あります。

⑶⑷こん虫は、からだが頭、むね、はらの3つの部分に分かれ、むねに6本のあしがついています。

わかる! 理科 こん虫のなかまには、アリのようにはねのないものや、ハエのように2まいのはねをもつもの、バッタやモンシロチョウのように4まいのはねをもつものがいます。ダンゴムシやクモは、あしの数が6本より多いことや、からだの部分の分かれ方がちがうことなど、からだのつくりがちがっているので、こん虫のなかまではありません。

2-4 実ができるころ

42ページ きほんのワーク

❶ ①実　②たね

❷ ①子葉　②葉　③花　④実

⑤根　⑥くき　⑦たね

まとめ ①ひとつ　②花　③実

43ページ 練習のワーク

❶ ⑴㋐→㋒→㋑

⑵①実　②葉　③たね　④形

⑶(う)

❷ ⑴㋐子葉　㋑め　㋒葉　㋓くき

㋔根　㋕花　㋖たね
(2)かれる。
(3)にている。

てびき ❶ (1)(2)ホウセンカは、花がさいたあと、実ができ、やがて葉やくきがかれます。実の中にはたくさんのたねができ、実がじゅくすと、たねがとびちります。

(3)あはヒマワリのたね、いはアサガオのたねです。

❷ (1)㋐は子葉で、㋑はめばえです。ヒマワリは、ふつう、くきの一番高いところに花がさきます。花がさいたあとに実ができ、実の中にたねができます。

(2)ヒマワリは、実ができたあと、やがてかれてしまいます。

44・45ページ　まとめのテスト

1 (1)①ヒマワリ　②ホウセンカ
(2)
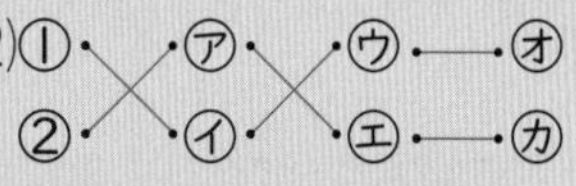

(3)②
(4)①
(5)かれる。
(6)①に○

2 (1)㋐3　㋑2　㋒6
㋓1　㋔4　㋕5
(2)①㋑　②㋐　③㋒
(3)①に○　(4)②に○

3 ②、④に○

てびき **1** (1)(2)①の緑色のとがった形のものでつつまれているのは、ヒマワリのつぼみです。②のしっぽのようなものがあるつぼみは、ホウセンカです。

(3)ホウセンカの実は、さわるとはじけて、たねを遠くへとばします。

(4)ヒマワリのせの高さは、大きいものでは2mをこえるものもあります。

2 (1)(2)ホウセンカは、㋓たね→㋑めばえ→㋐葉が出る→㋔成長して葉がふえて、くきが太くなり、せが高くなる→つぼみをつける→㋕花がさく→㋒実ができる→たねができる→かれる、のじゅんに育ち、一生を終えます。

(3)実ができたあと、たねをのこして、ホウセンカはかれてしまいます。

3 ①④子葉や葉の形、つぼみや花の形や色は、植物によってちがいます。

③植物が育つと、葉の数がふえ、葉も大きくなります。

⑤実は花がさいたあとにできます。

6 音を調べよう

46ページ　きほんのワーク

❶ ①音　②ふるえ
❷ ①「大きな」に⬭
②「小さな」に⬭

まとめ　①大きく　②小さく

47ページ　練習のワーク

❶ (1)①に○　(2)止まる。(出なくなる。)
(3)①に○
❷ (1)②に○　(2)①小さく　②大きく

てびき ❶ (1)(2)音を出しているものはふるえていて、ふるえが止まると音も止まります。

(3)大きな音を出しているものは大きくふるえ、小さな音を出しているものは小さくふるえます。

❷ (1)大きな音を出しているたいこの方が大きくふるえるので、ビーズははげしく動きます。

(2)大きな音を出しているものは大きくふるえ、小さな音を出しているものは小さくふるえます。

48ページ　きほんのワーク

❶ (1)①音　(2)②糸
❷ ①「ふるえている」に⬭
②「聞こえない」に⬭

まとめ　①音　②ふるえ

49ページ　練習のワーク

❶ (1)ア　(2)イ
(3)①糸　②ふるえる
(4)ア
❷ ①、③に○

てびき ❶ (1)～(3)糸電話で音がつたわっているとき、音のふるえが紙コップにつたわり、さらに糸→あいての紙コップとつたわって、紙コップがふるえるので声が聞こえます。音がつたわっているとき軽く糸にふれると、糸がふるえていることがわかります。また、指でつまんだ部分から先の糸はふるえなくなるので、あいての紙コップでは声が聞こえなくなります。

❷ フォークをつるした糸を耳のあなに当ててフォークをたたくと、ふるえが、フォーク→糸→耳とつたわって、音が聞こえます。糸を耳のあなからはなすと、耳にふるえがつたわらないので、音は聞こえにくくなります。

50・51ページ まとめのテスト

1 (1)（ブルブルと）ふるえている。
(2)ア
(3)ふるえが鉄ぼうをつたわるから。
(4)ふるえは止まっている。

2 ①ふるえ　②大きい　③小さい　④糸
⑤音　⑥つたわらなくなる

3 (1)㋑
(2)糸がたるんでいると、ふるえが糸をつたわらないから。
(3)③に○

4 ①○　②×　③○　④×　⑤○　⑥×
⑦×

丸つけのポイント

1 (3)たたいた鉄ぼうがふるえて、そのふるえが鉄ぼうをつたわったことが書かれていれば正かいです。

3 (2)たるんでいる(はっていない)糸にはふるえがつたわらないことが書かれていれば正かいです。

てびき **1** (1)音を出しているものはふるえています。

(2)強くたたくほど、トライアングルのふるえは大きくなり、大きな音が出ます。

(4)フォークのふるえが糸にもつたわっているので、フォークのふるえを止めると、糸のふるえも止まります。

2 ④⑤糸電話は、音が紙コップのふるえとして糸につたわり、糸からふるえがつたわったもう一方の紙コップがふるえて、声として聞こえます。

⑥音が出ているもののふるえを止めると、ふるえがつたわらなくなるので、音もつたわらなくなり、音が聞こえなくなります。

3 糸電話は、紙コップのそこからふるえが糸につたわり、糸からもう一方の紙コップにつたわって音が聞こえます。たるんでいる糸はふるえをつたえることができないので、音は聞こえません。また、糸をつまんだり、ほかのものにひっかかったりすると、糸のふるえはそこで止まり、ふるえがつたわらなくなるので、音は聞こえなくなります。

4 ⑤フォークをつり下げた糸を耳のあなに当てて、ぼうでフォークをたたくと、フォークのふるえが糸をつたわるので音が聞こえます。

⑥⑦音を出しているものはふるえています。そのため、音の出ているたいこの上のビーズはとびはね、話しているときの糸電話の糸と紙コップはふるえています。

7 光を調べよう

52ページ きほんのワーク

❶ ①「同じ」に◯
❷ (1)①「日かげ」に◯
(2)②まっすぐ
(3)③「当たる」に◯
(4)④まっすぐ

まとめ ①はね返した　②まっすぐ

53ページ 練習のワーク

❶ (1)イ　(2)②に○
❷ (1)①に○　(2)②に○

てびき ❶ (1)かがみではね返した日光はまっすぐに進みます。このため、はね返した日光が当たっている手を前後にまっすぐに動かすと、いつも日光が手に当たります。

(2)かがみではね返した日光は、かがみを動かすと同じ向きに動きます。かがみを手前にたおすと、日光が地面をはって遠くまで当たっていきます。

❷ (2)かがみではね返した日光は、かがみを動かすと同じ向きに動きます。このため、かがみを左に動かすと、はね返した日光の当たったところも左に動きます。

54ページ　きほんのワーク

1 ①「明るく」に◯
②「あたたかく」に◯

2 (1)①「明るく」に◯
②「あたたかく」に◯
(2)③はやく

まとめ　①多くの　②あたたかく
③小さい

55ページ　練習のワーク

1 (1)㋑
(2)3まいのかがみで日光を集めているから。
(3)㋑　(4)㋑

2 (1)明るくなる。
(2)あたたかくなる。

3 (1)㋐　(2)㋐

丸つけのポイント

1 (2)「かがみ1まいよりも多くの日光が集まっているから。」でも正かいです。

てびき **1** (1)(2)3まいのかがみではね返した日光を、同じ場所に当てると、はね返した日光が重なり、その場所に日光が集められます。集められた日光は、かがみ1まいのときより多くなっています。このため、かがみ1まいのときよりも3まいのときの方が明るくなります。

(3)かがみではね返した日光が集められると明るくなり、また、あたたかくなります。集められた日光が多くなると、より明るく、よりあたたかくなります

(4)㋑は、明るくなるだけでなく、よりあたたかくもなるので、ペットボトルの水は、㋑の方がはやくあたたまります。

2 虫めがねを使うと、日光を集めることができます。虫めがねを通った日光を黒い紙に当てたとき、虫めがねの大きさよりも小さなところが明るくなっているのは、虫めがねを通った日光が集められているからです。日光を集めたところが小さいほど、より明るく、よりあたたかくなります。

3 虫めがねで日光を集めるとき、虫めがねの大きさにくらべて、明るいところが小さいほど、より明るく、よりあたたかくなります。そのため、明るいところの大きさを同じにしたとき、大きな虫めがねで日光を集めている㋐の方が、小さな虫めがねで日光を集めている㋑よりも、たくさんの日光を集めたことになります。よって、㋐のときの方がより明るく、よりあたたかくなるので、㋑のときよりも紙ははやくこげます。

56・57ページ　まとめのテスト

1 (1)㋒　(2)まっすぐ
(3)①に◯　(4)まっすぐに進むこと。

2 (1)一番明るい…③　2番目に明るい…②
(2)㋐イ　㋑ウ
(3)①に◯

3 (1)㋓　(2)㋗　(3)㋓　(4)㋗
(5)（より）明るく、あたたかくなる。

4 (1)㋒　(2)こげる。
(3)大きくする。　(4)太陽

丸つけのポイント

3 (5)かがみのまい数がふえるにつれて、より明るく、あたたかくなるというかんけいが書かれていれば正かいです。

てびき **1** (1)かがみではね返された日光は、かがみの向きをかえた方向に動きます。かがみを右に向けると、はね返した日光を当てて明るくなったところも右に動きます。

(3)かがみではね返した日光をさえぎると、かげができます。さえぎったものと、かげの形は同じになります。そのため、かがみではね返した日光の中に指を出すと、指に当たった日光はさえぎられ、かべには指と同じ形のかげができます。

2 (1)(2)たとえば、3まいのかがみではね返した日光を集めると、集められる日光はかがみ1まいのときより多くなります。かがみ1まいのときよりも2まいのときの方が、かがみ2まいのときよりも3まいのときの方が明るくなります。そして、集められる日光が多くなると、明るくなるだけではなく、よりあたたかくもなります。よって、かがみのまい数が多いほど、はね返した日光が当たる部分の温度が高くなります。反対に、かがみのまい数が少ないほど、日光が当たる部分の明るさは暗くなります。

(3)温度計は、えきの先の動きが止まったら、

目もりを読みます。えきの先に近い方の目もりを読みますが、えきの先が、目もりの真ん中にきたときは、上の目もりを読みます。

3 何まいかのかがみではね返した日光を、同じ場所に当てると、はね返した日光が重なり、その場所に日光が集められます。多くのかがみを使ってはね返した日光を集めるほど、その場所に当たる日光の量が多くなります。そのため、日光をはね返すかがみのまい数が多いほど、日光を集めた場所はより明るく、より温度が高くなります。

4 (1)(2)虫めがねで日光を集めるとき、明るいところが小さいほど、せまいところに日光がおしこまれたように集まっています。そのため、㋒が一番明るく、あたたかくなるので、黒い紙はこげます。

(3)大きな虫めがねを使って、明るいところの大きさをできるだけ小さくなるようにすると、たくさんの日光をせまいところにおしこめたようになって、とても明るく、あたたかくなります。そのため、黒い紙はよりはやくこげます。

8 風のはたらき

58ページ　**きほんのワーク**

1 ①おそい　②速い
③大きい　④弱い

2 (1)①できる
(2)②「大きい」に◯

まとめ　①強い　②大きく

59ページ　**練習のワーク**

❶ (1)風車の高さ
(2)強
(3)②に○

❷ (1)ものを持ち上げることができること。
(2)大きくなること。
(3)風車
(4)小麦などをこなにする。(水をくみ上げる。)

てびき ❶ (2)風の強さが強いほど、風車が回る速さは、速くなります。

(3)風車が回る速さが速いほど大きな音がします。また、回る速さが速くなると、風車のじくにさわったときの手ごたえは、強くなります。

❷ (1)おもりを持ち上げた風車を回しているのは送風きから出ている風の力です。したがって、風の力でものを持ち上げることができるといえます。

(2)風の強さが強いほど、持ち上げることができるおもりの数がふえています。

わかる! 理科　オランダでは、むかし、土地を広げるために風車が使われました。海をうめてつくった土地が、海水につからないように、風車で海水をくみ上げるしくみをりようしていました。同じようなしくみで、湖《みずうみ》から水をくみ上げたり、小麦をひいたりするときにも使われていました。

9 ゴムのはたらき

60ページ　**きほんのワーク**

1 (1)①もどろう
(2)②「強く」に◯　③「長く」に◯

2 ①「13cm」に◯

まとめ　①強く　②遠く

61ページ　**練習のワーク**

❶ (1)(わゴムの)本数
(2)長くなる。
(3)(ゴムの)元にもどろうとする力
(4)強くなる。

❷ (1)長くなる。
(2)②に○
(3)①㋑　②㋐

てびき ❶ (2)表から、ゴムを長くのばすほど、車の走ったきょりが長くなっていることがわかります。

(3)(4)ゴムをのばすと、元にもどろうとする力がはたらきます。元にもどろうとする力は、ゴムをのばせばのばすほど強くなり、この力が強いほど、手ごたえも強くなります。

❷ (1)ゴムののびが同じとき、わゴムの本数が多くなるほど、車の走ったきょりは長くなっています。

(2)わゴムの本数が多くなると、ゴムが元にもどろうとする力が強くなります。

(3)㋐～㋒をくらべると、㋑、㋒はゴムをのばした長さは同じですが、㋑はわゴムの本数が2本、㋒はわゴムの本数が1本なので、車が走るきょりは㋑の方が長くなります。また、㋐、㋒はわゴムの本数が1本で同じですが、ゴムをのばした長さは㋒の方が長いので、車が走るきょりは㋒の方が長くなります。これを整理《せいり》すると、車が走るきょりは、長いじゅんに㋑→㋒→㋐となります。

62・63ページ まとめのテスト

1 (1)手ごたえ…強くなる。
音の大きさ…大きくなる。
(2)風の強さが強いほど、風車は速く回ること。

2 (1)ものを持ち上げることができること。
(2)①風車　②おもり
(3)ア

3 (1)㋐→㋑→㋒
(2)元にもどろうとする力
(3)大きくなる。

4 長くなる。

5 ①○　②△　③○

丸つけのポイント

1 (2)風の強さが強くなると、風車が回る速さが速くなるというかんけいが書かれていれば正かいです。

2 (1)風には、もの(おもり)を元の場所から動かす力があることが書かれていれば正かいです。

てびき **1** (1)風車を速く回すためには、より大きな力がひつようです。そのため、風車が速く回っているときほど、風車のじくには大きな力がはたらいて、手ごたえが強くなり音も大きくなります。

2 (1)おもりを持ち上げた風車を回しているのは風の力です。そのため、風の力でものを持ち上げることができるといえます。

(3)送風きで、強い風を風車に当てると、風車は速く回ります。そのため、風車に当てる風が強いほど、じくには大きな力がはたらくので、おもりを持ち上げる力が大きくなります。

3 ゴムをのばすと、元にもどろうとする力がはたらきます。その力は、ゴムをのばす長さが長くなるほど強くなります。

4 わゴムの本数が多くなるほど、車の走ったきょりは長くなっています。

5 ①はヨット、③は風力発電《ふうりょくはつでん》きで、どちらも風の力で動きます。②はズボンのゴムで、ゴムの元にもどろうとする力がりようされています。

10　明かりをつけよう

64ページ きほんのワーク

1 ③、④に○

2 (1)①－(マイナス)　②回路
(2)③わ

まとめ　①回路　②わ　③明かり

65ページ 練習のワーク

1 (1)㋐ソケットつきどう線
㋑豆電球　㋒かん電池
(2)(あ)－（マイナス）きょく
(い)＋（プラス）きょく

2 (1)㋐×　㋑○　㋒×　㋓○　㋔×
㋕×
(2)回路　(3)②に○
(4)1つのわのようになっている。

丸つけのポイント

2 (4)ひとつながりになっていることが書かれていれば正かいです。

てびき **1** (2)かん電池は、真ん中の部分が出ている方が＋(プラス)きょく、平《たい》らな方が－(マイナス)きょくです。

わかる! 理科 電気は、かん電池の＋きょくから出て、どう線を通り、かん電池の－きょくに入っていきます。

2 (1)ソケットを使って豆電球に明かりをつけるには、ソケットから出ている2本のどう線の先を、かん電池の＋きょくと－きょくにきちんとつながなければいけません。

(4)㋑、㋓は、どちらも、＋きょく→どう線→豆電球→どう線→－きょくのようにつながっています。豆電球に明かりをつけるには、回路が1つのわになるようにつなぎます。また、どう線をかん電池の＋きょくや－きょくに正しくつながないと、豆電球に明かりはつきません。

66ページ　きほんのワーク

1 ①わ　②＋（プラス）
③－（マイナス）（②③順不同）

2 (1)①わ
(2)②つながって　③切れて

まとめ　①つく　②つかない

67ページ　練習のワーク

1 (1)㋐○　㋑×　㋒×　㋓×　㋔×
㋕○　㋖×　㋗○
(2)③に○

2 (1)（わのように）つながっている。
(2)ソケットからゆるんでいること。

てびき 1 (1)ソケットつきどう線を使わずに、豆電球に明かりをつけるときは、豆電球のねじの部分と先のとび出た部分をかん電池の＋きょくと－きょくにつなぎます。

2 (2)フィラメントが切れていたり、豆電球がソケットからゆるんでいたりすると、電気の通り道ができません。

68ページ　きほんのワーク

1 (1)①金ぞく
(2)②木

2 ①「通す」に◯
②「通さない」に◯

まとめ　①通す　②通さない

69ページ　練習のワーク

1 (1)①○　②○　③○　④×　⑤×
⑥×　⑦×　⑧○　⑨×
(2)豆電球に明かりがつくこと。
(3)金ぞく

2 (1)㋐
(2)ビニルテープは電気を通さないから。
(3)スイッチ

丸つけのポイント

2 (2)「アルミニウムはくは電気を通すから。」でも正かいです。

てびき 1 (1)電気を通すものは、鉄、アルミニウム、青どうなど、金ぞくでできたものです。電気を通さないものは、金ぞくいがいの、プラスチックや木、ガラス、紙などです。⑨のはさみは、鉄とプラスチックでできていて、プラスチックの部分が電気を通さないので、全体としては電気を通しません。

2 (1)(2)ビニルテープは電気を通しません。アルミニウムはくの上にビニルテープをはって、その上でクリップを動かすと、クリップがアルミニウムはくにふれたときだけ回路に電気の通り道ができ、ホタルに明かりがつきます。

(3)スイッチをとじると、どう線につながれたアルミニウムはくどうしがふれて、電気の通り道ができるため、明かりがつきます。

70・71ページ　まとめのテスト

1 (1)回路
(2)つく。
(3)１つのわのようにつながっている。

2 (1)㋐　(2)ある。　(3)つく。
(4)②、③に○

3 (1)㋐つかない。　㋑つく。
(2)エ

4 (1)②に○　(2)①に○
(3)ビニルテープは電気を通さないが、はりがねは電気を通すこと。

丸つけのポイント

1 (3)回路がとぎれたり、分かれたりせず、ひとつながりになっていることが書かれていれば正かいです。

4 (3)ビニルテープにわがふれたときには電気が通らず、はりがねにわがふれたときには電気が通ることが書かれていれば正かいです。

てびき 1 (2)㋐、㋑を入れかえてつないでも、回路は１つのわのようになります。

(3)豆電球に明かりがついているとき、回路は１つのわのようにつながっています。

2 (1)㋑はガラスなので、電気を通しません。

(2)豆電球の光る部分㋐（フィラメント）も電気の通り道になっています。

(3)回路が１つのわになるようにつながっていればよいので、ソケットがあるかないかには、かんけいがありません。ソケットは豆電球にどう線をつなぐためのもので、どう線と同じものとして考えます。

(4)フィラメントが切れていると、電気の通り道ができないので、豆電球に明かりはつきません。また、回路は1つのわになっていても、どう線がビニルの中で切れていると電気が通らず、豆電球に明かりはつきません。

3 鉄もアルミニウムも電気を通しますが、かんの表面にぬってあるものは、電気を通しません。

わかる! 理科 かんのように金ぞくでできていても、表面に色がぬってあると、電気を通しません。そこで、電気を通すようにするには、紙やすりで表面にぬってあるものをはがさなければなりません。金ぞくのきらきらしているところにどう線をつないでも、豆電球に明かりがつかないときには、とうめいなものがぬられていることがあります。エナメル線もこのようにして作られているので、使うときには、どう線のはしを紙やすりでこすってはがします。かんに電気が通らないときは、紙やすりでこすってからどう線をつないでみましょう。

4 はりがねは金ぞくなので電気を通しますが、ビニルテープは電気を通しません。このため、わがはりがねにふれると豆電球に明かりはつきますが、ビニルテープにふれても豆電球に明かりはつきません。

11 じしゃくのひみつ

72ページ きほんのワーク

1 ①鉄　②鉄いがい

2 (1)①鉄　(2)②引きつける

まとめ ①鉄　②じしゃく

73ページ 練習のワーク

1 (1)㋐×　㋑×　㋒×　㋓○　㋔○　㋕×　㋖×

(2)アルミニウム、青どう

(3)鉄

2 (1)さ鉄

(2)じしゃくに引きつけられたさ鉄を取りやすくするため。

3 (1)少なくなる。

(2)じしゃくと鉄のくぎとのきょりが長くなるから。

てびき **1** (2)じしゃくに引きつけられるのは、鉄です。アルミニウムや青どうは引きつけられません。

2 (1)すな場のすなの中には、さ鉄がふくまれていて、じしゃくによくつきます。

(2)さ鉄はこなのようなすがたをしていて、ひとつひとつのさ鉄はとても小さいので、じしゃくにつけてしまうと、きれいに取りのぞくことがむずかしくなります。

3 じしゃくは少しはなれていても鉄を引きつけますが、じしゃくと鉄とのきょりが長くなると、鉄を引きつける力が弱くなります。

74ページ きほんのワーク

1 (1)①弱く　②強い

(2)③N　④S

2 ①しりぞけ　②引きつけ

まとめ ①きょく　②引きつけ

75ページ 練習のワーク

1 (1)イ

(2)きょく

(3)N…Nきょく　S…Sきょく

(4)つかない。

2 (1)(う)　(2)(あ)、(い)　(3)(え)

(4)南　(5)方位じしん

てびき **1** (1)～(3)鉄を引きつける力の強い部分は、ぼうじしゃくの両はしにあり、それぞれNきょく、Sきょくといいます。Nきょく、Sきょくのどちらか1つだけのきょくを持つじしゃくや、全体がどちらか1つのきょくになっているようなじしゃくはありません。

わかる! 理科 U字がたじしゃくでも、鉄を引きつける力の強いところは両はしの部分です。真ん中の部分には鉄を引きつける力はありません。同じ形のぼうじしゃくのNきょくとSきょくをくっつけると、長いぼうじしゃくになり、その真ん中はNきょくとSきょくをくっつけているので、うちけし合って、ほとんど鉄を引きつける力はありません。1つのじしゃくの中でも同じことがおこっていて、全体としては両はしにじしゃくのせいしつが強くあらわれます。

❷ (1)(2)じしゃくの同じきょくどうしを近づけるとしりぞけ合い、ちがうきょくどうしを近づけると引きつけ合います。

(3)ストローの上においたじしゃくのSきょくと、手で持っているじしゃくのSきょくは、同じきょくどうしなので、しりぞけ合う力がはたらき、ストローの上においたじしゃくが手で持っているじしゃくの反対の方に動きます。

(5)じしゃくを自由に動けるようにしておくと、Nきょくが北、Sきょくが南を指します。このせいしつをりようして、小さなじしゃくが自由に回るようにして、持ち運びできるようにした道具が、方位じしんです。地球は、大きなじしゃくとしてのせいしつをもっていて、北がSきょく、南がNきょくになっています。

76・77ページ まとめのテスト①

1 ①×　②×　③○　④×　⑤○

2 ①○　②×　③×　④○

3 ①×　②○　③×　④○

⑤○　⑥×　⑦○　⑧×

4 (1)あ

(2)①Nきょく　②Sきょく

(3)近づけたぼうじしゃくの方へ動く。

5 (1)エ　(2)ア、オ

丸つけのポイント

4 (3)2つのぼうじしゃくの、ちがうきょくどうしが引きつけ合って動いたことが書かれていれば正かいです。

てびき **1** 間にじしゃくにつかないものがあっても鉄はじしゃくに引きつけられますが、アルミニウムや青どうなどの金ぞくは引きつけられません。

2 じしゃくの同じきょくどうしを近づけるとしりぞけ合い、ちがうきょくどうしを近づけると引きつけ合います。向き合っているきょくが、同じきょくどうしか、ちがうきょくどうしかに注意しましょう。

3 ⑧じしゃくと鉄の間に、じしゃくにつかないものがあっても、鉄はじしゃくに引きつけられます。

4 (2)イの磁石は丸い形をしていますが、①と②の面がじしゃくの両はしになっていて、それぞれにじしゃくのきょくがあります。また、じしゃくとしてのせいしつも、アのぼうじしゃくと同じです。ぼうじしゃくのNきょくが指しているあの方向は北なので、丸い形のじしゃくのあの方向を指している①の面はNきょくです。

(3)近づけたじしゃくのNきょくと、水にうかべたじしゃくのSきょくは、ちがうきょくどうしなので、たがいに引きつけ合います。

5 地球は、北がSきょく、南がNきょくになっている大きなじしゃくで、方位じしんは自由に動くことができるじしゃくです。このため、方位じしんのNきょくは、いつも北を指します。マグネットは鉄でできたものにつきます。通帳やカード、きっぷなどは、じしゃくに引きつけられたものが、弱いじしゃくのせいしつをもったままになることをりようしています。そのため、じしゃくを近づけてはいけません。

78ページ きほんのワーク

❶ (1)①じしゃく　(2)②はり

❷ ①ついていない　②じしゃく

まとめ ①じしゃく　②直せつ

79ページ 練習のワーク

❶ (1)い　(2)②に○　(3)②に○

❷ (1)②に○

(2)カップに入れたじしゃくに引きつけられた鉄のくぎが、さ鉄が引きつけられたから。

てびき ❶ (1)じしゃくのNきょくにつく鉄のくぎの頭は、Nきょくと反対のSきょくになります。このとき、じしゃくと同じように、くぎの両はしがNきょくとSきょくになるので、くぎの先がNきょくになります。

(2)鉄のくぎは、3本ともじしゃくになっているので、引きつけ合っています。

(3)鉄のくぎの先の方はNきょくなので、方位じしんのSきょくが引きつけられます。鉄のくぎの頭はSきょくなので、方位じしんのNきょくが引きつけられます。

❷ じしゃくは、少しはなれていても鉄でできた

ものを引きつけます。また、引きつけられた鉄は、弱いじしゃくのせいしつをもったままになります。このため、じしゃくからはなれた鉄のくぎは、さ鉄を引きつけます。

80・81ページ　まとめのテスト②

1 (1)③に○

(2)それぞれの鉄のくぎがじしゃくになったから。

(3)引きつけられる。

(4)②に○

(5)あSきょく　いNきょく

うSきょく　えNきょく

(6)①×　②○

2 (1)アの鉄のくぎにさ鉄がつく。

(2)①「なった」に○

②「直せつつかなくても」に○

(3)引きつけられない。

3 (1)あNきょく　いNきょく

(2)同じきょくどうしがしりぞけ合うせいしつ

(3)ゆれつづけない。

丸つけのポイント

1 (2)ア、イ、ウそれぞれの鉄のくぎがじしゃくのせいしつをもったことが書かれていれば正かいです。

2 (1)じしゃくに引きつけられたアの鉄のくぎにさ鉄がつく（引きつけられる）ということが書かれていれば正かいです。

てびき **1** (1)(2)じしゃくに引きつけられた鉄は、じしゃくからはなれてもじしゃくのせいしつをもったままになります。ア〜ウの鉄のくぎがじしゃくとしてのせいしつをもったため、アの鉄のくぎをじしゃくからはなしても、イやウの鉄のくぎもアの鉄のくぎにつながったままになります。

(3)アの鉄のくぎにじしゃくとしてのせいしつがあるため、さ鉄を引きつけます。

(5)ア〜ウの鉄のくぎは、じしゃくについているので、それぞれがじしゃくのせいしつをもっています。このため、じしゃくのNきょくについているアの鉄のくぎのあはSきょくに、いはNきょくになっています。同じようにして、イの鉄のくぎのうはSきょくに、えはNきょくになっています。

(6)じしゃくの同じきょくどうしを近づけるとしりぞけ合い、ちがうきょくどうしを近づけると引きつけ合います。

2 (1)(2)じしゃくに引きつけられた鉄は、弱いじしゃくになり、じしゃくからはなれても、じしゃくとしてのせいしつをもったままになっています。

(3)じしゃくは、同じ金ぞくでも、アルミニウムは引きつけません。

3 じしゃくの同じきょくどうしはしりぞけ合い、ちがうきょくどうしは引きつけ合います。あつ紙にのせたじしゃくと、下においたじしゃくが引きつけ合っていれば、あつ紙にのせたじしゃくは、一番強く引きつけ合うところで止まり、ゆれつづけることはありません。したがって、下においたじしゃくは、すべてあつ紙にのせたじしゃくとしりぞけ合っています。あつ紙にのせたじしゃくは、Nきょくが下になっているので、しりぞけ合う下のじしゃくは、Nきょくが上になっています。

12　ものの重さを調べよう

82ページ　きほんのワーク

1 (1)①重さ　②g

(2)③水平　④0

2 ①かわらない　②かわらない

③かわらない

まとめ　①形　②重さ

83ページ　練習のワーク

1 (1)(ものの)重さ

(2)①水平な　②紙　③0

④中央　⑤正面

(3)70g

2 (1)④に○

(2)かわらないということ。

(3)かわらない。

てびき **1** (1)台ばかりは、ものの重さをはかることができ、重さのたんいは、グラム（g）、キログラム（kg）で表します。

(2)はかりたいものは、皿の中央にのせ、目もりは、正面から正しく読みます。

(3)はりは、70の目もりを指しています。

2 (1)(2)ものの重さは、形をかえても、いくつかに分けてもかわりません。

(3)おく向きをかえても、ねん土の重さはかわりません。

84ページ　きほんのワーク

1 (1)①体せき　②体せき　(2)㋒に○

2 (1)①ことなる(ちがう)　(2)②水平

まとめ　①体せき　②重さ

85ページ　練習のワーク

1 (1)㋑

(2)①に○

(3)しお

2 (1)水平なところ

(2)一番重かったもの…㋒

一番軽かったもの…㋑

(3)いえない。

てびき 1 (1)計りょうスプーンで、同じ体せきをはかりとるためには、多めにとったあと、すり切りをして平らにしたものを1ぱいと数えます。

(2)ものの重さを正かくにはかるには、はかりを使います。はかりには、台ばかりやデジタルはかりのほか、上皿《うわざら》てんびんなどがあります。

2 体せきが同じでも、もののしゅるいによって、それぞれの重さはことなります。

86・87ページ　まとめのテスト

1 (1)㋐100g　㋑100g

(2)㋒100g　㋓100g

(3)かわらない。　(4)かわらない。

2 ③に○

3 (1)鉄　(2)発ぽうポリスチレン

(3)①ちがう　②体せき

4 (1)正しくない。

(2)同じ体せきで重さをくらべること。

5 (1)5はい

(2)台ばかり、デジタルはかり、上皿てんびんなどから1つ

丸つけのポイント

4 (2)もののしゅるいによる重さのちがいについて調べるので、もののしゅるいだけをかえ、そのほかのじょうけんはすべて同じにすることが書かれていれば正かいです。

てびき 1 2 ものの重さは形をかえても、いくつかに分けてもかわりません。また、はかりにおく向きをかえても重さはかわりません。

3 (1)(2)重さをくらべるときは、体せきを同じにします。一番重いのは鉄(300g)で、一番軽いのは発ぽうポリスチレン(1g)です。

4 5 ちがうしゅるいのものの重さをくらべるとき、ものの重さだけではくらべることができません。もののしゅるいごとの重さをくらべるには、同じ体せきでくらべるひつようがあります。

プラスワーク

88ページ　プラスワーク

1 (1)アサガオ

(2)つるがまきつけられるように支柱を立てようとしているから。

2 (1)右図

(2)自分を食べる生き物から身を守ること。

3 (1)つぶして、小さくする。

(2)かわらない。

てびき 1 (2)アサガオやヘチマなどは、くきだけではじぶんのからだをささえられないので、大きく育てるためには、つるがまきつくための支柱を立てます。ヒマワリやホウセンカのくきはしっかりとしているので、支柱はひつようありません。

2 (2)しぜんの中には、自分を食べる生き物から身を守ったり、ほかの生き物をとらえて食べたりするのにつごうがよいように、まわりにあるものと見分けにくい色や形をしているものがたくさんいます。

コノハチョウ

3 かんをつぶすと、形や大きさはかわりますが、かんそのものの重さはかわりません。

実力判定テスト　夏休みのテスト①

1 次《つぎ》の図のような記ろく用紙に、身《み》の回りの生《い》き物《もの》のようすを記ろくしました。　1つ10〔50点〕

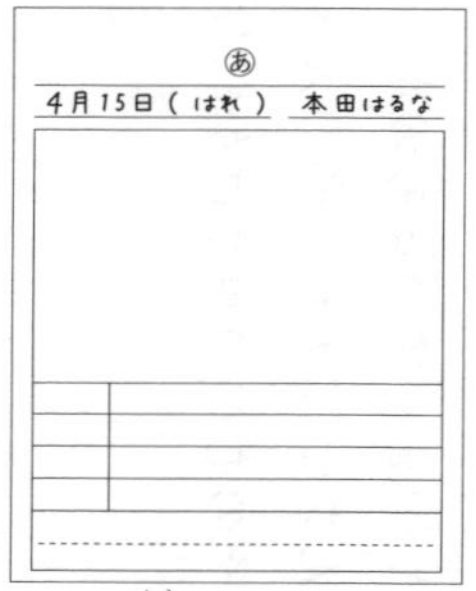

あ
4月15日（はれ）　本田はるな

(1) 図のあには、調《しら》べたこととして生き物の何を書きますか。　（　名前　）

(2) 記ろく用紙の書き方について、正しいものを、次のア～エから2つえらびましょう。　（　イ　）（　ウ　）

ア　気づいたことは、言葉《ことば》だけでせつめいして、スケッチはかいてはいけない。

イ　かんさつしたものの大きさ、色、形を書く。

ウ　生き物の大きさは、ものさしなどではかったり、ほかのものとくらべたりする。

エ　調べたりかんさつしたりした日にちや天気は書かず、時こくだけを書く。

(3) 次の図は、かんさつした生き物のようすです。生き物の色や形、大きさは、それぞれ同じですか、ちがいますか。　（　ちがう。　）

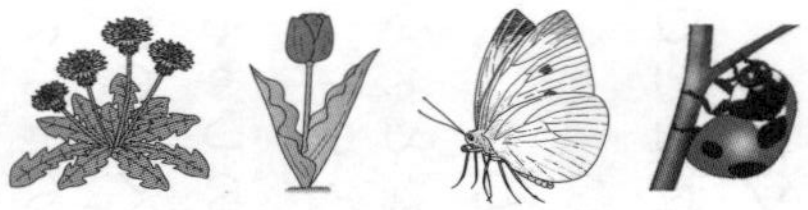

(4) 手に持《も》ったものを虫めがねで見るとき、何を前後《ぜんご》に動《うご》かしますか。正しい方に○をつけましょう。

①（　○　）見るもの　②（　　）虫めがね

2 ホウセンカとヒマワリについて、次の問《と》いに答えましょう。　1つ5〔30点〕

(1) 次の写真《しゃしん》は、ホウセンカとヒマワリのどちらのたねですか。名前を書きましょう。

①（ホウセンカ）　②（　ヒマワリ　）

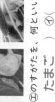

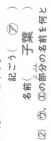

(2) 次の㋐～㋓からホウセンカとヒマワリの花と葉《は》をそれぞれえらんで、表《ひょう》に記ごうを書きましょう。

㋐ ㋑ ㋒ ㋓

	花	葉
ホウセンカ	㋑	㋒
ヒマワリ	㋐	㋓

3 ホウセンカのからだのつくりについて、次の問いに答えましょう。　1つ5〔20点〕

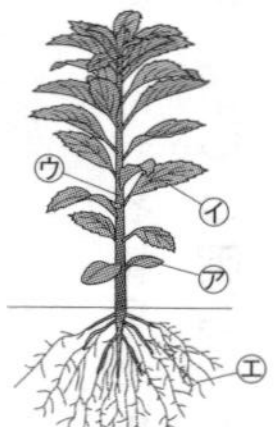

㋒
㋑
㋐
㋓

(1) たねをまいたあと、はじめに出てくる葉は、㋐、㋑のどちらですか。また、その葉を何といいますか。

記ごう（　㋐　）

名前（　子葉　）

(2) ㋒、㋓の部分《ぶぶん》の名前を何といいますか。

㋒（　くき　）　㋓（　根　）

実力判定《はんてい》テスト　夏休みのテスト②

1 次《つぎ》の図のように、地面《じめん》にぼうを立てて、ぼうのかげの向《む》きと太陽《たいよう》の見える方向《ほうこう》を調《しら》べました。あとの問《と》いに答えましょう。　1つ5〔20点〕

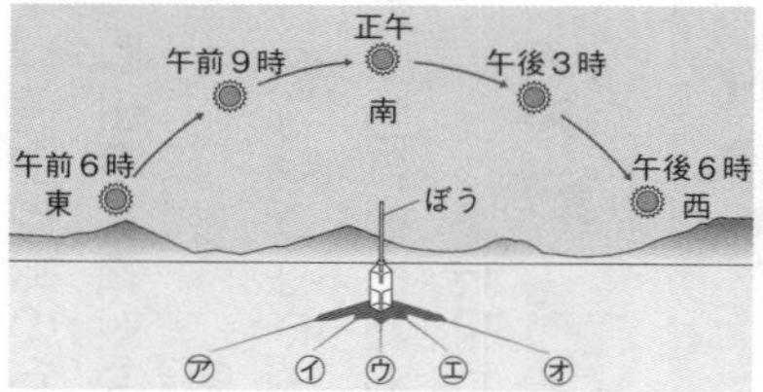

正午
午前9時
午後3時
南
午前6時
東
午後6時
西
ぼう
㋐ ㋑ ㋒ ㋓ ㋔

(1) 午前9時のかげの向きを、㋐～㋔からえらびましょう。　（　㋓　）

(2) 時間がたつと、かげの向きと太陽の見える方向は、それぞれどのようにかわりますか。東、西、南、北で答えましょう。

かげの向き（　西　→　北　→　東　）

太陽の見える方向（　東　→　南　→　西　）

(3) 時間がたつと、かげのいちがかわるのは、なぜですか。

（　太陽のいちがかわるから。　）

2 右の図は、日なたと日かげの地面の温《おん》度《ど》を調べたときの温度計の目もりです。次の問いに答えましょう。　1つ5〔20点〕

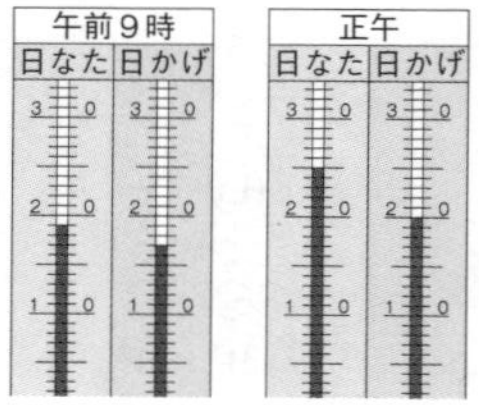

午前9時
日なた
日かげ
正午
日なた
日かげ

(1) 午前9時の日なたと日かげの地面の温度を読みとりましょう。

日なた（　19℃　）

日かげ（　17℃　）

(2) 正午に地面の温度が高かったのは、日なたと日かげのどちらですか。　（　日なた　）

(3) (2)のようになるのは、地面が何によってあたためられるからですか。　（　日光　）

3 モンシロチョウの育《そだ》ち方とからだのつくりについて、次の問いに答えましょう。　1つ6〔42点〕

(1) 次の写真《しゃしん》は、モンシロチョウの育つようすを表《あらわ》したものです。

㋐ ㋑ ㋒ ㋓

① ㋐～㋓のすがたを、何といいますか。

㋐（　たまご　）　㋑（　成虫　）

㋒（　よう虫　）　㋓（　さなぎ　）

② ㋐をさいしょとして、モンシロチョウが育つじゅんに、㋑～㋓をならべましょう。

（　㋐　→　㋒　→　㋓　→　㋑　）

③ 皮《かわ》をぬいで大きくなっていくのは、㋐～㋓のどのときですか。　（　㋒　）

(2) モンシロチョウのように、からだが頭・むね・はらの3つの部分《ぶぶん》に分かれていて、むねにあしが6本ついているなかまを何といいますか。

（　こん虫　）

4 次の図のトノサマバッタとカブトムシの育ち方について、あとの文の（　）にあてはまる言葉《ことば》を書きましょう。　1つ6〔18点〕

トノサマバッタ

カブトムシ

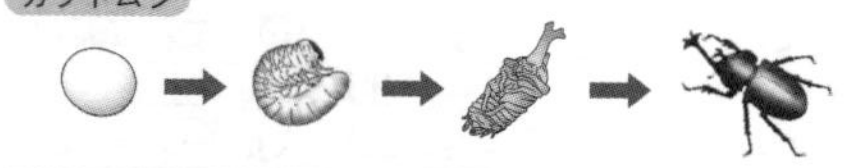

こん虫《ちゅう》には、たまご→①（　よう虫　）→②（　さなぎ　）→成虫《せいちゅう》のじゅんに育つものと、たまご→③（　よう虫　）→成虫のじゅんに育つものがいる。

もんだいのてびきは 24 ページ

実力判定テスト　冬休みのテスト①

1 次《つぎ》の文にあてはまる生《い》き物《もの》を、下の〔　〕からえらんで書きましょう。　1つ7〔21点〕

① かれ葉《は》の下にいる。
（　オカダンゴムシ　）

② 草むらの葉の上にいる。
（　オンブバッタ　）

③ 花だんの花にとまっている。
（　モンシロチョウ　）

〔 オンブバッタ　モンシロチョウ　オカダンゴムシ 〕

2 こん虫《ちゅう》のからだのつくりについて、あとの問《と》いに答えましょう。　1つ5〔35点〕

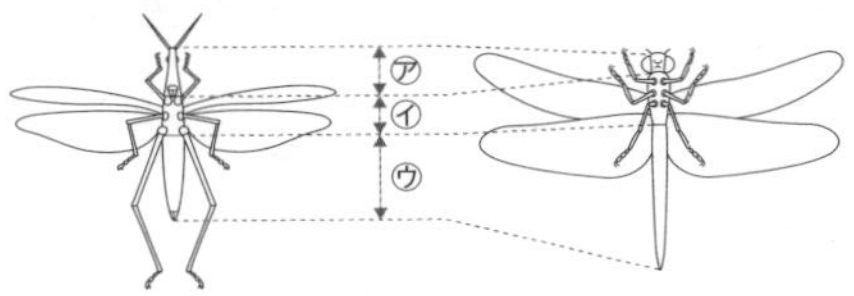

あショウリョウバッタ
いアキアカネ
ア
イ
ウ

(1) 図のア～ウの部分《ぶぶん》を何といいますか。
ア（　頭　）　イ（　むね　）
ウ（　はら　）

(2) あ、いには、あしは何本ついていますか。また、あしはア～ウのどの部分についていますか。
あしの数（　6本　）
あしがついている部分（　イ　）

(3) あ、いのようなとくちょうがある生き物をこん虫といいます。右の図のようなクモは、こん虫のなかまといえますか、いえませんか。

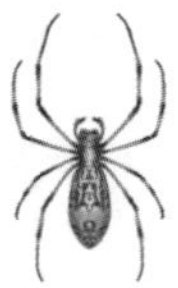

（　いえない。　）

(4) (3)のように答えたのはなぜですか。
（　あしの数が6本ではないから。　）
（からだが頭、むね、はらの3つに分かれていないから。）

3 ホウセンカの育《そだ》ち方について、次の問いに答えましょう。　1つ5〔20点〕

(1) アをさいしょとして、ホウセンカが育つじゅんに、イ～オをならべましょう。
（　ア　→　オ　→　ウ　→　エ　→　イ　）

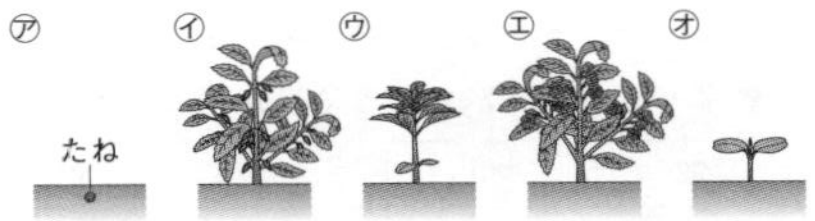

ア
イ
ウ
エ
オ
たね

(2) ホウセンカの育ち方について、次の文の（　）にあてはまる言葉《ことば》を書きましょう。

ホウセンカは、葉がしげり、①（　くき　）がのびて太くなると、やがて②（　花　）がさく。②がさいた後、③（　実　）ができて、たねをのこしてかれていく。

4 次の図のように、たいこの上にようきに入れたビーズをのせ、たいこをたたいて音を出しました。あとの問いに答えましょう。　1つ8〔24点〕

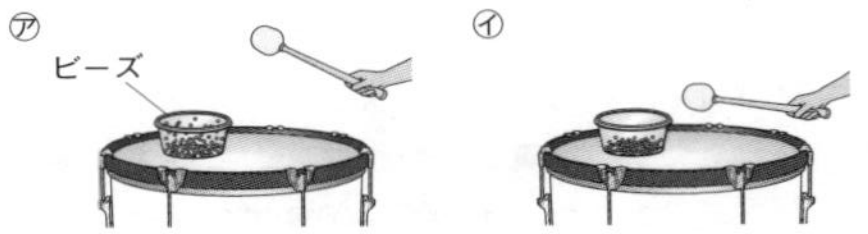

ア
ビーズ
イ

(1) 音が出ているとき、たいこはどうなっていますか。　（　ふるえている。　）

(2) 大きな音が出ているのは、ア、イのどちらですか。　（　ア　）

(3) 右の図のように、トライアングルに糸をつけ、糸のもう一方に紙コップをつけました。トライアングルをそっとたたくと、音が聞こえました。糸を指《ゆび》でつまむと、音はどうなりますか。

紙コップ
糸をつまむ。

（　聞こえなくなる。　）

実力判定《はんてい》テスト　冬休みのテスト②

1 次《つぎ》の図のように、かがみではね返《かえ》した日光をだんボール板《いた》のまとに当てて、日光を集めました。あとの問《と》いに答えましょう。　1つ7〔21点〕

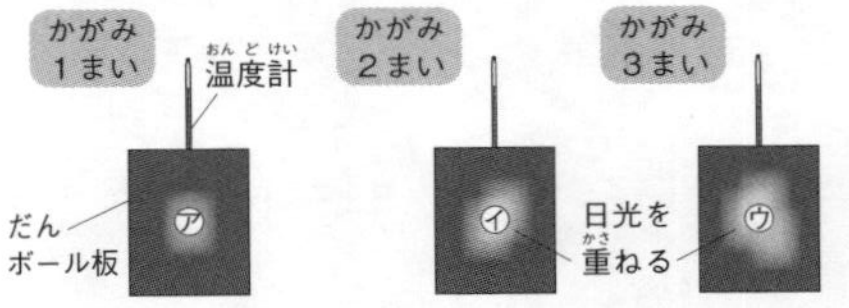

かがみ 1まい
温度計《おんどけい》
かがみ 2まい
かがみ 3まい
だんボール板
日光を重《かさ》ねる
ア
イ
ウ

	ア	イ	ウ
まとの温度	21℃	29℃	39℃

(1) ア～ウのうち、日光が当たったところが一番明るいのはどれですか。　（　ウ　）

(2) 次の文の（　）にあてはまる言葉《ことば》を書きましょう。

はね返した日光を重ねるほど、日光が当たったところの明るさは①（　明るく　）なり、温度は②（　高く　）なる。

2 次の図のような風車をつくり、風を当てて、風の強さと風車の回り方、ものを持《も》ち上げる力について調《しら》べました。あとの問いに答えましょう。　1つ9〔18点〕

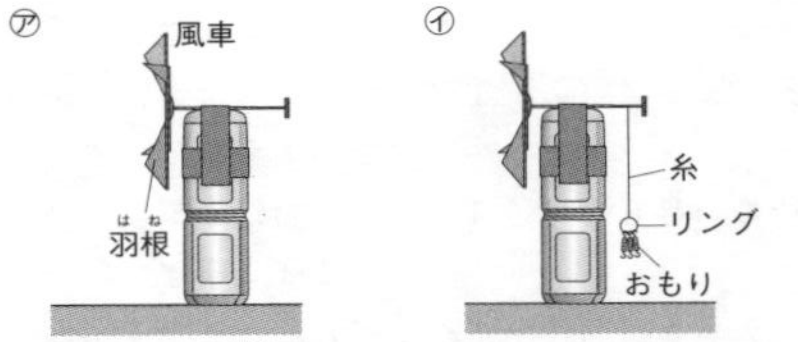

ア
風車
羽根《はね》
イ
糸
リング
おもり

(1) アの風車が速《はや》く回るのは、強い風と弱い風のどちらを当てたときですか。
（　強い風　）

(2) イの風車で、より重《おも》いおもりを持ち上げられるのは、強い風と弱い風のどちらを当てたときですか。　（　強い風　）

3 ゴムで動《うご》く車をつくり、ゴムののびた長さと車が動くきょりのかんけいを調べました。表《ひょう》は、そのけっかです。あとの問いに答えましょう。　1つ7〔21点〕

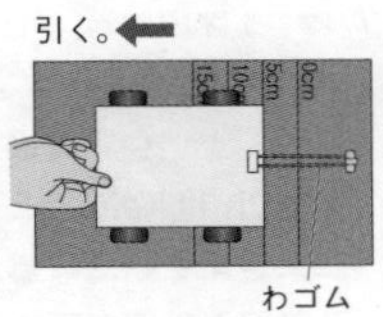

引く。
0cm
5cm
10cm
15cm
わゴム

ゴムののび	車が走ったきょり
10cm	5m
15cm	7m20cm

(1) 車が走ったきょりが長いのは、ゴムののびの長さが10cmのときと15cmのときのどちらですか。　（　15cmのとき　）

(2) 次の文の（　）にあてはまる言葉を書きましょう。

ゴムが元にもどろうとする力は、ゴムを長くのばすほど①（　強く　）なり、ゴムをのばす長さが短《みじか》くなるほど②（　弱く　）なる。

4 次の図のうち、豆電球《まめでんきゅう》に明かりがつくものには○、つかないものには×を□につけましょう。　1つ8〔40点〕

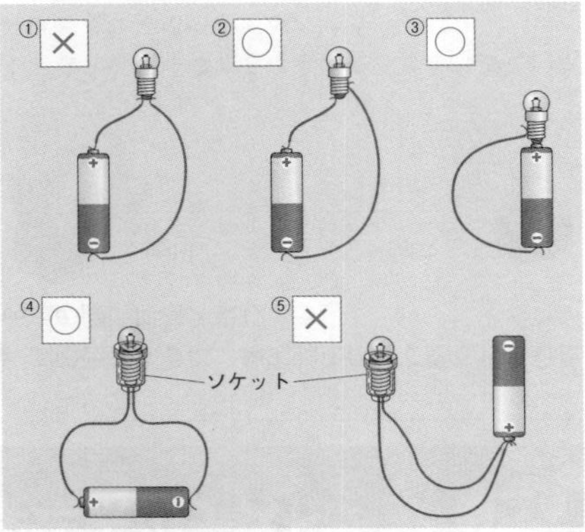

① ×
② ○
③ ○
④ ○
⑤ ×
ソケット

もんだいのてびきは24ページ

実力判定テスト　学年末のテスト①

1 じしゃくのせいしつについて、次《つぎ》の問《と》いに答えましょう。　1つ5〔35点〕

(1) 次の①～③の(　)のうち、正しい方を◯でかこみましょう。

じしゃくは、直せつふれていなくても、鉄《てつ》を
①(〔引きつける〕　引きつけない　)。
じしゃくと鉄の間にものをはさんでいても、じしゃくは鉄を
②(〔引きつける〕　引きつけない　)。
じしゃくが鉄を引きつける力の強さは、じしゃくと鉄のきょりがかわると、
③(〔かわる〕　かわらない　)。

(2) 次の図のようにじしゃくを近づけたとき、引きつけ合うものには○、しりぞけ合うものには×を□につけましょう。

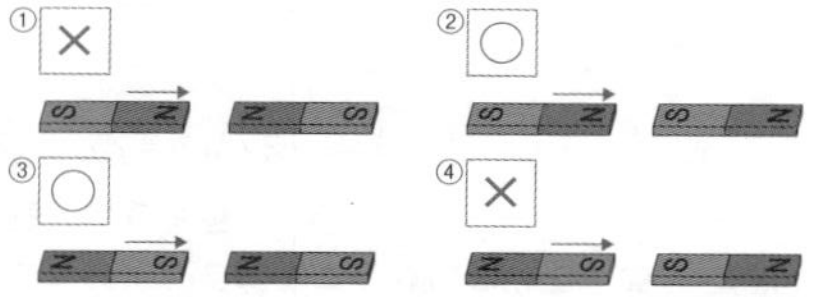

① ×
② ○
③ ○
④ ×

2 右の図のように、じしゃくに2本の鉄《てつ》のくぎをつないでつけました。次の問いに答えましょう。　1つ5〔15点〕

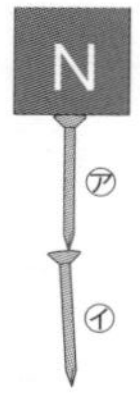

N
㋐
㋑

(1) ㋐の鉄のくぎをしずかにじしゃくからはなしたとき、㋑の鉄のくぎはどうなりますか。次のア、イからえらびましょう。(　ア　)

ア　㋐の鉄のくぎにつながったまま落《お》ちない。
イ　㋐の鉄のくぎからはなれて落ちる。

(2) じしゃくからはなした㋐の鉄のくぎをさ鉄に近づけると、さ鉄はどうなりますか。
(　㋐の鉄のくぎに引きつけられる。)

(3) (1)、(2)より、じしゃくについた鉄のくぎは何になったといえますか。　(　じしゃく　)

3 次の図の㋐のような、100gのねん土《ど》の形をかえたり、いくつかに分けたりして重《おも》さをはかりました。あとの問いに答えましょう。　1つ8〔32点〕

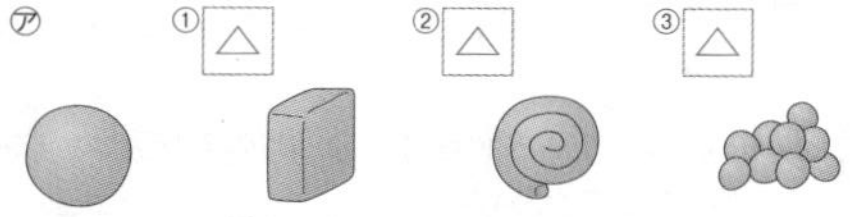

㋐
① △
② △
③ △
100g
形をかえる。
形をかえる。
分ける。

(1) ㋐のねん土を①～③のようにして、重さをはかりました。㋐とくらべて重くなるときは○、軽《かる》くなるときには×、かわらないときには△を、①～③の□につけましょう。

(2) 同じものの形をかえると、重さはどうなりますか。　(　かわらない。　)

4 同じ体《たい》せきの鉄、アルミニウム、木、プラスチックの重さをはかったところ、次の表《ひょう》のようになりました。あとの問いに答えましょう。　1つ6〔18点〕

鉄	アルミニウム	木	プラスチック
212g	73g	15g	38g

(1) 同じ体せきで重さをくらべたとき、一番重いものはどれですか。鉄、アルミニウム、木、プラスチックからえらびましょう。
(　鉄　)

(2) 同じ体せきで重さをくらべたとき、一番軽いものはどれですか。鉄、アルミニウム、木、プラスチックからえらびましょう。
(　木　)

(3) 同じ体せきのとき、もののしゅるいがちがうと重さは同じですか、ちがいますか。
(　ちがう。　)

実力判定《はんてい》テスト　学年末のテスト②

1 次《つぎ》の文のうち、正しいものには○、まちがっているものには×をつけましょう。　1つ6〔30点〕

①(　×　)クモ、アリ、ダンゴムシは、すべてこん虫《ちゅう》である。
②(　○　)生《い》き物《もの》は、しぜんとかかわり合いながら生きている。
③(　○　)植物《しょくぶつ》のしゅるいによって、葉《は》や花の形や大きさがちがう。
④(　×　)日なたの地面《じめん》は、日かげの地面より温《おん》度《ど》がひくい。
⑤(　×　)太陽《たいよう》の光をものがさえぎると、太陽と同じがわにもののかげができる。

2 次の図のものについて、電気を通すかどうか、じしゃくにつくかどうかを調《しら》べました。あとの問《と》いに答えましょう。　1つ7〔21点〕

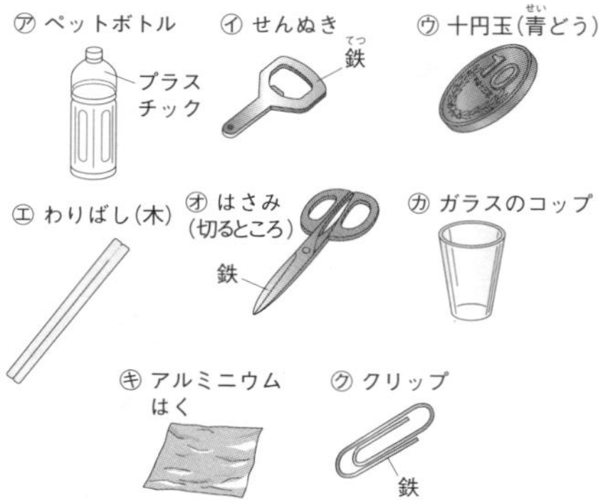

㋐ ペットボトル
プラスチック
㋑ せんぬき
鉄《てつ》
㋒ 十円玉（青《せい》どう）
㋓ わりばし（木）
㋔ はさみ（切るところ）
鉄
㋕ ガラスのコップ
㋖ アルミニウムはく
㋗ クリップ
鉄

(1) 電気を通すものを、㋐～㋗からすべてえらびましょう。　(　㋑、㋒、㋔、㋖、㋗　)

(2) じしゃくにつくものを、㋐～㋗からすべてえらびましょう。　(　㋑、㋔、㋗　)

(3) 電気を通すものは、かならずじしゃくにつくといえますか、いえませんか。
(　いえない。　)

3 次の図のように、糸電話を作って話をしました。あとの問いに答えましょう。　1つ7〔28点〕

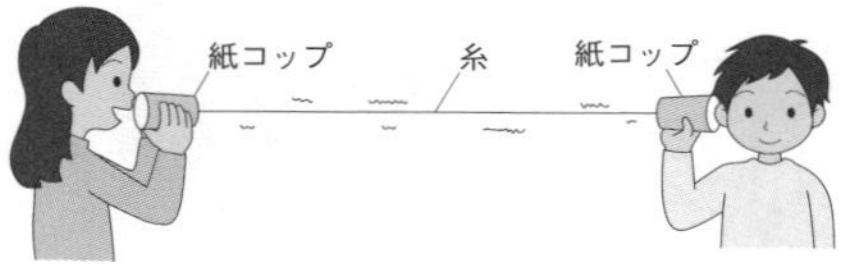

紙コップ
糸
紙コップ

(1) 話をしているときに糸にそっとふれると、糸はどうなっていますか。
(　ふるえている。　)

(2) 話をしているときに糸を指《ゆび》でつまむと、聞こえていた声はどうなりますか。
(　聞こえなくなる。)

(3) 次の①、②の(　)のうち、正しい方を◯でかこみましょう。

音がつたわっているとき、ものは
①(〔ふるえている〕　ふるえていない　)。
もののふるえを止めると、音は
②(　つたわる　〔つたわらない〕　)。

4 右の図は、黒い紙に虫めがねで日光を集《あつ》めているようすです。次の問いに答えましょう。　1つ7〔21点〕

あ

(1) 虫めがねを➡の向《む》きに動《うご》かして黒い紙から遠ざけて、あの部分《ぶぶん》を小さくしました。このとき、あの部分の明るさはどうなりますか。
(　明るくなる。　)

(2) (1)のとき、あの部分のあたたかさはどうなりますか。　(　あたたかくなる。)

(3) しばらくあの部分を小さくしたままにしておくと、黒い紙はどうなりますか。
(　こげる。　)

もんだいのてびきは 24 ページ

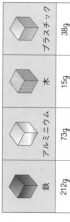

実力判定テスト かくにん! きぐの使い方

虫めがねの使い方

1 次《つぎ》の①〜④の□にあてはまる言葉《ことば》を書きましょう。

動かせるもの（手に持ったもの）を見るとき

1.虫めがねを①［目］に近づけて持《も》つ。
2.②［見るもの］を前後に動《うご》かして、はっきり見えるところで止める。

動かせないものを見るとき

1.虫めがねを③［目］に近づけて持つ。
2.④［虫めがね］を前後に動かして、はっきり見えるところで止める。

方位じしんの使い方

2 次の①、②の□にあてはまる言葉を書きましょう。

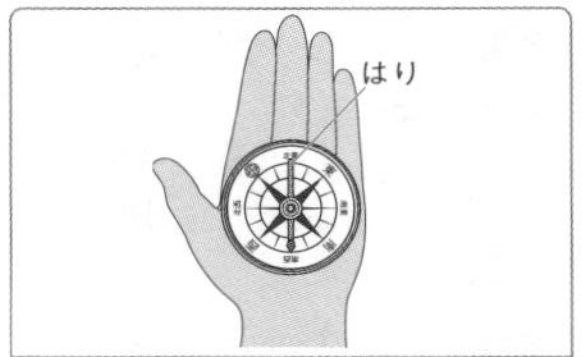

はりが自由《じゆう》に動くように、方位《ほうい》じしんを①［手のひら］の上にのせる。

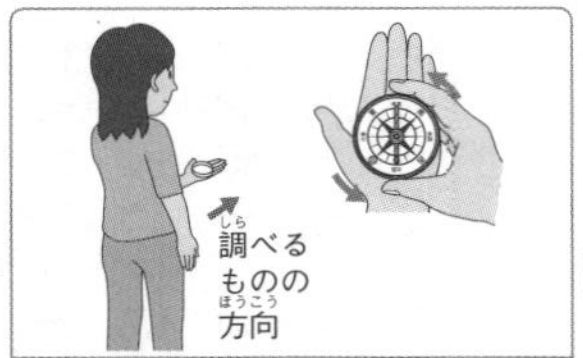

文字ばんを回して、②［北］の文字を色のぬってあるはりの先に合わせる。

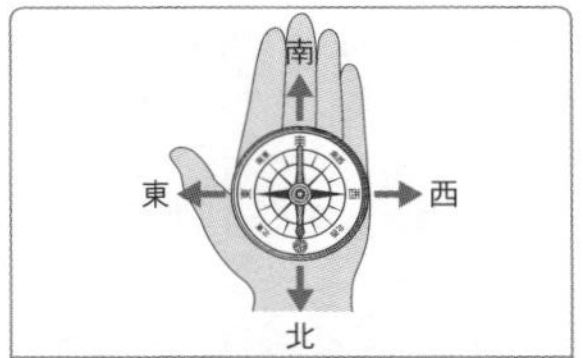

文字ばんの方位(調《しら》べるものの方位)を読む。

温度計の使い方

3 温度計《おんどけい》の目もりを読む目のいちとして、正しいものには○、まちがっているものには×を、①〜③の□につけましょう。また、温度計を使うときに気をつけることについて、次の文の④、⑤の(　)のうち、正しい方を◯でかこみましょう。

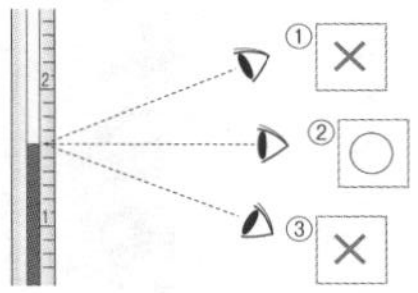

地面《じめん》の温度をはかるときは、温度計がおれるのをふせぐため、温度計で地面にあなを④(ほってもよい　（ほってはいけない）)また、温度計に日光が直せつ⑤(当たる　（当たらない）)ようにするため、おおいをする。

実力判定《はんてい》テスト かくにん! たんいとグラフ

長さや重さのたんい

1 ものの長さや重《おも》さのたんいを、書いて練習《れんしゅう》しましょう。

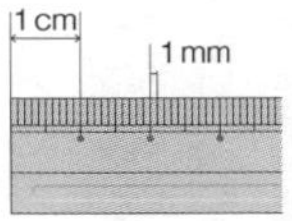

1m	1cm	1mm
メートル	センチメートル	ミリメートル
1m	1cm	1mm

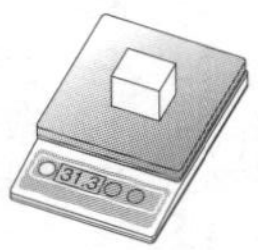

1kg	1g
キログラム	グラム
1kg	1g

たいせつ

①ものの長さは、ものさしではかることができます。長さのたんいには、「メートル」「センチメートル」「ミリメートル」などがあります。
1m＝100cm
1cm＝10mm

②ものの重さは、はかりではかることができます。重さのたんいには、「グラム」「キログラム」などがあります。
1kg＝1000g

ものの長さや重さは、4年生の理科でも学習《がくしゅう》するよ。よくおぼえておこう！

ぼうグラフのかき方

2 次の表《ひょう》のホウセンカのせの高さのかんさつけっかを、ぼうグラフに表《あらわ》しましょう。

ホウセンカのせの高さ

かんさつした日	4月23日	4月28日	5月10日	5月28日
高さ	1cm	3cm	8cm	18cm

ヒント

①自分の名前を書く。
②横《よこ》のじくにかんさつした日にちを書く。
③たてのじくに高さをとり、目もりが表す数字とたんいを書く。
④表題《ひょうだい》(調《しら》べたこと)を書く。
⑤記ろくした高さにあわせて、ぼうをかく。

ものの重さや長さなど、数字で表せるものをぼうグラフにすると、くらべやすいよ。ホウセンカの高さのへんかがわかりやすくなるね。

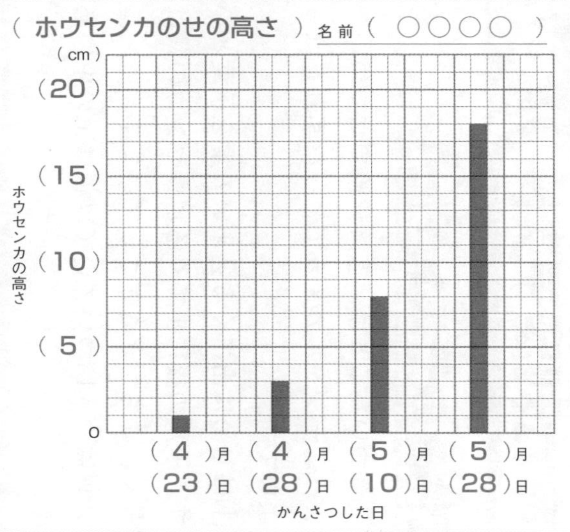

もんだいのてびきは24ページ

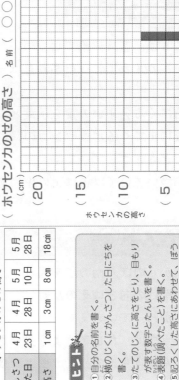

実力判定《はんてい》テスト もんだいのてびき

夏休みのテスト①

1 (2)気づいたことは、言葉や絵でせつめいしましょう。デジタルカメラでとった写真をはってもよいです。

3 (1)はじめに出てくる2まいの葉を子葉といいます。子葉の後に出てくるホウセンカの葉は、細長く、ふちがぎざぎざしています。

(2)葉はくきについていて、根は土の中にあります。

夏休みのテスト②

1 (2)太陽は、東からのぼり南の空を通って、西にしずみます。かげの向きはその反対に、西→北→東のようにかわっていきます。

3 (1)モンシロチョウは、たまご→よう虫→さなぎ→成虫のじゅんに育ちます。よう虫は、皮をぬいで大きくなっていきます。

(2)モンシロチョウは、からだが頭・むね・はらの3つの部分に分かれていて、むねにあしが6本ついているので、こん虫です。

冬休みのテスト①

4 (1)(2)音が出ているとき、たいこはふるえています。大きな音が出ているときはたいこのふるえが大きく、小さな音が出ているときはたいこのふるえが小さいです。

(3)音は、ものがふるえることでつたわります。トライアングルの音が聞こえているとき、紙コップにつないだ糸にそっとふれると、ふるえていることがわかります。この糸を指でつまむと、ふるえが止まるため、音は聞こえなくなります。

冬休みのテスト②

1 はね返した日光を多く重ねるほど、日光が当たったところは、より明るく、あたたかくなります。

2 (1)風の強さをかえると、風車の回る速さもかわります。

3 ゴムをのばす長さが長くなるほど、ゴムの元にもどろうとする力が強くなり、車の走るきょりも長くなります。

学年末のテスト①

1 (2)じしゃくのちがうきょくどうしを近づけると引きつけ合い、同じきょくどうしを近づけるとしりぞけ合います。

3 ものの重さは、形がかわってもかわりません。また、はかりへののせ方をかえても、ものの重さはかわりません。

4 もののしゅるいがちがうと、同じ体せきでも、ものの重さはちがいます。

学年末のテスト②

2 鉄、青どう、アルミニウムは電気を通しますが、その中でじしゃくにつくのは、鉄だけです。

3 (1)糸電話で、あいての声が聞こえるのは、ふるえが、紙コップ→糸→紙コップへとつたわるからです。

4 虫めがねを動かして、日光を集めた部分を小さくすると、より明るく、あたたかくなります。しばらくそのままにしておくと、黒い紙はこげます。

かくにん! きぐの使い方

3 温度計の目もりを読むときは、えきの先が近い方の目もりを読みましょう。えきの先が、目もりと目もりの真ん中にあるときは、上の方の目もりを読みます。

かくにん! たんいとグラフ

2 ぼうグラフは、数字で表すことができるものを整理するときに使います。植物の高さだけでなく温度のへんかなども、ぼうグラフにするとひとめでわかり、くらべやすくなります。

3 2 1 0 9 8 7 6 5
＊ ＊ D C B A

わくわくポスター 理科 3年

いろ

くきのふしぎ

アサガオ

ヘチマ

ヘチマのまきひげ

ジャガイモ

くきがつるのように
曲《ま》がってのびて、ほ
かのものにまきつくよ。

くきの一部《いちぶ》が「まきひげ」
というつるになって、
ほかのものにまきつくよ。

ジャガイモは、
土の中にあるけれど、
じつはよう分をたく
わえている「くき」
なんだ。

葉のふしぎ

わたしたちが食べて
いるのは、「葉《は》」に
よう分がたくわえ
られた部分《ぶぶん》だよ。

タマネギ

この部分が
「くき」だよ。

カエデ

葉の色がかわるのは、
葉のつけ根《ね》にかべが
できて、葉によう分
がたまるためだよ。

物のふしぎ

ふしぎ

わたしたちが
食べているのは、
くきの部分で、
「レンコン」と
よばれているよ。

のふしぎ

葉が、明るさによって、
開いたりとじたりするよ。

カタバミ

葉が何かに
ふれると、おじぎを
しているように
なるよ。

わくわくポスター 理科 3年

植

サボテンのふしぎ

キンシャチ

とげの部分が葉で、
緑《みどり》色の部分がくき
だよ。

シャコバサボテン

花がさくものも
あるよ。

ウチワサボテン

いろいろな形を
しているね。

ドラゴンフルーツ

ドラゴンフルーツはサボテンの
なかまで、実《み》を食べているよ。

ハスのふ

動《うご》く植物

タンポポ

花が、明るさに
よって、開《ひら》いたり
とじたりするよ。

オジギソウ

いろな植《しょく》物《ぶつ》

教科書ワーク

たねのふしぎ

風でとぶたね

カエデ

風を受《う》けやすいつくりをしているね。

タンポポ

人や動物につくたね

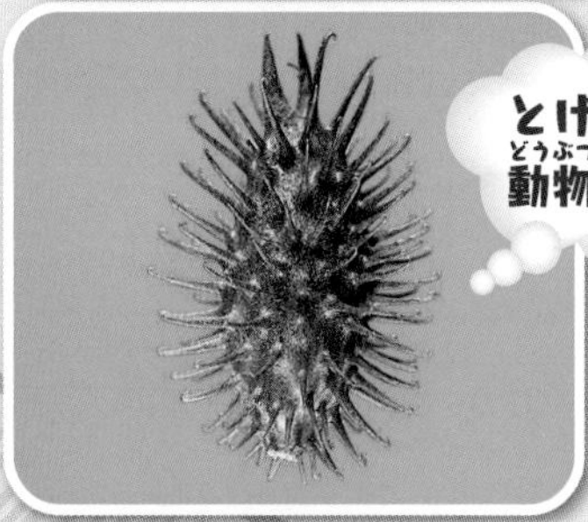

オオオナモミ

とげが人のふくや動物《どうぶつ》の毛につくよ。

アメリカセンダングサ

たねが遠くにはこばれると、めが出て、なかまをふやすことができるんだね。

根のふしぎ

サツマイモ

根《ね》によう分がたくわえられて、「いも」になっているよ。

水の中に根があるよ。

ウキクサ

教科書ワーク
もくじ

学校図書版 理科3年

動画　コードを読みとって、下の番号《ばんごう》の動画《どうが》を見てみよう。

単元	内容	動画	教科書ページ	きほん・練習のワーク	まとめのテスト
1 しぜんのかんさつ	1 身の回りの生き物	動画①	6～15、170、171、175、176、179	2・3	6・7
2 植物を育てよう	1 たねをまこう	動画②	16～23、177、179	4・5	
3 かげと太陽	1 かげのでき方		24～28、176	8・9	14・15
	2 かげのいちと太陽	動画⑩	29～33、180	10・11	
	3 日光のはたらき	動画⑪	34～39、177、180	12・13	
2 -2 ぐんぐんのびろ	2 ぐんぐんのびろ	動画③	40～45	16・17	18・19
4 チョウを育てよう	1 チョウを育てよう①		12、46～50、179	20・21	26・27
	1 チョウを育てよう②		51～58	22・23	
	1 チョウを育てよう③		59～60	24・25	
	2 チョウのからだを調べよう	動画⑤	61～63	28・29	32・33
	こん虫の育ち方を調べよう	動画⑨	64～65	30・31	
2 -3 花がさいた	3 花がさいた		66～67	34・35	—
5 こん虫を調べよう	1 生き物のようすを調べよう		70～73、170～174	36・37	40・41
	2 こん虫のからだのつくり	動画⑥ 動画⑧	74～79	38・39	
2 -4 実ができるころ	4 実ができるころ	動画④	80～85	42・43	44・45
6 音を調べよう	1 音が出ているときのもののようす		86～90	46・47	50・51
	2 音をつたえよう	動画⑬	91～95	48・49	
7 光を調べよう	1 日光の進み方を調べよう		96～100、176	52・53	56・57
	2 日光を集めよう	動画⑫	101～107、180	54・55	
8 風のはたらき	1 風の強さと風車の回り方 2 風の強さとものを持ち上げる力		108～117	58・59	62・63
9 ゴムのはたらき	1 ゴムの力と車の走り方 2 ゴムの力をコントロールしよう	動画⑦	118～127、177	60・61	
10 明かりをつけよう	1 豆電球に明かりをつけよう①	動画⑮	128～132	64・65	70・71
	1 豆電球に明かりをつけよう②		133	66・67	
	2 電気を通すものと通さないもの 3 スイッチを作ろう	動画⑯	134～141	68・69	
11 じしゃくのひみつ	1 じしゃくに引きつけられるもの	動画⑰	142～148	72・73	76・77
	2 じしゃくのせいしつ	動画⑱	149～151、180	74・75	
	3 じしゃくのはたらき		152～157	78・79	80・81
12 ものの重さを調べよう	1 ものの重さをくらべよう		158～162、181	82・83	86・87
	2 もののしゅるいと重さ	動画⑭	160、163～166、181	84・85	

プラスワーク…… 88
実力判定テスト（全４回）…… 巻末《かんまつ》折《お》りこみ
答えとてびき（とりはずすことができます）…… 別冊《べっさつ》

●写真提供：アーテファクトリー，アフロ

勉強した日　月　日

1　身の回りの生き物

もくひょう

身の回りの生き物のようすや、虫めがねの使い方をかくにんしよう。

おわったらシールをはろう

きほんのワーク

教科書 6〜15、170、171 175、176、179ページ　答え 1ページ

図を見て、あとの問いに答えましょう。

1 生《い》き物《もの》のかんさつ

花の色は①（ 黄色　白色 ）である。

葉《は》の形は②（ 丸い　ぎざぎざしている ）。

花の色は③（ ピンク色　黄色 ）である。

くきが④（ 長い　短《みじか》い ）。

● 身《み》の回りの生き物のかんさつをしました。①〜④の（　）のうち、正しい方を⬭でかこみましょう。

2 虫めがねの使《つか》い方

動かせないものを見るとき

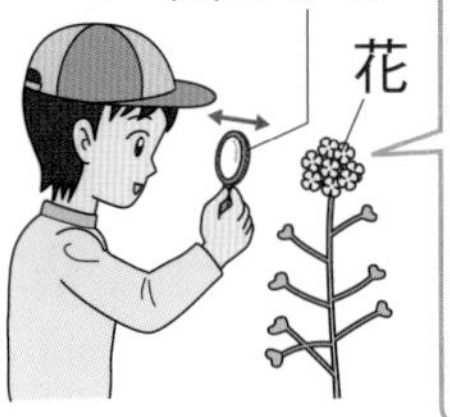

虫めがねを目に近づけておき、①［　　　］を前後に動《うご》かして、はっきり見えるところで止める。

手に持ったものを見るとき

虫めがねを目に近づけておき、②［　　　］を前後に動かして、はっきり見えるところで止める。

目をいためるので、虫めがねでぜったいに③［　　　］を見ない。

● ①〜③の［　］にあてはまる言葉《ことば》を書きましょう。

まとめ　〔 場所《ばしょ》　色　太陽《たいよう》 〕からえらんで（　）に書きましょう。

● 生き物は、①（　　　　）、形、大きさ、見つかる②（　　　　）にちがいがある。
● 虫めがねで、ぜったいに③（　　　　）を見てはいけない。

わくわくたんてい団

身近《みぢか》に見られる多くのタンポポは外国からやってきたセイヨウタンポポです。セイヨウタンポポは、日本のタンポポとちがい、春だけでなく、それいがいの季節《きせつ》でも花をさかせます。

勉強した日　　月　　日

練習のワーク

教科書　6〜15、170、171　175、176、179ページ　　答え　1ページ

できた数　　/10問中　　おわったら シールを はろう

1 春に見られる植物《しょくぶつ》の㋐〜㋒の花について、あとの問いに答えましょう。

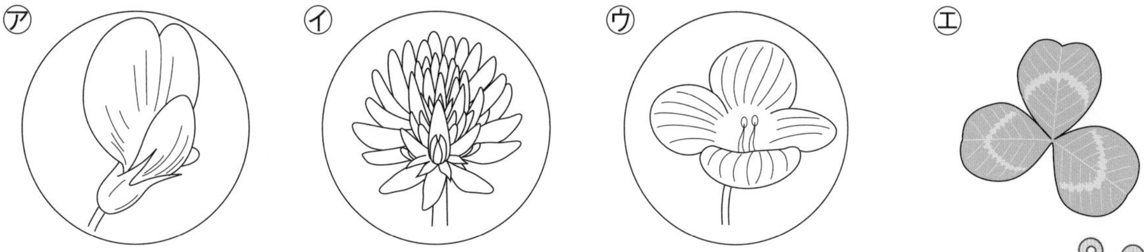

(1)　オオイヌノフグリの花を、㋐〜㋒からえらびましょう。（　　）

(2)　㋓のような形の葉の花を、㋐〜㋒からえらびましょう。（　　）

(3)　こいピンク色の花を、㋐〜㋒からえらびましょう。（　　）

2 春に見られる㋐〜㋒の動物《どうぶつ》について、あとの問いに答えましょう。

(1)　㋒の動物を何といいますか。（　　）

(2)　はねがある動物を、㋐〜㋒からえらびましょう。（　　）

(3)　石や落《お》ち葉の下などにいて、さわると丸くなる動物を、㋐〜㋒からえらびましょう。（　　）

3 生き物のかんさつや記ろくについて、次《つぎ》の問いに答えましょう。

(1)　小さなものをかんさつするときに使う、右の図の道具《どうぐ》㋈を何といいますか。（　　）

(2)　次の文の（　）にあてはまる言葉を書きましょう。

手に持《も》ったものを見るときは、(1)の道具を①（　　）に近づけておき、②（　　）を前後に動かして、はっきりと見えるところで止める。

(3)　かんさつしたことを記ろくするとき、生き物のとくちょうを、言葉や何でかきますか。（　　）

勉強した日　月　日

1　たねをまこう

もくひょう

ホウセンカ、ヒマワリのたねやそのまき方、育ち方を調べよう。

おわったら シールを はろう

きほんのワーク

教科書 16〜23、177、179ページ　答え 1ページ

図を見て、あとの問いに答えましょう。

1 ホウセンカとヒマワリのたねのようす

① [　　　　] のたね　　② [　　　　] のたね

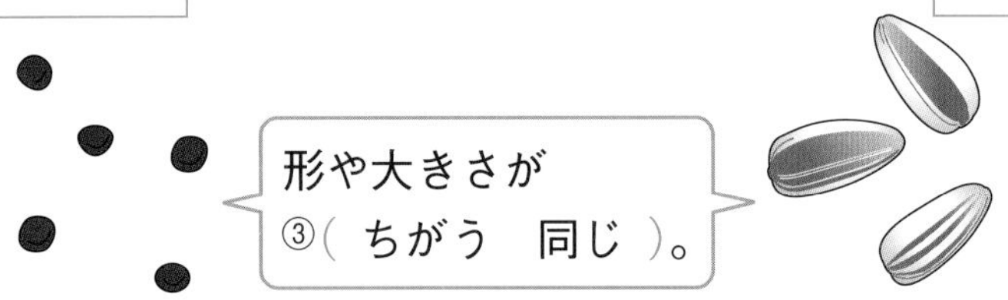

(1)　図のたねはホウセンカ、ヒマワリのどちらのたねですか。①、②の[　　]に書きましょう。

(2)　植物のしゅるいがちがうと、たねの形や大きさはどうなりますか。③の（　）のうち、正しい方を◯でかこみましょう。

2 ヒマワリの育ち方

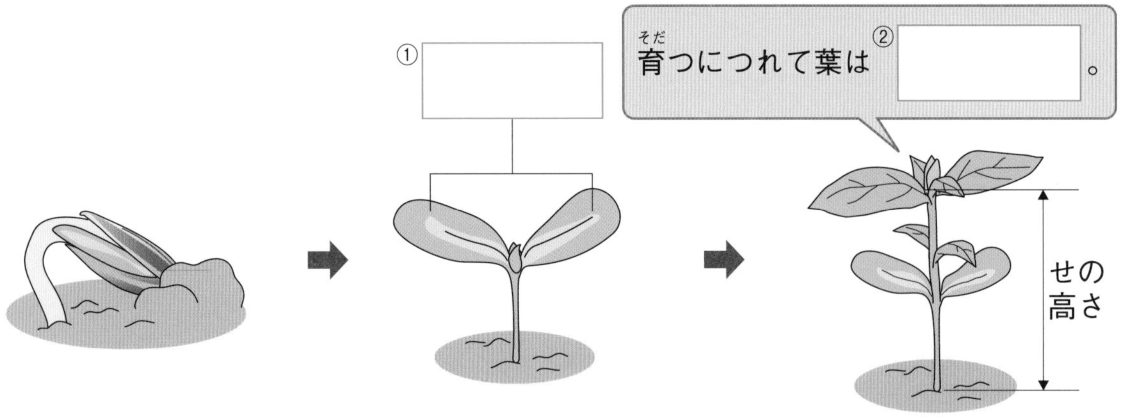

(1)　さいしょに2まい出てくる①を何といいますか。[　　]に書きましょう。

(2)　葉の数は、育つにつれてどうなりますか。②の[　　]に書きましょう。

まとめ　〔 葉　しゅるい　形 〕からえらんで（　）に書きましょう。

●植物のたねは、①（　　　　）により、②（　　　　）や大きさなどがちがう。

●ヒマワリは、めばえのあと、③（　　　　）の数がふえていく。

わくわくたんてい団

ヒマワリのたねにはもようがあります。もようは、黒いものや白いもの、白と黒のすじになっているものなどさまざまです。よいたねは、あつみがあり、大きいです。

勉強した日　　月　　日

練習のワーク

教科書 16〜23、177、179ページ　答え 1ページ

できた数　　/12問中

おわったら シールを はろう

1 ホウセンカやヒマワリのたねのまき方について、次の問いに答えましょう。

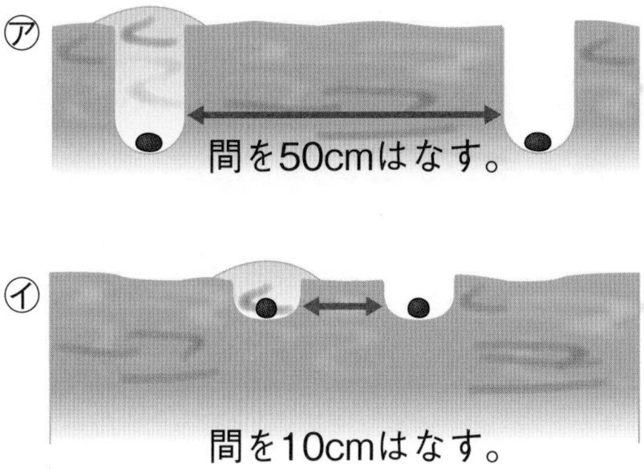

㋐
間を50cmはなす。
㋑
間を10cmはなす。

(1) 右の図の㋐、㋑は、ホウセンカとヒマワリのどちらのたねのまき方ですか。

㋐(　　　　　)　㋑(　　　　　)

(2) たねをまくとき、ふかいところにまくのは、㋐、㋑のどちらですか。　(　　　)

(3) たねをまくとき、どんなじゅんにおこないますか。次の①〜④を、正しいじゅんにならべましょう。　(　　→　　→　　→　　)

①水やりをする。　②指《ゆび》であなをあけて、たねを入れる。

③土をかける。　④土をほり起《お》こし、ひりょうを入れる。

2 ホウセンカやヒマワリの育ち方について、次の問いに答えましょう。

㋐
㋑
㋒
あ

(1) 右の図の㋐〜㋒を、ホウセンカのめが出てから育つじゅんにならべましょう。

(　　→　　→　　)

(2) 右の図の㋓はヒマワリです。ホウセンカのあと同じものを、い、うからえらびましょう。　(　　　)

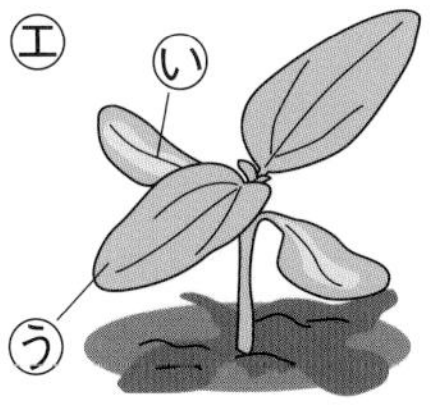

㋓
い
う

(3) ホウセンカとヒマワリの葉をくらべたとき、葉にぎざぎざがあるのはどちらですか。　(　　　　　)

3 記ろく用紙のかき方について、次の文の(　)にあてはまる言葉を書きましょう。

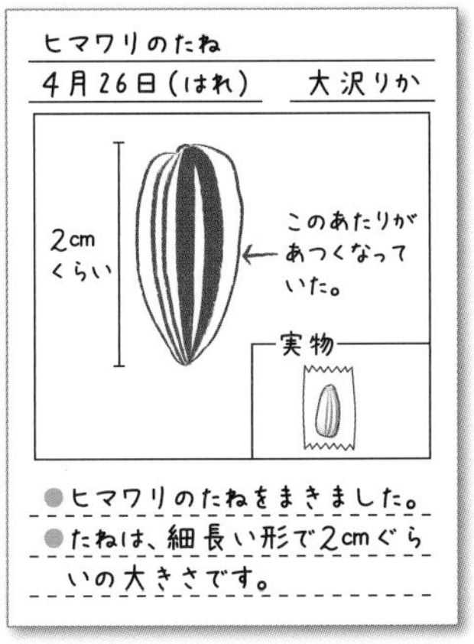

ヒマワリのたね
4月26日(はれ)　大沢りか
2cm くらい
このあたりが あつくなって いた。
実物
●ヒマワリのたねをまきました。
●たねは、細長い形で2cmぐらいの大きさです。

- 何を①(　　　　　)したかを書く。
- かんさつしたり、調《しら》べたりした月日や②(　　　　　)を書く。
- よく見てかんさつし、③(　　　　　)や色、大きさがわかるように④(　　　　　)にかく。色やもようがわかるように、色をぬったり、言葉で書いたりする。
- はかった⑤(　　　　　)や数なども書く。
- 考えたことや、ほかに気づいたことも書く。

まとめのテスト

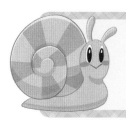

1　しぜんのかんさつ
2　植物を育てよう

とく点　/100点

おわったら シールを はろう

時間 20分

教科書 6～23、170、171 175～177、179ページ　答え 2ページ

1 **春の植物のようす** **次の花の図や、野外でのかんさつについて、あとの問いに答えましょう。**　1つ5〔25点〕

㋐
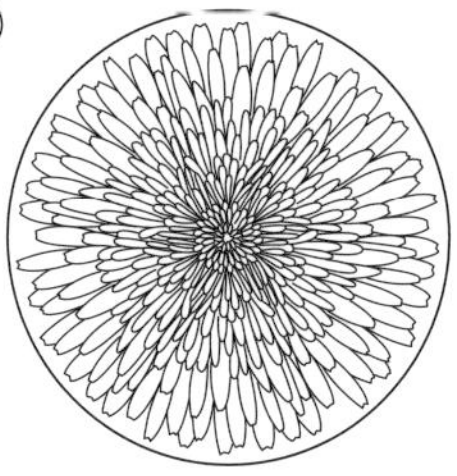
タンポポ

㋑
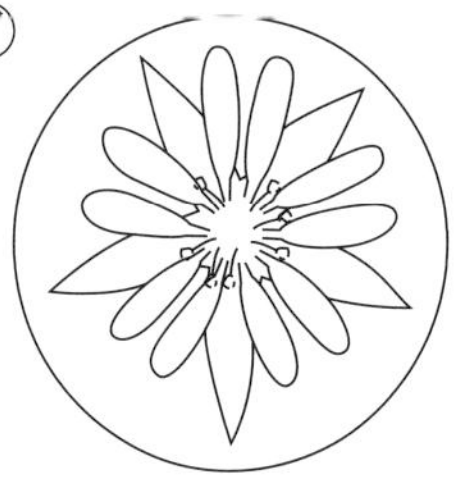
ハコベ

㋒

カタバミ

㋓

ゲンゲ(レンゲソウ)

(1)　ぎざぎざした形の葉が地面《じめん》に広がっている花を、㋐～㋓からえらびましょう。
(　　　)

(2)　花が黄色いものを、㋐～㋓から２つえらびましょう。
(　　　)(　　　)

(3)　花の細かい部分《ぶぶん》を大きくして見るために、野外のかんさつに持っていく道具は何ですか。
(　　　)

記述 (4)　(3)でかんさつするとき、目をいためるのでぜったいにしてはいけないことはどのようなことですか。
(　　　　　　　　　　)

2 **春の動物のようす** **右の動物について、次の問いに答えましょう。**　1つ5〔15点〕

(1)　右の図の動物を何といいますか。
(　　　　　　　　　　)

(2)　右の図の動物が春によく見られる場所はどこですか。正しいものに○をつけましょう。
①(　　　)土の中や地面
②(　　　)石の下や落ち葉の下
③(　　　)植物の葉の上や花の上

(3)　この動物をせ中がわから見たからだの形に一番近いものを、㋐～㋓からえらびましょう。
(　　　)

よく出る **3** **植物の育ち方** **次の図は、ある2しゅるいの植物の、たね、めばえ、花のようすです。あとの問いに答えましょう。** 1つ6〔24点〕

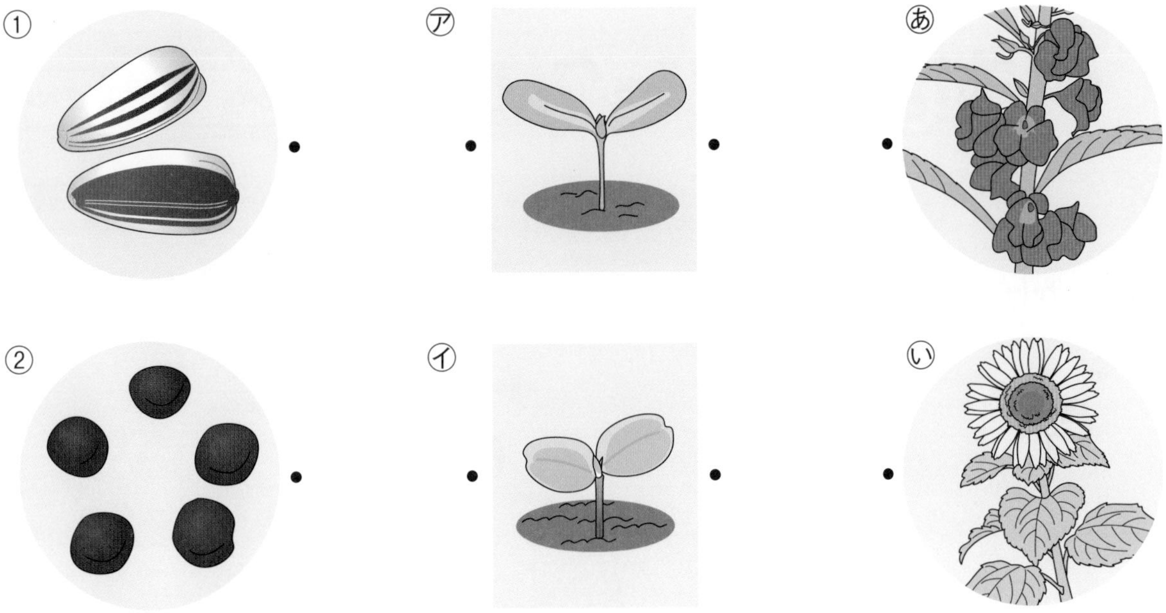

作図・ (1)　上の図の同じ植物どうしを線でむすびましょう。

(2)　上の図の(あ)、(い)の植物を何といいますか。

(あ)(　　　　　　　　)　(い)(　　　　　　　　)

4 **植物のようす** **右の図は、ホウセンカが育ってきたときのようすです。次の問いに答えましょう。** 1つ6〔18点〕

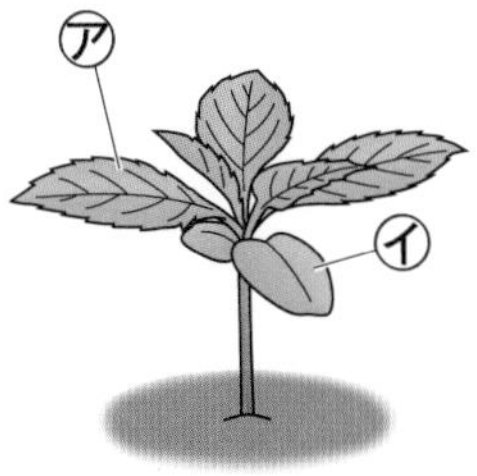

(1)　2まいある、㋑を何といいますか。(　　　　　)

(2)　あとから出てきた葉を、㋐、㋑からえらびましょう。(　　　)

(3)　ホウセンカが育っていくにつれて、これからふえる葉を、㋐、㋑からえらびましょう。(　　　)

5 **記ろく用紙** **記ろく用紙について、次の問いに答えましょう。** 1つ6〔18点〕

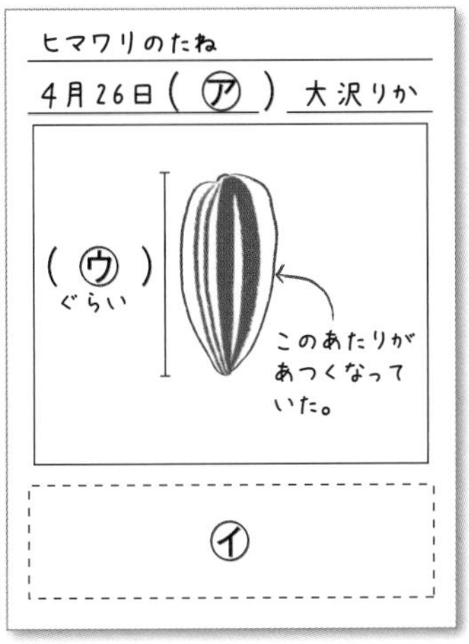

(1)　㋐には何を書けばよいですか。下の〔　〕からえらびましょう。(　　　　　　　　)

〔 考えたことや気がついたこと
天気　　友だちの名前　　学年 〕

(2)　㋑には何を書けばよいですか。(1)の〔　〕からえらびましょう。(　　　　　　　　)

(3)　㋒にあてはまるものを、次のア～エからえらびましょう。(　　　)

ア　2mm　　イ　2cm　　ウ　20cm　　エ　2m

勉強した日　　月　　日

1　かげのでき方

もくひょう
かげの向きと太陽の見える方向をかくにんしよう。

おわったら シールを はろう

きほんのワーク

教科書 24～28、176ページ　答え 2ページ

図を見て、あとの問いに答えましょう。

1 かげと太陽の見える方向《ほうこう》

①［　　　　］

太陽は、かげと ②（同じ　反対《はんたい》）がわに見える。

太陽の光のこと。

③［　　　　］をさえぎるものがあると、太陽の反対がわに ④［　　　　］ができる。

(1)　太陽を見るときに使うものを、①の［　　］に書きましょう。

(2)　②の（　　）のうち、正しい方を◯でかこみましょう。

(3)　③、④の［　　］にあてはまる言葉を書きましょう。

2 かげのでき方とかげつなぎ

かげは、どれも ①（同じ　ちがう）向《む》きにできる。

1人が立ち、その次の人がかげの ②［　　　　］に立ち、また、その次の人が…

(1)　①の（　　）のうち、正しい方を◯でかこみましょう。

(2)　かげつなぎで、かげがつながるようにするには、どのようにしますか。②の［　　］に書きましょう。

まとめ　〔　同じ　反対　〕からえらんで（　）に書きましょう。

- かげができるとき、太陽はかげの①（　　　　　）がわに見える。
- いろいろなもののかげは、②（　　　　　）向きにできる。

わくわくたんてい団
かげは、ものが光をさえぎったときにできます。よく晴れた日にははっきりしたかげができますが、くもりの日にははっきりしたかげはできません。

練習のワーク

教科書 24～28、176ページ　答え 2ページ

できた数　　/7問中

おわったら シールを はろう

1 かげのでき方について、次の問いに答えましょう。

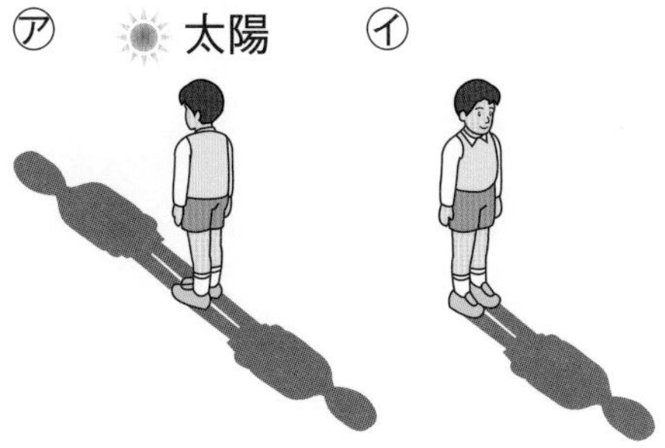

(1) ㋐のように、日なたで太陽の方を向いて立つと、かげは、人の前と後ろのどちらにできますか。
（　　　　）

(2) ㋑のように、かげが人の前にくるように立つと、太陽は人の前と後ろのどちらの方にありますか。
（　　　　）

(3) ㋒で、ぼうのかげはどの向きにできますか。㋐～㋒からえらびましょう。
（　　　）

2 次の図の㋐と㋑は、太陽の方向とかげ、㋒はぼうのかげを表《あらわ》したものです。あとの問いに答えましょう。

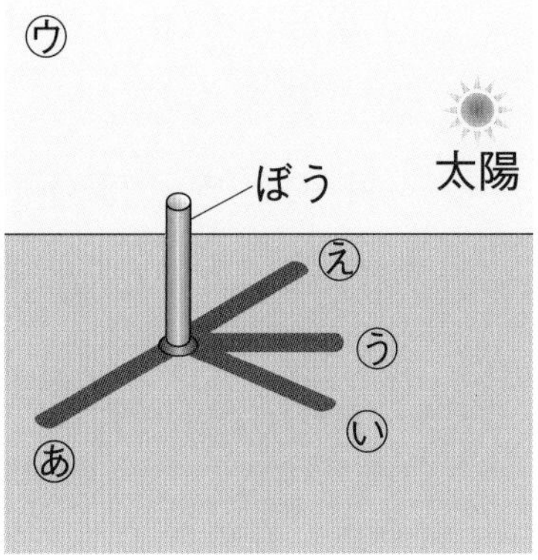

(1) 上の左の図で、たけしさんとめぐみさんのかげから考えて、太陽のある方向を㋐、㋑からえらびましょう。
（　　　）

(2) めぐみさんがしゃがむと、かげはどうなりますか。次のア～ウからえらびましょう。
（　　　）

ア　小さくなる。　　イ　大きくなる。　　ウ　かわらない。

(3) たけしさんが走ると、かげはどうなりますか。次のア、イからえらびましょう。
（　　　）

ア　たけしさんといっしょに動く。　　イ　動かない。

(4) 上の図の㋒で、ぼうのかげの向きを㋐～㋓からえらびましょう。
（　　　）

勉強した日　月　日

2 かげのいちと太陽

もくひょう
かげのいちと太陽のいちのかんけいや、方位の調べ方をまなぼう。

おわったらシールをはろう

きほんのワーク

教科書 29〜33、180ページ　答え 2ページ

図を見て、あとの問いに答えましょう。

1 かげのいちと太陽のいち

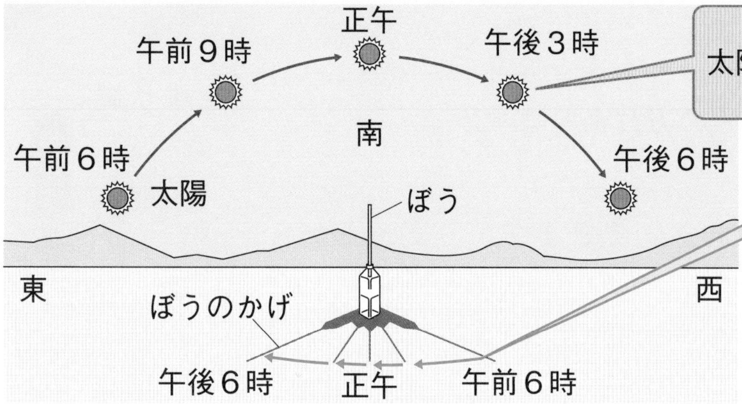

太陽のいち ①［　→　→　］

ぼうのかげのいち ②［　→　→　］

太陽を見るときはかならずしゃ光板《こうばん》を使う。

(1)　太陽のいちは、時間がたつと、どの方位《ほうい》からどの方位にかわりますか。①の［　］に東、西、南、北で書きましょう。

(2)　(1)のとき、ぼうのかげのいちはどの方位からどの方位にかわりますか。②の［　］に東、西、南、北で書きましょう。

太陽の動きとかげの動きは反対だよ！

2 方位の調べ方

方位じしんの色のぬってあるはりの先は、いつも①［　］を指《さ》す。

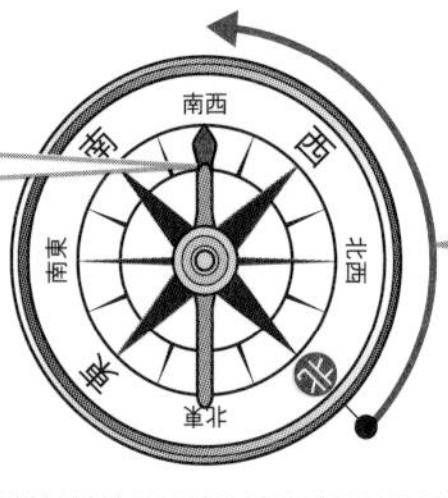

文字ばんの②［　］を色のぬってあるはりの先に合わせる。

(1)　①の［　］にあてはまる言葉を書きましょう。

(2)　方位じしんで方位を調べる方ほうについて、②の［　］に書きましょう。

まとめ　〔 東　西　太陽 〕からえらんで（　）に書きましょう。

- しだいにかげのいちがかわるのは、①（　　　）のいちがかわっているからである。
- 太陽は、②（　　　）からのぼり、南の空を通って、③（　　　）へしずむ。

わくわくたんてい団

太陽は、東からのぼり、南を通って西にしずみます。太陽が高いところにあるほど、かげの長さは短《みじか》くなるので、１日でかげの長さもかわってきます。

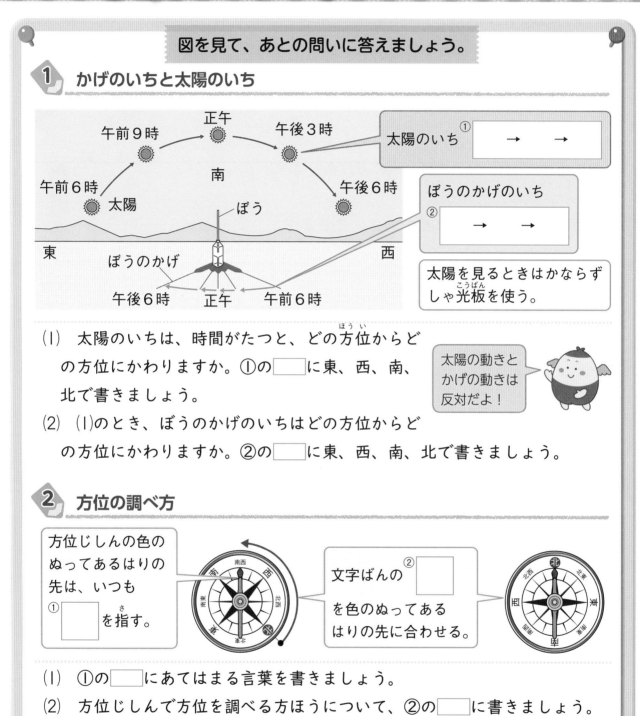

練習のワーク

教科書　29～33、180ページ　　答え　2ページ

できた数　　/9問中

おわったらシールをはろう

1　同じ場所で、午前11時と正午のぼうのかげを調べました。次の問いに答えましょう。

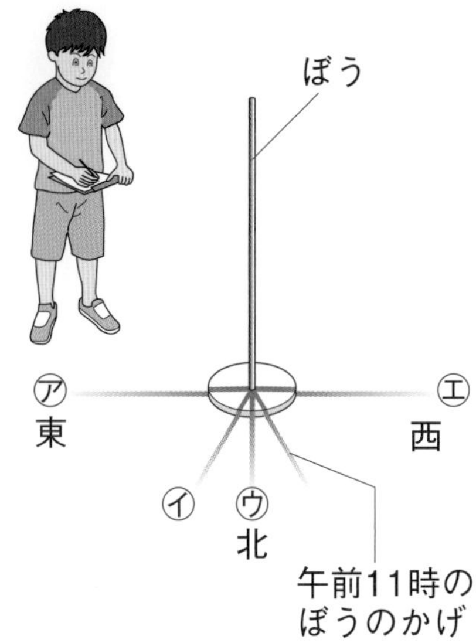

ぼう
㋐
東
㋓
西
㋑
㋒
北
午前11時のぼうのかげ

(1)　正午にできるぼうのかげを、㋐～㋓からえらびましょう。　（　　　）

(2)　正午の太陽は、東、西、南、北のどの方位にありますか。　（　　　）

(3)　時間がたつと、かげのいちはどのようにかわりますか。正しい方に○をつけましょう。

①（　　　）東から北、西にかわる。

②（　　　）西から北、東にかわる。

2　ある日の午前11時と午後1時のぼうのかげのでき方と、そのときの太陽の方位を調べました。次の問いに答えましょう。

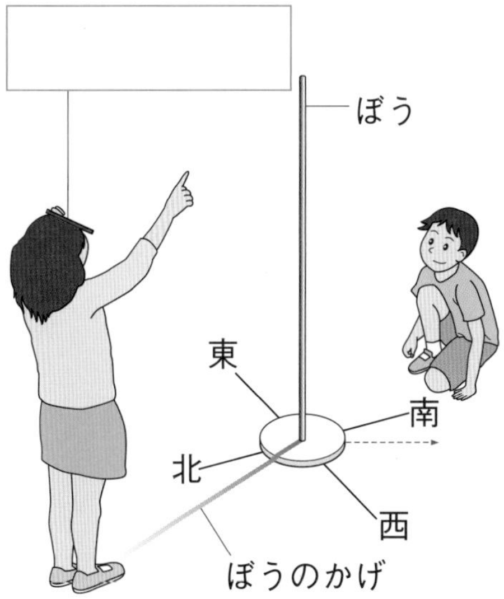

ぼう
東
南
北
西
ぼうのかげ

(1)　太陽を見るときに、目をいためないようにかならず使う道具を何といいますか。図の□に書きましょう。

作図　(2)　図のぼうのかげは午前11時のもので、- - - →は、午後1時の太陽の方位です。午後1時のときのぼうのかげを図にかきましょう。

(3)　かげのいちがかわるのは、何のいちがかわるからですか。　（　　　）

3　方位じしんについて、次の問いに答えましょう。

(1)　方位じしんでは何を調べることができますか。　（　　　）

(2)　方位じしんが右の図のようなとき、文字ばんの「北」は、はりの先である㋐と㋑のどちらに合わせますか。　（　　　）

(3)　図の ⟶ の方位は何ですか。　（　　　）

色のぬってあるはりの先はいつもどの方位を指すかな。

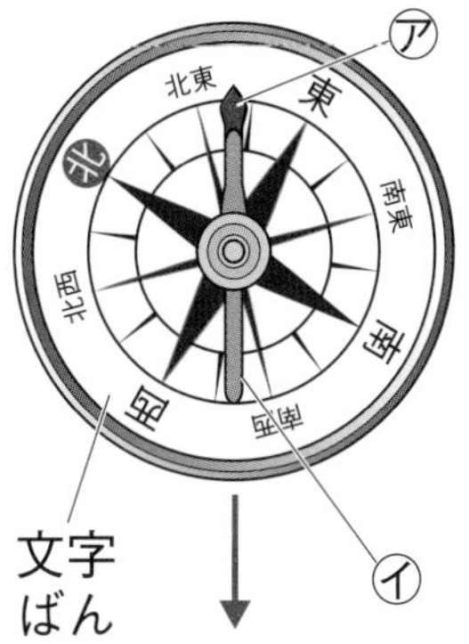

㋐
北東
東
南東
南
南西
西
北西
北
㋑
文字ばん

勉強した日　月　日

3　日光のはたらき

きほんのワーク

もくひょう・
地面の温度と日光とのかかわりを温度計を使って調べてみよう。

おわったらシールをはろう

教科書 34～39、177、180ページ　答え 3ページ

図を見て、あとの問いに答えましょう。

1 日なたと日かげの地面のちがい

	日なたの地面	日かげの地面
明るさ	①	②
あたたかさ	③	④
しめり具合《ぐあい》	かわいている。	少ししめっている。

● 日なた、日かげの地面の明るさやあたたかさはどうなっていますか。下の〔　〕からえらんで、表《ひょう》の①～④に書きましょう。

〔 あたたかい　暗《くら》い　つめたい　明るい 〕

2 地面の温度のはかり方と地面の温度くらべ

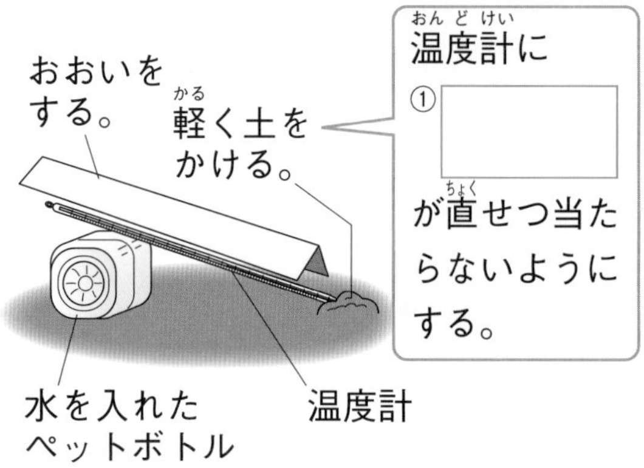
おおいをする。
軽《かる》く土をかける。
水を入れたペットボトル
温度計
温度計《おんどけい》に①□が直《ちょく》せつ当たらないようにする。

	午前9時	午前12時
日なたの地面の温度	15℃	20℃
日かげの地面の温度	14℃	15℃

日なたの地面は、②□によってあたためられる。

(1) ①の□にあてはまる言葉を書きましょう。

(2) 地面は何によってあたためられますか。②の□に書きましょう。

まとめ〔 日かげ　日光《にっこう》　日なた 〕からえらんで（　）に書きましょう。

●①（　　　）の地面の温度は、②（　　　）の地面の温度よりも高い。

●地面は、③（　　　）によってあたためられている。

わくわくたんてい団　日なたは、地面に日光が当たるため、明るく、あたたかく、水がじょう発《はつ》するので、かわいています。日かげは、日光が当たらないので、暗く、つめたく、しめっています。

練習のワーク

できた数 /12問中

おわったら シールを はろう

教科書 34~39、177、180ページ　答え 3ページ

1 **右の図のようにして、日なたと日かげの地面のようすを調べました。次の問いに答えましょう。**

(1) 地面をさわるとあたたかいのは、㋐、㋑のどちらですか。（　　　）

(2) 地面をさわって、しめり具合を調べました。次の①、②のようだったのは、㋐、㋑のどちらですか。

① しめっている。（　　　）

② かわいている。（　　　）

(3) 地面の明るさをくらべたとき、明るいのは、㋐、㋑のどちらですか。（　　　）

(4) 日なたと日かげの地面のようすにちがいがあるのはなぜですか。（　）にあてはまる言葉を書きましょう。

日なたの地面は（　　　　　）が当たっていて、あたためられているから。

2 **日なたと日かげの地面の温度をはかりました。次の問いに答えましょう。**

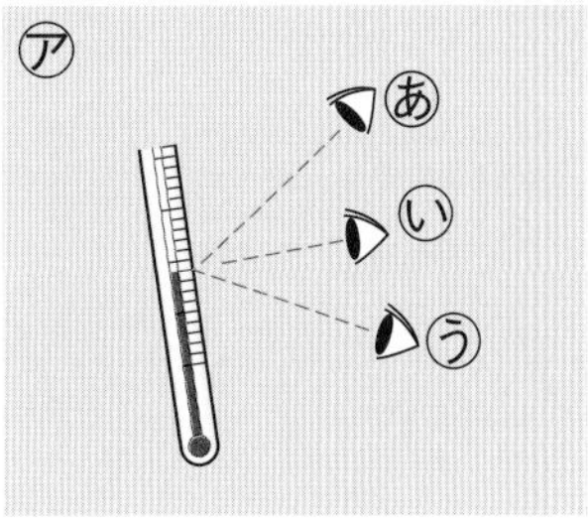

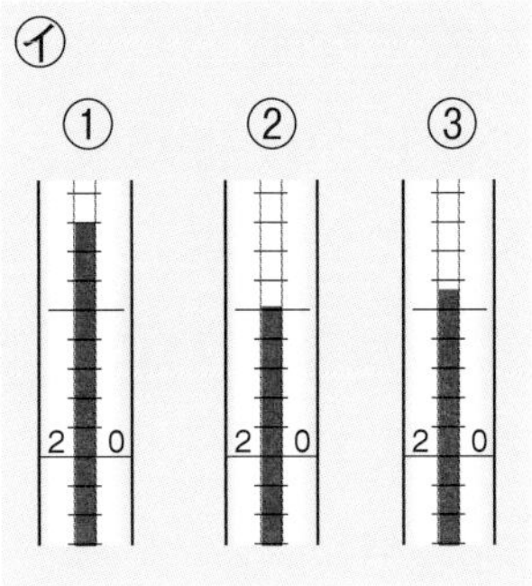

㋒

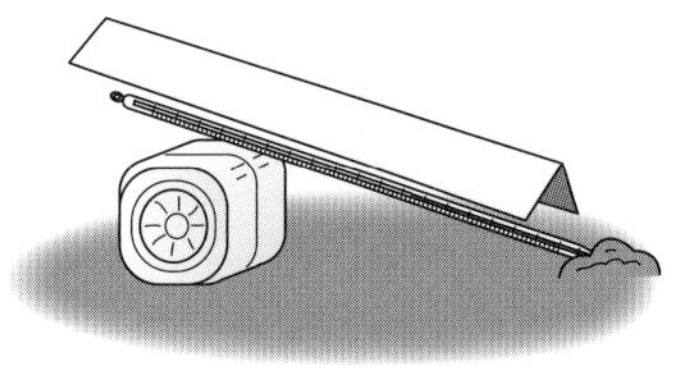

日なたの地面

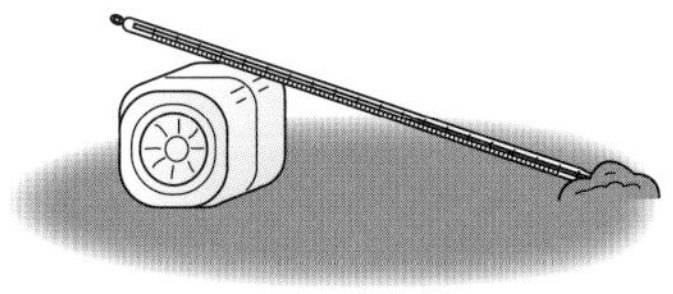

日かげの地面

(1) 右の図の㋐で、目もりが正しく読める目のいちをあ～うからえらびましょう。（　　　）

(2) 右の図の㋑の①～③の温度計の目もりを読み、温度を書きましょう。

①（　　　）

②（　　　）

③（　　　）

(3) 右の図の㋒と表をもとにして、次の①～③のうち、日なたの地面のことには○、日かげの地面のことには×をつけましょう。

	午前10時	午前11時
日なたの地面の温度	21℃	26℃
日かげの地面の温度	16℃	17℃

①（　　）地面の温度をはかるとき、温度計に日光が直せつ当たらないように、おおいをする。

②（　　）もう一方より地面の温度がひくい。

③（　　）時間がたっても、地面の温度があまりかわらない。

勉強した日　　月　　日

まとめのテスト

3　かげと太陽

とく点　　/100点

おわったらシールをはろう

時間 20分

教科書 24～39、177、180ページ　答え 3ページ

よく出る **1** **かげのいちと太陽のいち** 次の図のように、ぼうを立て、そのぼうのかげのいちと太陽のいちを調べました。あとの問いに答えましょう。　1つ5〔40点〕

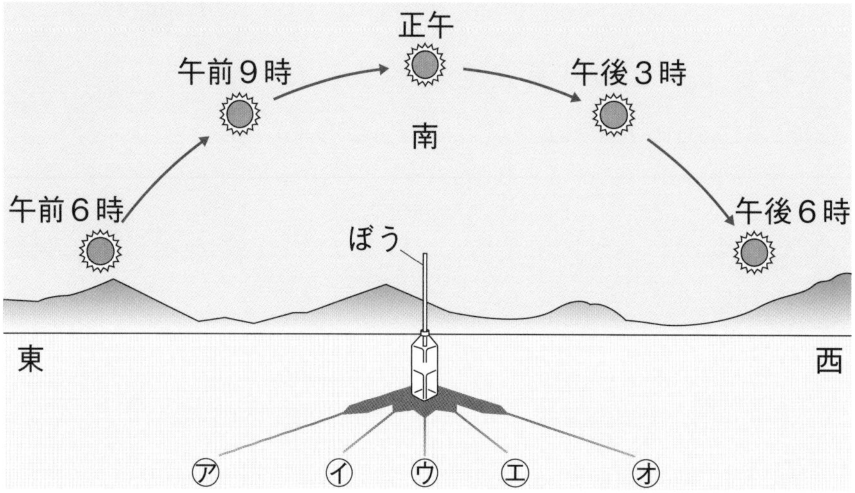
正午
午前９時
午後３時
南
午前６時
午後６時
ぼう
東
西
㋐
㋑
㋒
㋓
㋔

⑴　上の図で、午前９時のときのかげのいちを、㋐～㋔からえらびましょう。

（　　　　）

⑵　㋑のかげは、何時の太陽によってできたものですか。（　　　　）

⑶　上の図からわかる、かげの長さやいちについてせつめいした文のうち、正しいものに３つ○をつけましょう。

①（　　　）かげのいちがかわるにつれて、かげの長さは長くなる。

②（　　　）かげの長さはいつも同じである。

③（　　　）かげの長さは、午前６時から正午までだんだん短くなり、正午をすぎるとだんだん長くなる。

④（　　　）正午のときのかげが一番短く、方位じしんの色のぬってあるはりが指す方位に向かってできる。

⑤（　　　）かげは、太陽の反対がわにでき、太陽のいちがかわる方向とは反対の方向に動く。

⑷　午前６時から午後６時にかけて、太陽とかげのいちは、それぞれどちらからどちらの方位にかわりましたか。東、西で答えましょう。

太陽（　　　　から　　　　）かげ（　　　　から　　　　）

記述 ⑸　太陽をかんさつするとき、目をいためるので、ぜったいにしてはいけないことがあります。それはどんなことですか。

（　　　　　　　　　　　　　　　　）

2 温度のはかり方　温度のはかり方について、次の問いに答えましょう。

1つ4〔20点〕

(1)　地面の温度のはかり方について、正しいものには○、まちがっているものには×をつけましょう。

①(　　　)地面の上に温度計のえきだめをおく。

②(　　　)地面の土をあさくほり、温度計のえきだめをそのあなに入れて、軽く土をかける。

③(　　　)日なたでは直せつ温度計に日光が当たらないようにする。

④(　　　)地面の上においたら、すぐにえきの先の目もりを読む。

(2)　「16℃」は何と読みますか。　(　　　　　　)

3 日なたと日かげの地面のようす　日なたと日かげの地面の温度やようすをくらべました。次の問いに答えましょう。

1つ4〔40点〕

(1)　右の図のあ～えは、午前9時と正午に温度計ではかった、日なたと日かげの地面の温度です。次の①、②の温度をあ～えからえらびましょう。

①　午前9時の日かげ　(　　　)

②　正午の日なた　(　　　)

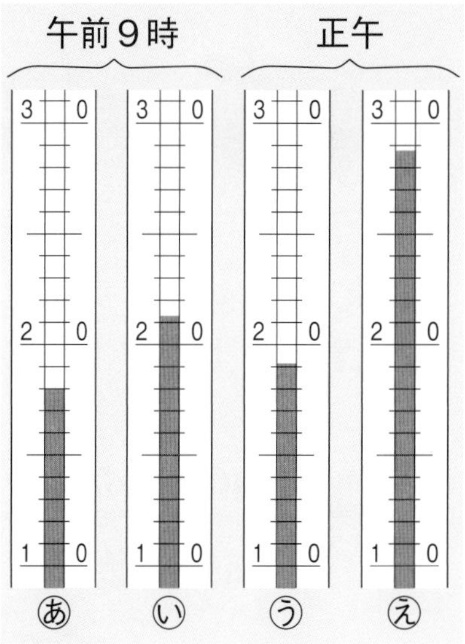

チャレンジ!

(2)　あ～えの温度は、それぞれ何℃ですか。下の〔　〕からえらんで書きましょう。

あ(　　　　　)　い(　　　　　)

う(　　　　　)　え(　　　　　)

〔　18℃　19℃　20℃　21℃　22℃　28℃　29℃　〕

(3)　日なたと日かげの地面のうち、温度が高いのはどちらですか。

(　　　　　　)

記述

(4)　(3)の地面の温度の方が高くなるのは、なぜですか。

(　　　　　　　　　　　　　　　　　　)

(5)　次の①～⑤の文のうち、日なたのようすを表しているものに2つ○をつけましょう。

①(　　　)日光が当たっていない。

②(　　　)地面に自分のかげができる。

③(　　　)地面に自分のかげができない。

④(　　　)地面にさわると、しめっていて、つめたい。

⑤(　　　)地面にさわると、かわいていて、あたたかい。

勉強した日 月 日

2 ぐんぐんのびろ

もくひょう

植物の育ち方とからだのつくりをかくにんしよう。

おわったらシールをはろう

きほんのワーク

教科書 40～45ページ　答え 4ページ

図を見て、あとの問いに答えましょう。

1 ホウセンカとヒマワリの育ち方

ホウセンカ　ヒマワリ

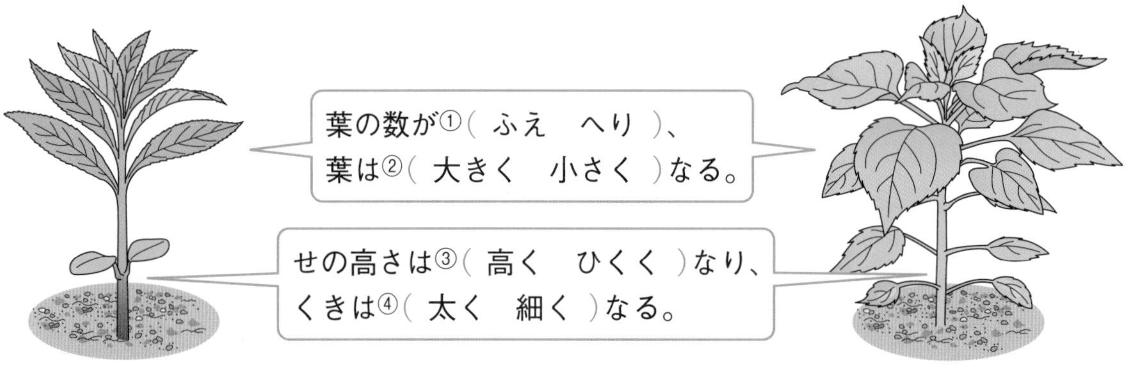
葉の数が①（ ふえ　へり ）、
葉は②（ 大きく　小さく ）なる。
せの高さは③（ 高く　ひくく ）なり、
くきは④（ 太く　細く ）なる。

● めを出したホウセンカやヒマワリが、その後どのように育っているかを調べました。①～④の（　）のうち、正しい方を⬭でかこみましょう。

2 植物のからだのつくり

ホウセンカ　ヒマワリ

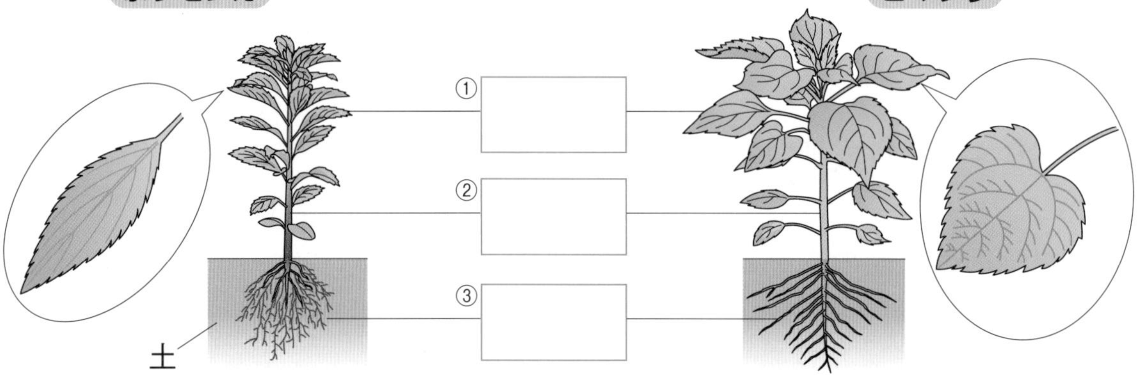
①
②
③
土

● ①～③の☐に、植物のからだの部分の名前を書きましょう。

まとめ 〔 根《ね》　からだ　ちがうところ 〕からえらんで（　）に書きましょう。

●植物をくらべると、葉の形や大きさなど①（　　　　）はあるが、②（　　　　）はどれも、③（　　　　）、くき、葉の部分からできている。

わくわくたんてい団　葉は日光を受《う》け、ようぶんを作っています。くきは葉や花をささえ、中には水やようぶんの通り道があります。根はからだをささえ、水やようぶんを土からすい上げています。

練習のワーク

教科書　40～45ページ　答え　4ページ

できた数　/14問中

おわったら シールを はろう

1　右の図は、6月ごろのホウセンカとヒマワリのようすを表しています。次の問いに答えましょう。

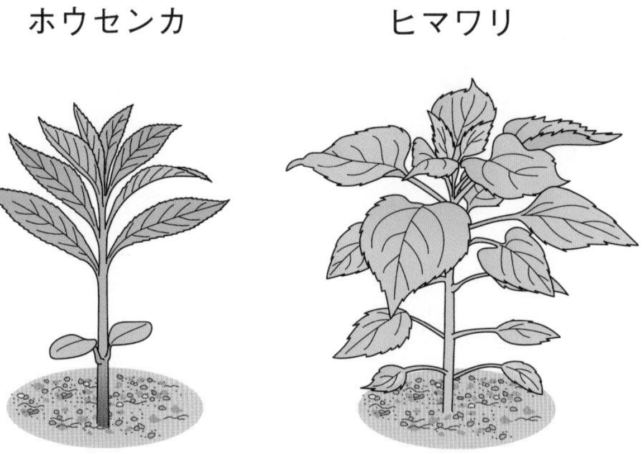

(1)　春のころとくらべると、ホウセンカとヒマワリは、どのようにかわってきましたか。次の①～③について書きましょう。

①　葉の数　(　　　　　　)

②　せの高さ　(　　　　　　)

③　くきの太さ(　　　　　　)

(2)　ポットで育てているホウセンカの葉が6～8まいになったとき、植物がよく育つために、しなければならないのは何ですか。(　　　　　　)

(3)　このころ、植物の世《せ》話《わ》をするとき、わすれてはいけないことは何ですか。2つ書きましょう。

(　　　　　　)(　　　　　　)

2　右の図は、大きく育ったホウセンカとヒマワリのからだのつくりを表したものです。次の問いに答えましょう。

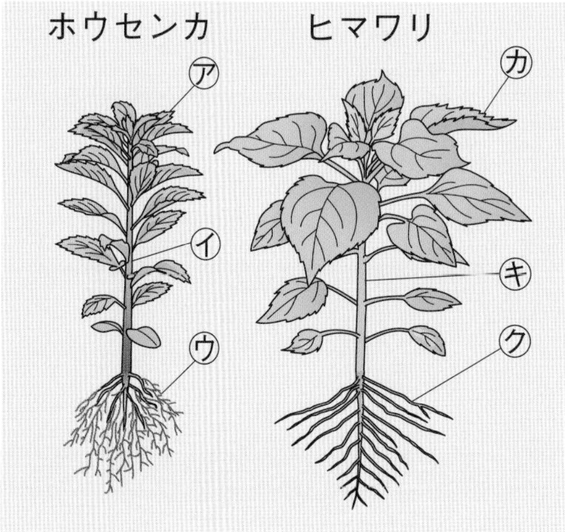

(1)　ホウセンカのア～ウの部分をそれぞれ何といいますか。

ア(　　　　　　)　イ(　　　　　　)

ウ(　　　　　　)

(2)　ア～ウのうち、土の中にあるのはどの部分ですか。(　　　　)

(3)　ア～ウの部分は、ヒマワリのからだでは、カ～クのどの部分にあたりますか。

ア(　　　　)　イ(　　　　)　ウ(　　　　)

(4)　右の図のあ、いは、からだのある部分のつくりを表しています。ヒマワリのものはどちらですか。(　　　　)

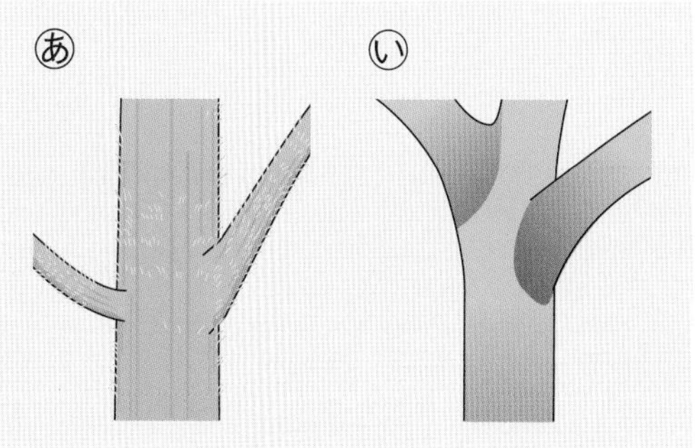

勉強した日　　月　　日

まとめのテスト

2－2　ぐんぐんのびろ

とく点　　/100点

おわったら シールを はろう

時間 20分

教科書　40～45ページ　　答え　4ページ

1　植物の育ち方とかんさつ　図の㋐、㋑は、6月ごろのヒマワリとホウセンカを表しています。次の問いに答えましょう。　　1つ3〔24点〕

(1)　ヒマワリのようすを、㋐、㋑からえらびましょう。　（　　　）

(2)　植物の育ち方は主《おも》にどのようなところを調べますか。①～③の（　）にあてはまる言葉を書きましょう。

①葉の（　　　　　）や大きさ
②くきの（　　　　　）
③せの（　　　　　）

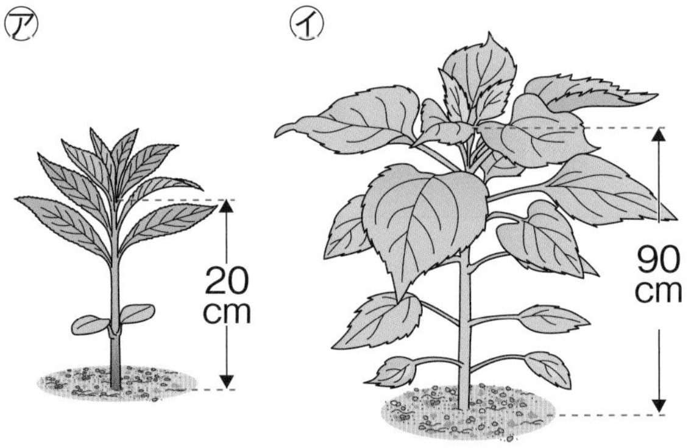

(3)　(2)の③を調べるときは何を使いますか。正しいものに○をつけましょう。

①（　　　）三角じょうぎ　　②（　　　）えんぴつ
③（　　　）紙テープ

(4)　図の㋒は、㋐を土からぬいて、土をそっと水であらい落《お》としたものです。㋐の部分の名前を書きましょう。

（　　　　　）

(5)　㋒をかんさつしたあと、育てていくためにはどうしますか。正しいものに2つ○をつけましょう。

①（　　　）大きめのはちに植《う》えかえる。
②（　　　）小さめのはちに植えかえる。
③（　　　）植えかえたあと、水をじゅうぶんにやる。

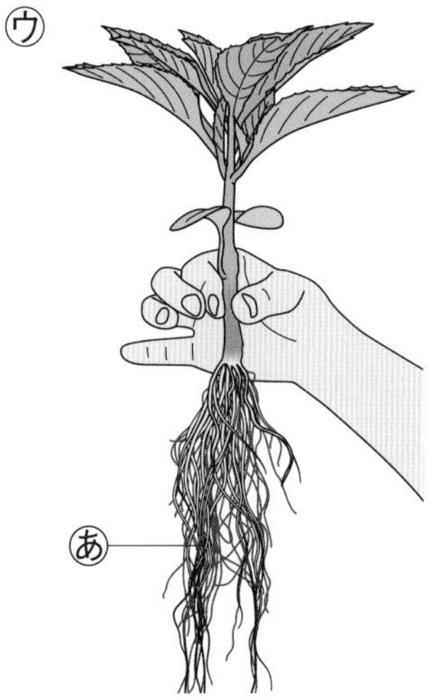

2　ヒマワリとホウセンカの育ち方　ヒマワリとホウセンカの育ち方をくらべました。次のうち、正しいものには○、まちがっているものには×をつけましょう。

1つ5〔20点〕

①（　　　）ヒマワリのくきは、ホウセンカより太く、ざらざらしている。
②（　　　）ホウセンカの葉はヒマワリの葉より大きく、丸い形をしている。
③（　　　）ヒマワリの根は土の中にあるが、ホウセンカの根は地面の上に出ている。
④（　　　）6月ごろは、ヒマワリもホウセンカも春にくらべて、ぐんぐんのびているが、ヒマワリの方がせが高い。

よく出る

3 植物のからだのつくり　次の図の㋐～㋕は、ある2つの植物のからだのつくりをばらばらに表したものです。次の問いに答えましょう。

1つ4〔32点〕

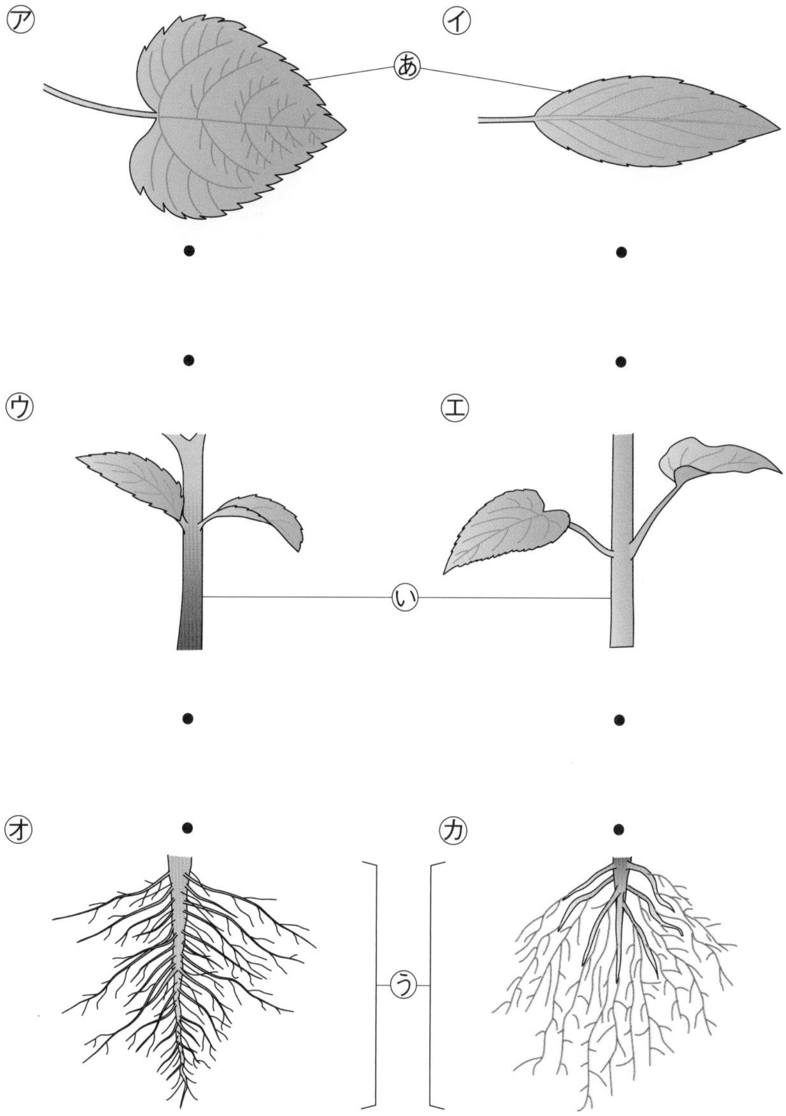

(1)　[あ]のようすから考えて、㋐、㋑の植物は何ですか。下の〔　〕からえらびましょう。

㋐(　　　　　　)

㋑(　　　　　　)

〔エノコログサ　ホウセンカ　ヒマワリ〕

(2)　[あ]～[う]の部分を何といいますか。

[あ](　　　　　　)

[い](　　　　　　)

[う](　　　　　　)

[作図]・(3)　同じ植物の部分どうしを線でつなぎましょう。

(4)　土の中にあるのは[あ]～[う]のどの部分ですか。(　　　　)

4 植物のからだのつくりのとくちょう　次の①～⑨の文のうち、正しいものに6つ○をつけましょう。

1つ4〔24点〕

①(　　　)植物の葉は、根から出ている。

②(　　　)植物の葉は、くきから出て、横(よこ)やななめに広がっている。

③(　　　)植物の根は、くきの下からのびて、土の中に広がっている。

④(　　　)植物の根は、植物のからだをささえている。

⑤(　　　)ヒルガオのくきは、つるになっている。

⑥(　　　)植物のくきの太さは、育ってもほとんどかわらない。

⑦(　　　)植物のからだは、根、くき、葉に分けることができる。

⑧(　　　)どんな植物でも、根、くき、葉の大きさや形は同じである。

⑨(　　　)ホウセンカなどの根をかんさつするときは、水で土をそっとあらい落とす。

勉強した日　月　日

1　チョウを育てよう①

もくひょう

チョウのたまごのようすやよう虫の育て方をかくにんしよう。

おわったらシールをはろう

きほんのワーク

教科書 12、46～50、179ページ　答え 5ページ

図を見て、あとの問いに答えましょう。

1 チョウのたまごのようす

モンシロチョウは、①［　　］やダイコンの葉のうらにたまごをうむ。

アゲハはミカンや②［　　］などの葉のうらにたまごをうむ。

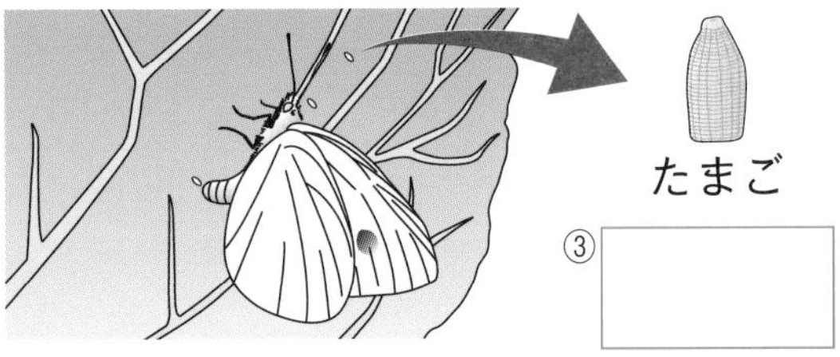

たまご
③

(1)　①、②の［　］にあてはまる言葉を、下の〔　〕からえらんで書きましょう。

〔　サンショウ　キャベツ　〕

(2)　モンシロチョウのたまごの大きさはどのくらいですか。下の〔　〕からえらんで、③の［　］に書きましょう。〔　1cm　5mm　1mm　〕

2 モンシロチョウの育て方

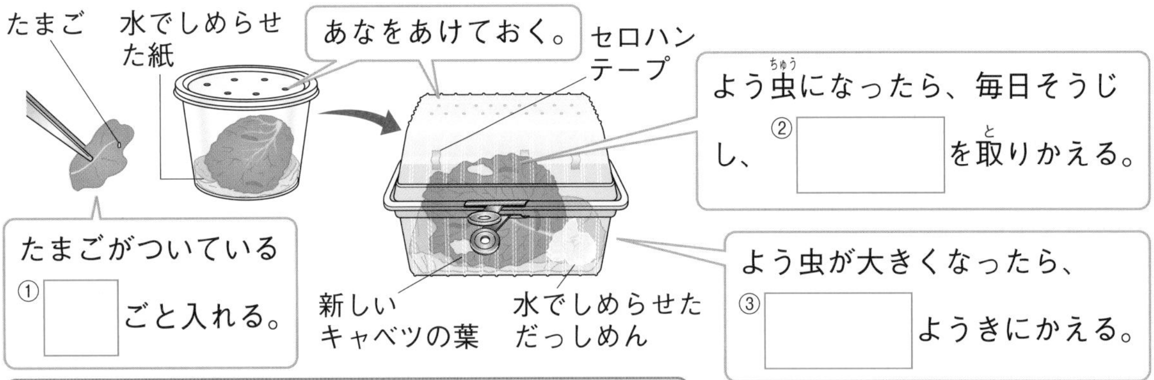

たまご
水でしめらせた紙
あなをあけておく。
セロハンテープ
よう虫《ちゅう》になったら、毎日そうじし、②［　　］を取《と》りかえる。
たまごがついている①［　　］ごと入れる。
新しいキャベツの葉
水でしめらせただっしめん
よう虫が大きくなったら、③［　　］ようきにかえる。

ようきは、日光が直せつ当たるところにおかない。

● ①～③の［　］にあてはまる言葉を書きましょう。

まとめ　〔　黄色　よう虫　〕からえらんで（　）に書きましょう。

● モンシロチョウのたまごの色は①（　　　　）である。

● たまごや②（　　　　）を取りあつかうときは、葉ごとおこなう。

わくわくたんてい団　たまごやよう虫は、直せつ手でさわってはいけません。弱って死んでしまうおそれがあります。ようきに入れたり動かしたりするときは、ピンセットで葉ごと動かしましょう。

練習のワーク

教科書　12、46〜50、179ページ　答え　5ページ

できた数　/13問中

おわったら シールを はろう

1　右の図は、モンシロチョウのたまごのようすをかんさつしたものです。次の問いに答えましょう。

たまご

(1)　次のうち、モンシロチョウがたまごをうむ葉には○、うまない葉には×をつけましょう。

①(　　　)ダイコン

②(　　　)キャベツ

③(　　　)ミカン

④(　　　)カラタチ

㋐
㋑
㋒

(2)　たまごを見つけるには、葉の表がわとうらがわのどちらをさがせばよいですか。

(　　　　　　　)

(3)　たまごの実《じっ》さいの大きさは、図の㋐〜㋒のどれですか。　(　　　　)

(4)　たまごの色は、何色ですか。　(　　　　　)

2　モンシロチョウのたまごをプラスチックのようきに入れて世話をし、かんさつしました。次の問いに答えましょう。

たまご
ふたにあなをあける
小さなようき
キャベツの葉
水でしめらせた紙

(1)　次の文のうち、モンシロチョウのたまごの育て方として、正しいものには○、まちがっているものには×をつけましょう。

①(　　　)ようきは、日光が直せつ当たるところにおく。

②(　　　)たまごは、葉にのせたままようきに入れる。

③(　　　)よう虫が大きくなってきたらようきのふたを取る。

④(　　　)毎日食べのこしやふんをそうじし、えさを取りかえる。

⑤(　　　)よう虫を動かすときは、指でそっとつまむ。

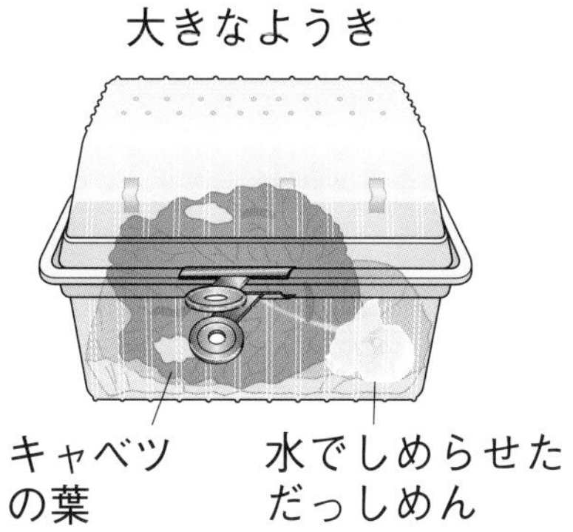
大きなようき
キャベツの葉
水でしめらせただっしめん

記述　(2)　たまごやよう虫の世話をするとき、その前後にかならずしなければならないことは何ですか。　(　　　　　　　　　　　　　　　　)

勉強した日　　月　　日

1　チョウを育てよう②

もくひょう
チョウのよう虫がどのように成虫になるかをかくにんしよう。

おわったらシールをはろう

きほんのワーク

教科書 51～58ページ　答え 5ページ

図を見て、あとの問いに答えましょう。

1 モンシロチョウのよう虫の育ち方

①［　　　　］から出てくるよう虫。
たまごから出てすぐのよう虫は、
②［　　　　　　］を食べる。

→・・・→

皮《かわ》をぬぎながら育っていく。

よう虫は、葉を食べながら育ち、からだの大きさはだんだん③（ 大きく　小さく ）なり、からだの色はだんだん④（ うすく　こく ）なっていく。

(1)　①、②の［　］にあてはまる言葉を書きましょう。
(2)　よう虫のからだのようすや育ち方を調べました。③、④の（　）のうち、正しい方を〇でかこみましょう。

2 モンシロチョウのさなぎのようす

からだに①［　　　］をかけ、皮をぬいでさなぎになる。

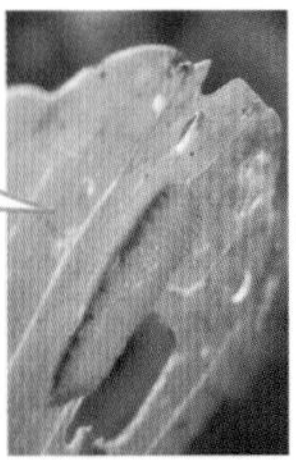

→

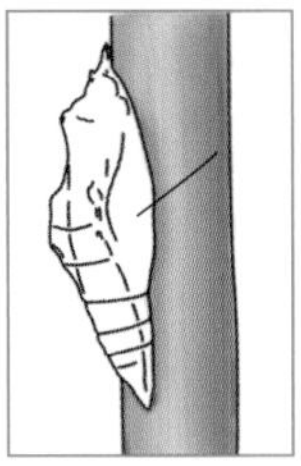

→

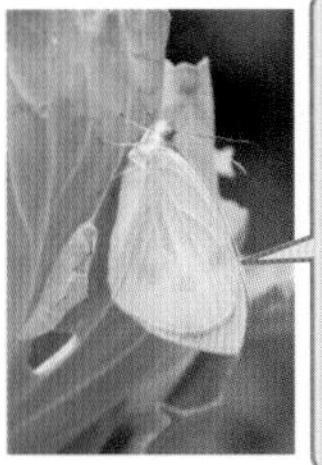

さなぎの色がかわって、中からモンシロチョウの②［　　　　］が出てくる。

(1)　①、②の［　］にあてはまる言葉を書きましょう。
(2)　さなぎは、成長《せいちょう》して色がかわる前は何色ですか。［　］に色をぬりましょう。

まとめ　〔 たまご　成虫《せいちゅう》　よう虫　さなぎ 〕からえらんで（　）に書きましょう。

●チョウは、①（　　　　）→②（　　　　）→③（　　　　）→④（　　　　）というじゅんに育っていく。

わくわくたんてい団
モンシロチョウのよう虫ははじめは黄色ですが、緑《みどり》色のキャベツを食べるので緑色になります。また、よう虫の皮はからだの大きさに合わせてのびないので、皮をぬぎます。

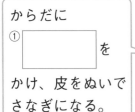

勉強した日　　月　　日

練習のワーク

教科書　51～58ページ　答え　5ページ

できた数　　/10問中

おわったら シールを はろう

1　右の図は、大きくなったモンシロチョウのよう虫のようすを表しています。次の問いに答えましょう。

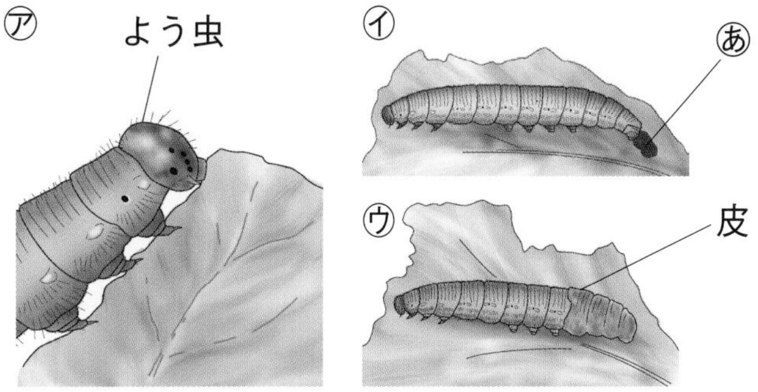

(1)　㋐は、よう虫が葉を食べているところです。何の葉を食べていますか。正しい方に○をつけましょう。

①(　　　)キャベツの葉

②(　　　)ミカンの葉

(2)　㋑では、よう虫のからだから(あ)のようなこい緑色で丸いものが出ているのが見られました。(あ)は何ですか。　(　　　　　)

(3)　㋒の皮をぬいだあとのよう虫のからだの色は何色ですか。　(　　　　　)

(4)　よう虫は、一番大きなよう虫になるまでに、何回皮をぬぎますか。次のア～エからえらびましょう。　(　　　)

ア　1回　　イ　2回　　ウ　4回　　エ　10回

2　アゲハとモンシロチョウのたまごが成虫まで育つようすをかんさつしました。次の問いに答えましょう。

(1)　次の図の㋐、㋑は、それぞれアゲハとモンシロチョウのどちらが育つようすですか。　㋐(　　　　　)　㋑(　　　　　)

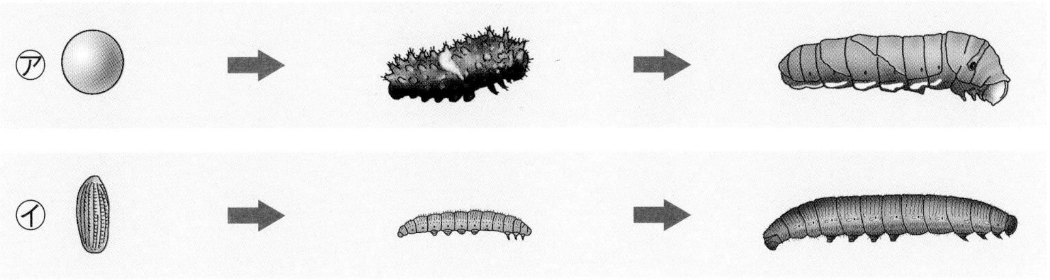

(2)　次の文は、(1)のあとのようすをかんさつしたことについてせつめいしたものです。(　)にあてはまる言葉を書きましょう。

よう虫は、からだを葉などにとめておくために、からだに①(　　　　　)をかけ、皮をぬいで、②(　　　　　)になる。

(3)　右の図の㋒、㋓は、アゲハとモンシロチョウのどちらの成虫ですか。

㋒(　　　　　)

㋓(　　　　　)

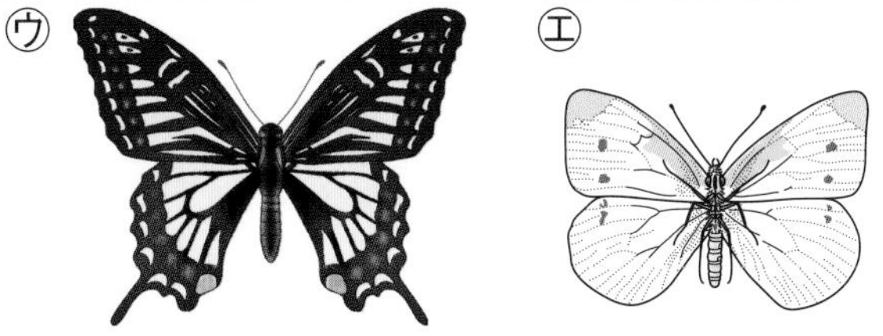

勉強した日　月　日

1　チョウを育てよう③

きほんのワーク

もくひょう
コオロギやトンボなどの育ち方をかくにんしよう。

おわったらシールをはろう

教科書 59～60ページ　答え 6ページ

図を見て、あとの問いに答えましょう。

1 コオロギ(エンマコオロギ)の育ち方

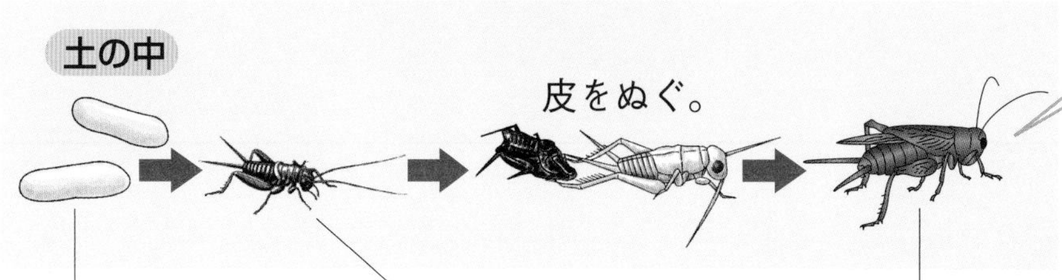

②は、皮を数回ぬいで③になる。

① □　② □　③ □

チョウとちがうのは、さなぎに
④(なる　ならない)
ことである。

(1) ①～③のすがたについて、□にあてはまる言葉を書きましょう。
(2) 育ち方について、④の(　)のうち、正しい方を◯でかこみましょう。

2 トンボ(アキアカネ)の育ち方

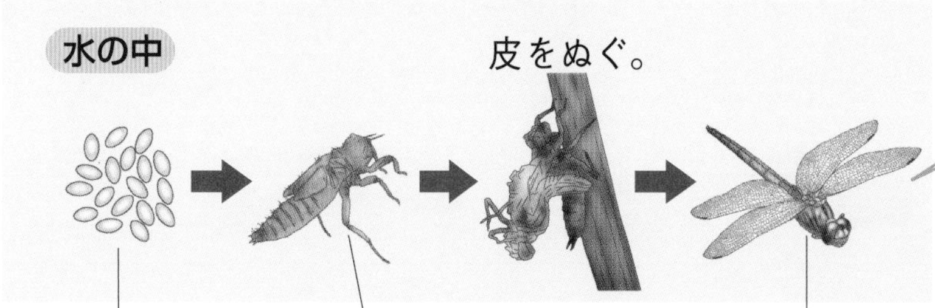

②は、皮を数回ぬいで③になる。

① □　② □　③ □

チョウとちがうのは、さなぎに
④(なる　ならない)
ことである。

(1) ①～③のすがたについて、□にあてはまる言葉を書きましょう。
(2) 育ち方について、④の(　)のうち、正しい方を◯でかこみましょう。

まとめ　〔 成虫　さなぎ　よう虫 〕からえらんで(　)に書きましょう。

- コオロギやトンボは、たまご→①(　　　　)→②(　　　　)のじゅんに育つ。
- コオロギやトンボは、チョウとちがって、③(　　　　)にはならない。

わくわくたんてい団　エンマコオロギのおすは、コロコロとなきます。はねにやすりのようなぎざぎざがついていて、はねをこすり合わせることによって、音を出しています。

練習のワーク

教科書　59～60ページ　答え　6ページ

できた数　/7問中

おわったら シールを はろう

1　右の図は、コオロギを育てるためのようきと、コオロギが育つようすを表したものです。次の問いに答えましょう。

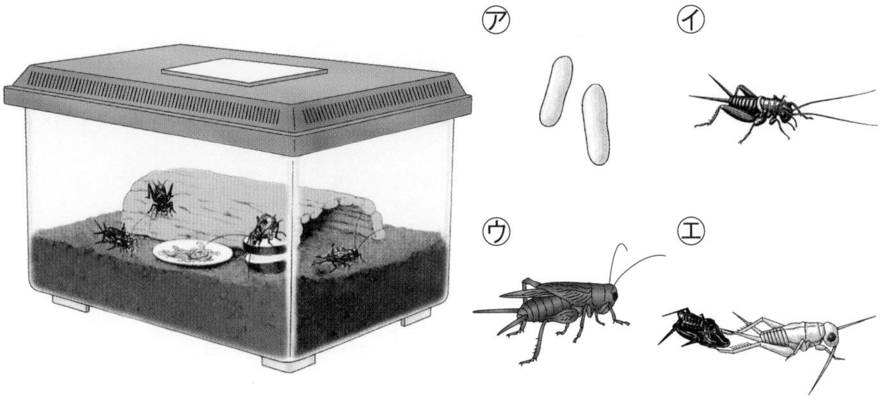

(1)　次の①～④のうち、正しいものに○をつけましょう。

①(　　　)ようきは、直せつ日光が当たるところにおく。

②(　　　)えさは、かれた葉を直せつ土の上におく。

③(　　　)えさは、キュウリとナスだけをあたえる。

④(　　　)きりふきで水をかけ、土がかわかないようにする。

(2)　コオロギが育つじゅんに、㋐～㋓をならべましょう。

(　　　→　　　→　　　→　　　)

(3)　コオロギの育ち方をモンシロチョウとくらべたとき、コオロギにないすがたはよう虫ですか、さなぎですか。

(　　　　　)

2　右の図は、トンボが育つようすを表したものです。次の問いに答えましょう。

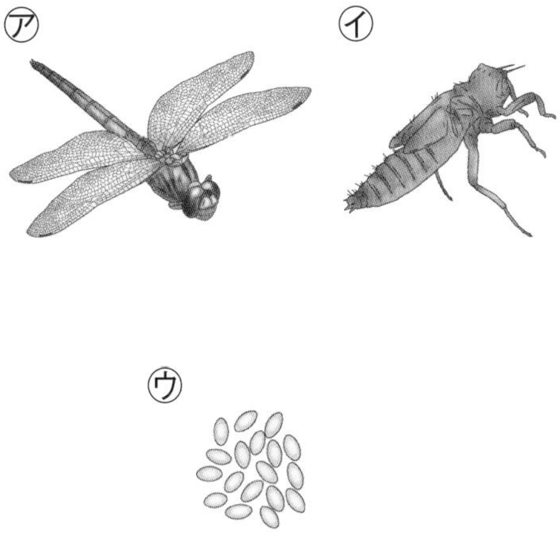

(1)　トンボは土の中と水の中のどちらにたまごをうみますか。　(　　　　　)

(2)　㋐～㋒のうち、よう虫のすがたはどれですか。　(　　　)

(3)　トンボはよう虫から成虫になる間にさなぎになりますか、なりませんか。

(　　　　　　　　　)

(4)　トンボのよう虫のえさは何ですか。次のア～エからえらびましょう。(　　　)

ア　キャベツの葉　　**イ**　カラタチやミカンの葉

ウ　キュウリやナス　　**エ**　生きたユスリカのよう虫やイトミミズ

まとめのテスト①

4　チョウを育てよう

とく点　　/100点

おわったら シールを はろう

時間 20分

教科書 12、46～60、179ページ　答え 6ページ

1 モンシロチョウとアゲハのたまご モンシロチョウとアゲハのたまごを見つけるために㋐～㋓の植物の葉を調べました。あとの問いに答えましょう。　1つ3〔15点〕

㋐ ダイコン

㋑ カラタチ

㋒ ミカン

㋓ キャベツ

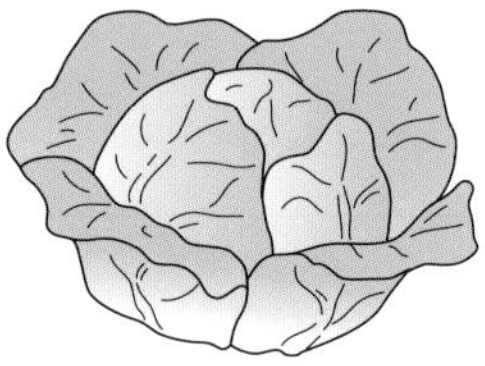

(1)　モンシロチョウとアゲハのたまごは図の㋐～㋓のどの植物で見つかりましたか。それぞれ２つずつえらびましょう。　モンシロチョウ(　　　)(　　　)

アゲハ(　　　)(　　　)

(2)　モンシロチョウとアゲハのたまごは、何色ですか。　(　　　)

よく出る

2 モンシロチョウの育ち方 次の写真《しゃしん》は、モンシロチョウの４つのすがたです。あとの問いに答えましょう。　1つ3〔30点〕

㋐

たまご

㋑

㋒

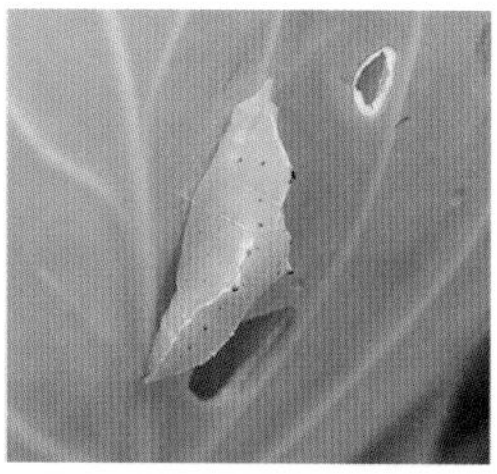

㋓

(1)　㋑～㋓のすがたを、それぞれ何といいますか。

㋑(　　　)　㋒(　　　)　㋓(　　　)

(2)　㋐をはじめとして、㋑～㋓をモンシロチョウが育つじゅんにならべましょう。

(㋐ →　　→　　→　　)

(3)　次の①～⑥にあてはまるすがたを、それぞれ㋑～㋓からえらびましょう。

① 花のみつをすう。　(　　)

② キャベツの葉を食べる。　(　　)

③ 何も食べないで、じっとしている。　(　　)

④ たまごをうむ。　(　　)

⑤ 何回か、皮をぬぎながら大きくなる。　(　　)

⑥ 糸をからだにかけている。　(　　)

3 アゲハの育ち方 次の図は、アゲハの育つようすを表したものです。あとの問いに答えましょう。

1つ5〔35点〕

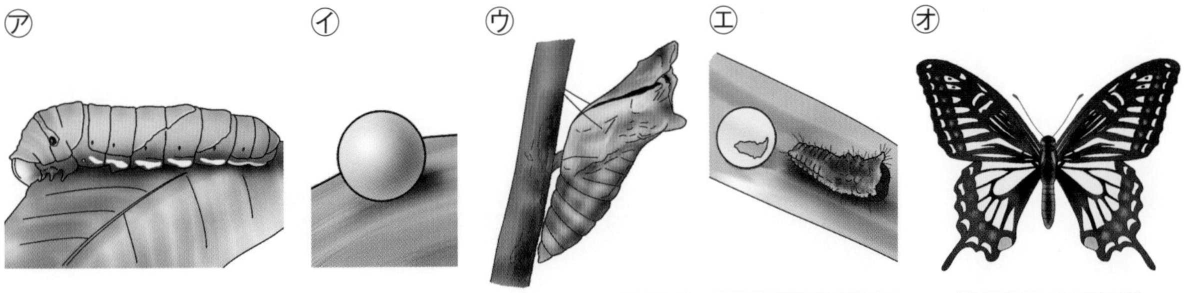

(1) 図の㋐～㋔のすがたを、それぞれ何といいますか。［　　］に書きましょう。

(2) ㋐は何の葉を食べますか。次のア～ウからえらびましょう。　（　　　　）

ア　キャベツ　　イ　ミカン　　ウ　クワ

(3) アゲハが育っていくじゅんに、㋐～㋔をならべましょう。ただし、㋑を一番はじめとします。

（㋑ →　　　→　　　→　　　→　　　）

よく出る 4 コオロギとトンボの育ち方 右の写真の㋐、㋑はコオロギとトンボのたまごを、図の㋒はトンボのよう虫を育てるためのようきを表しています。次の問いに答えましょう。

1つ4〔20点〕

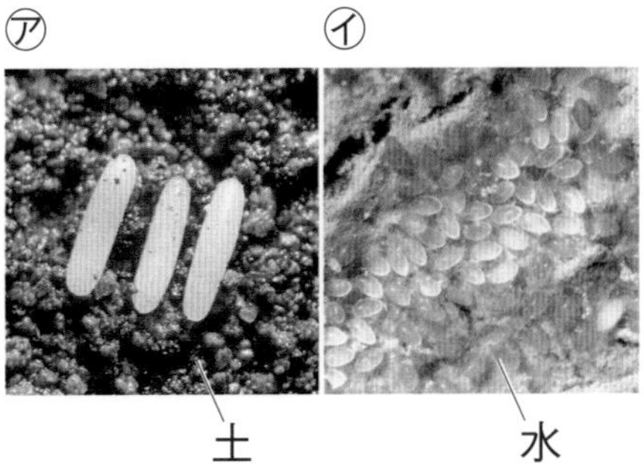

(1) トンボのたまごを、㋐、㋑からえらびましょう。

（　　　　）

(2) ㋐、㋑のたまごからかえったよう虫は、成虫になる前に、さなぎになりますか。正しいものに○をつけましょう。

①（　　　）㋐だけさなぎになる。

②（　　　）㋑だけさなぎになる。

③（　　　）㋐と㋑のどちらも、さなぎにならない。

記述 (3) ㋒のようきには、長いぼうが入れてあります。これは、何のためですか。

（　　　　　　　　　　　　　　　　　　）

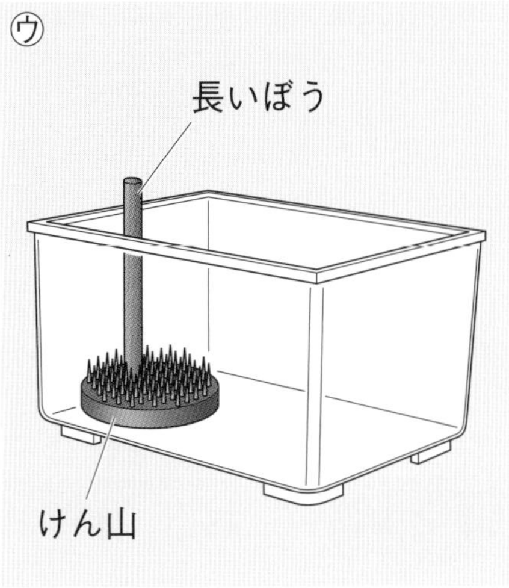

(4) ㋒のようきには、水を入れますか、土を入れますか。　（　　　　）

(5) ㋒のようきには、どのようなえさを入れますか。次のア、イからえらびましょう。　（　　　　）

ア　キュウリやナス　　イ　生きたユスリカのよう虫やイトミミズ

勉強した日　月　日

2　チョウのからだを調べよう

もくひょう
チョウの成虫のからだのつくりをかくにんしよう。

おわったら シールを はろう

きほんのワーク

教科書 61～63ページ　答え 6ページ

図を見て、あとの問いに答えましょう。

1 モンシロチョウの成虫のからだのつくり

横がわから見たようす

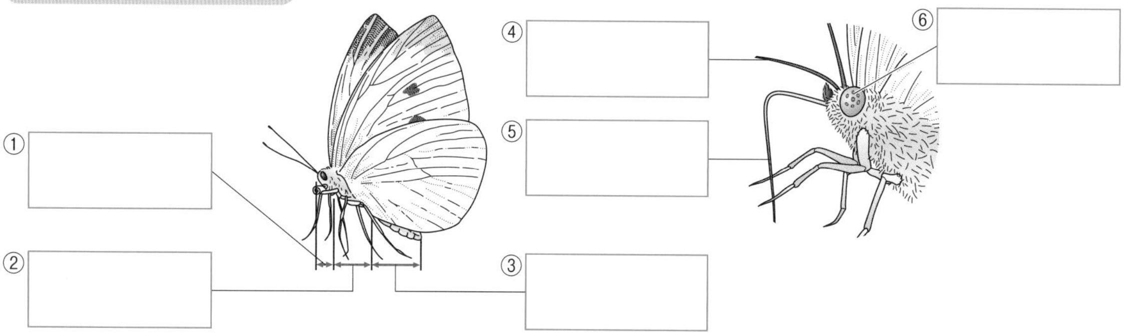

● モンシロチョウのからだの部分の名前を、①～⑥の□に書きましょう。

2 アゲハの成虫のからだのつくり

はらがわから見たようす

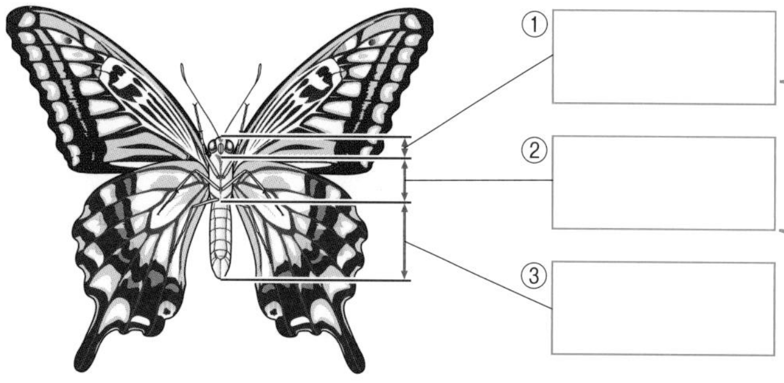

からだは④□つの部分に分かれている。

②にはあしが⑤□本ついている。

アゲハやモンシロチョウのようなからだのつくりをもつなかまを、⑥□という。

(1) アゲハのからだの部分の名前を、①～③の□に書きましょう。
(2) ④～⑥の□にあてはまる言葉や数字を書きましょう。

まとめ〔 あし　はら　むね 〕からえらんで(　)に書きましょう。

●こん虫《ちゅう》のからだは、頭《あたま》・むね・①(　　　　)の３つの部分に分けられる。
●こん虫の②(　　　　)には、③(　　　　)が６本ついている。

わくわくたんてい団
多くのこん虫のからだには、「はねが４まいある」というとくちょうがありますが、はたらきアリのようにはねがないものや、ハエのようにはねが２まいのものもいます。

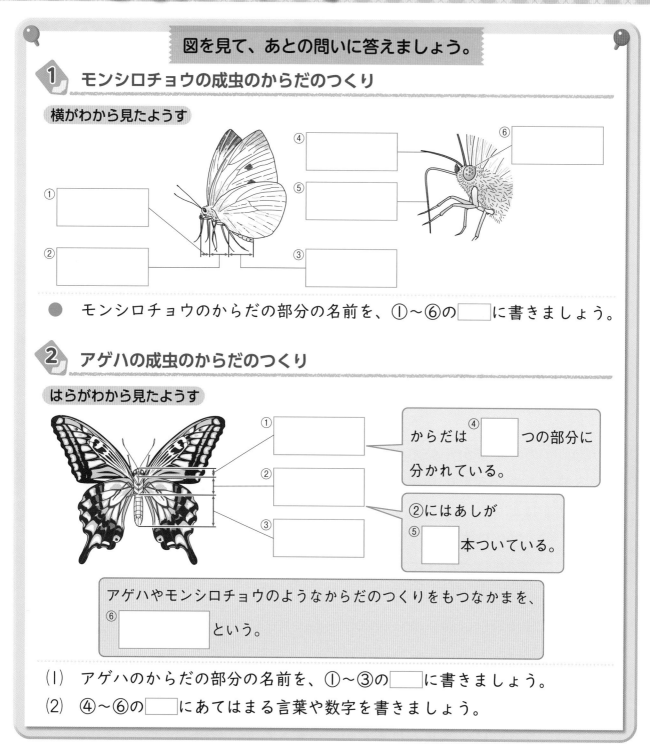

勉強した日　　月　　日

練習のワーク

教科書　61～63ページ　　答え　6ページ

できた数　　/17問中

おわったら
シールを
はろう

1 **右の図は、モンシロチョウのからだのつくりを表したものです。次の問いに答えましょう。**

(1)　図の㋐～㋕の部分の名前をそれぞれ何といいますか。

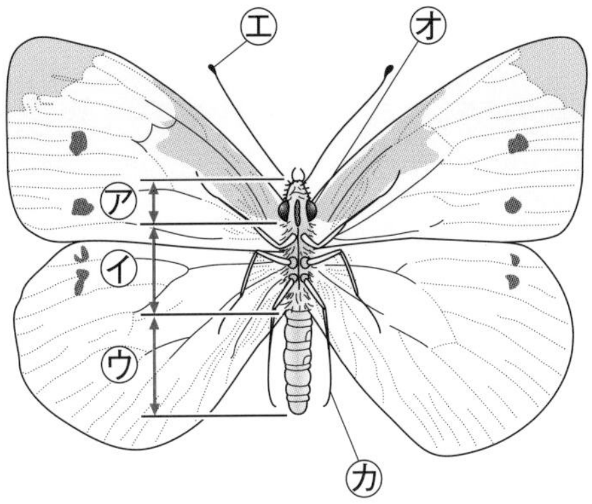

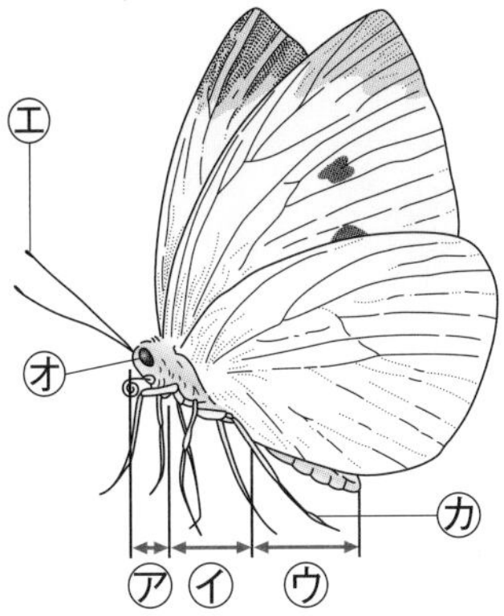

㋐(　　　　)　㋑(　　　　)　㋒(　　　　)

㋓(　　　　)　㋔(　　　　)　㋕(　　　　)

(2)　あしは何本ありますか。　(　　　　)

(3)　モンシロチョウのからだは、いくつの部分に分けられますか。　(　　　　)

(4)　あしは、頭、むね、はらのどの部分についていますか。　(　　　　)

(5)　口と目は、頭、むね、はらのどの部分についていますか。　(　　　　)

(6)　モンシロチョウのようなからだのつくりをしたなかまを、何といいますか。

(　　　　)

2 **右の図は、カイコの成虫のからだをはらがわから見たものです。次の問いに答えましょう。**

(1)　カイコのからだは、㋐、㋑、㋒の３つの部分からできています。それぞれの部分の名前を書きましょう。

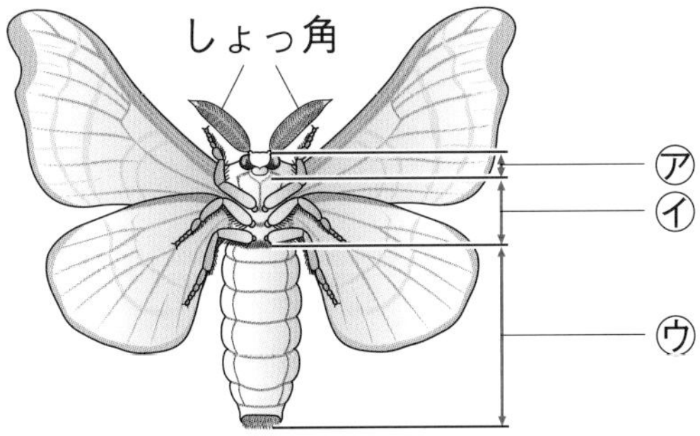

㋐(　　　　)

㋑(　　　　)

㋒(　　　　)

(2)　カイコのからだのつくりについてせつめいした次の文の(　)にあてはまる言葉を、下の〔　〕からえらんで書きましょう。

カイコは、からだが３つの部分に分かれ、あしは①(　　　　)に②(　　　　)ついている。しょっ角の形はモンシロチョウやアゲハと③(　　　　)。

〔　８本　６本　むね　はら　同じである　ちがう　〕

勉強した日 月 日

こん虫の育ち方を調べよう

もくひょう

いろいろなこん虫の育ち方をかくにんしよう。

おわったら シールを はろう

きほんのワーク

教科書 64～65ページ　答え 7ページ

図を見て、あとの問いに答えましょう。

1 いろいろなこん虫の育ち方

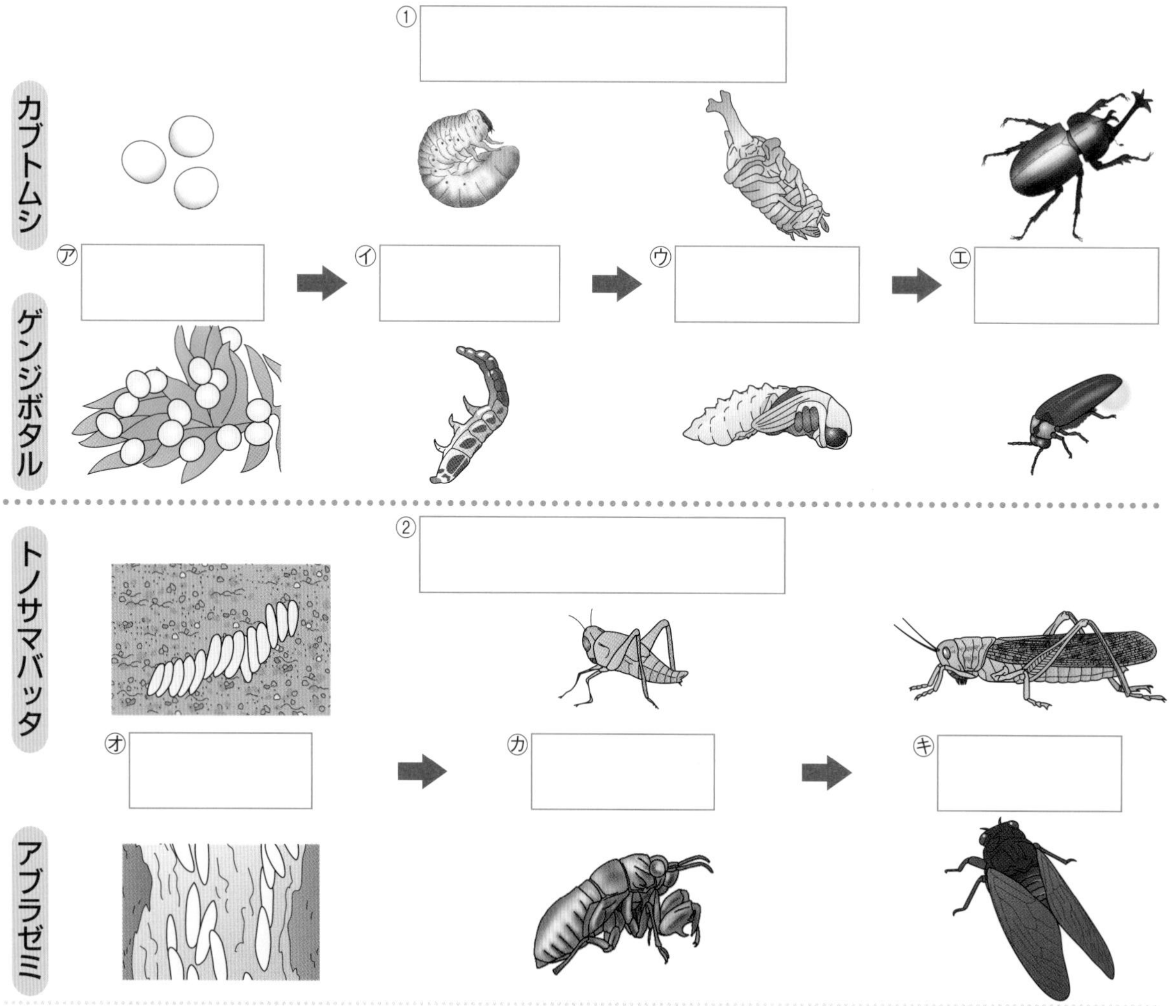

(1) ㋐～㋖の□にあてはまるすがたを書きましょう。

(2) カブトムシなどのような育ち方と、トノサマバッタなどのような育ち方を何といいますか。下の〔 〕からえらんで、①、②の□に書きましょう。

〔 完全《かんぜん》へんたい　不《ふ》完全《かんぜん》へんたい 〕

まとめ 〔 さなぎ　完全へんたい 〕からえらんで( )に書きましょう。

●よう虫がさなぎになって成虫になることを①(　　　　)という。

●よう虫が②(　　　　)にならずに成虫になることを不完全へんたいという。

わくわくたんてい団

完全へんたいのなかまはよう虫のすがたと成虫のすがたが大きくちがうものが多いです。一方、不完全へんたいのなかまはよう虫のすがたと成虫のすがたがにているものが多いです。

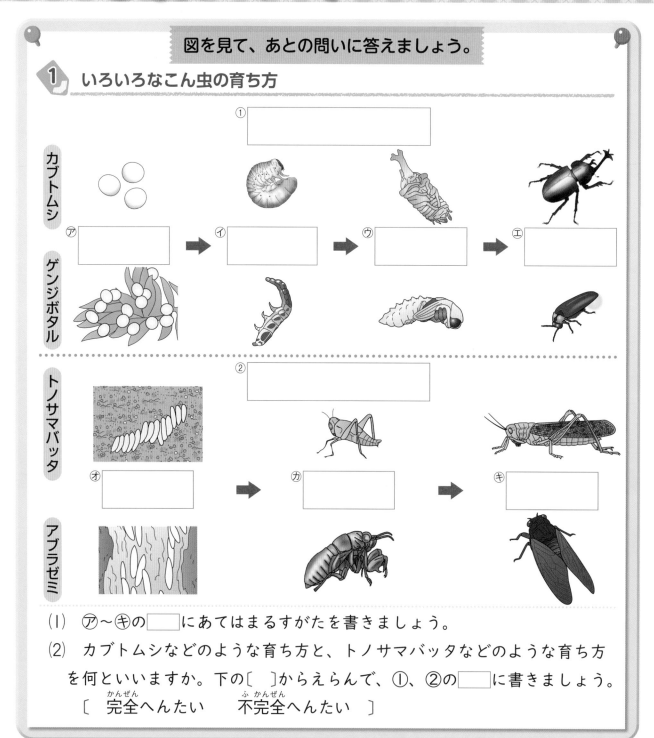

練習のワーク

教科書　64～65ページ　答え　7ページ

できた数　/11問中

おわったら シールを はろう

1　右の図は、いろいろなこん虫のようすを表しています。次の問いに答えましょう。

㋐アブラゼミ　㋑カブトムシ

㋒トノサマバッタ　㋓ゲンジボタル

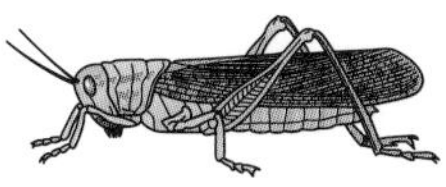

㋔

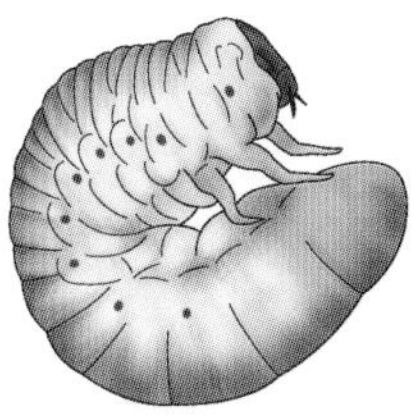

(1)　㋐～㋓は、こん虫の成虫のすがたです。㋐～㋓のうち、たまご→よう虫→さなぎ→成虫のじゅんに育つものを2つえらびましょう。

（　　　）（　　　）

(2)　(1)のように育つことを何といいますか。

（　　　　　　）

(3)　右の㋔は、あるこん虫のよう虫のすがたです。㋔はどのこん虫のよう虫ですか。㋐～㋓からえらびましょう。（　　　）

(4)　㋔は、よう虫のとき、どこで育ちますか。正しい方に○をつけましょう。

①（　　　）水の中　　②（　　　）土の中

(5)　不完全へんたいとは、どのようなじゅんに育つことですか。（　）にあてはまる言葉を書きましょう。

たまご→（　　　　　）→成虫

2　右の図は、2しゅるいのこん虫の育ち方を表しています。次の問いに答えましょう。

㋐

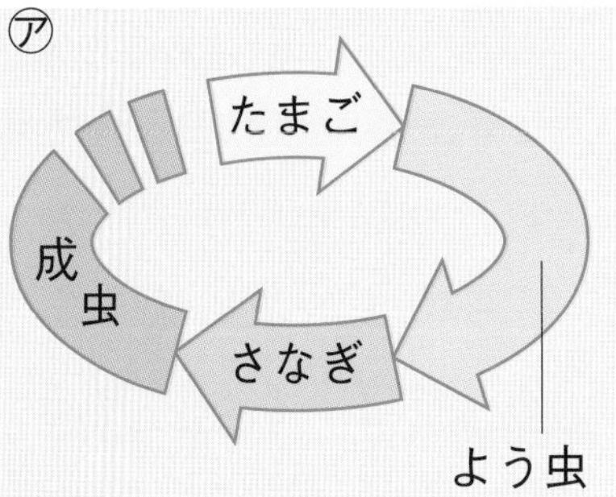

㋑

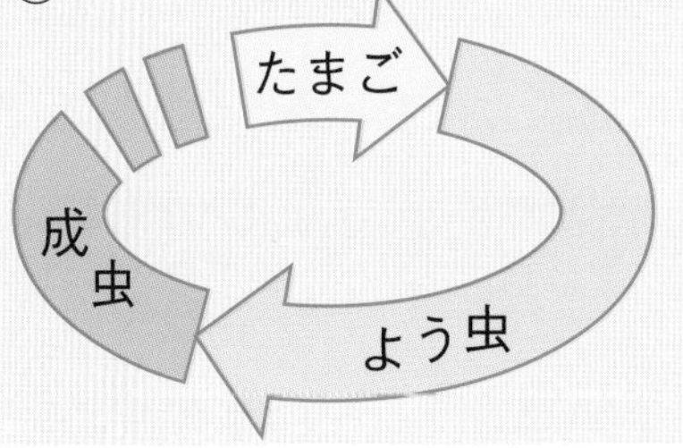

記述　(1)　㋐、㋑の育ち方でちがっているところは何ですか。

（　　　　　　　　　　　　）

(2)　①～④のこん虫の育ち方を、それぞれ㋐、㋑からえらびましょう。

①コオロギ　（　　）

②アゲハ　（　　）

③モンシロチョウ　（　　）

④トンボ　（　　）

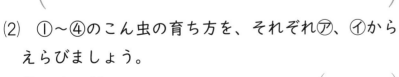

まとめのテスト②

4　チョウを育てよう

とく点　/100点

おわったら シールを はろう

時間 20分

教科書　61～65ページ　答え　7ページ

よく出る **1 モンシロチョウのからだのつくり** 次の図は、モンシロチョウの成虫のからだのつくりを表したものです。あとの問いに答えましょう。

1つ4〔28点〕

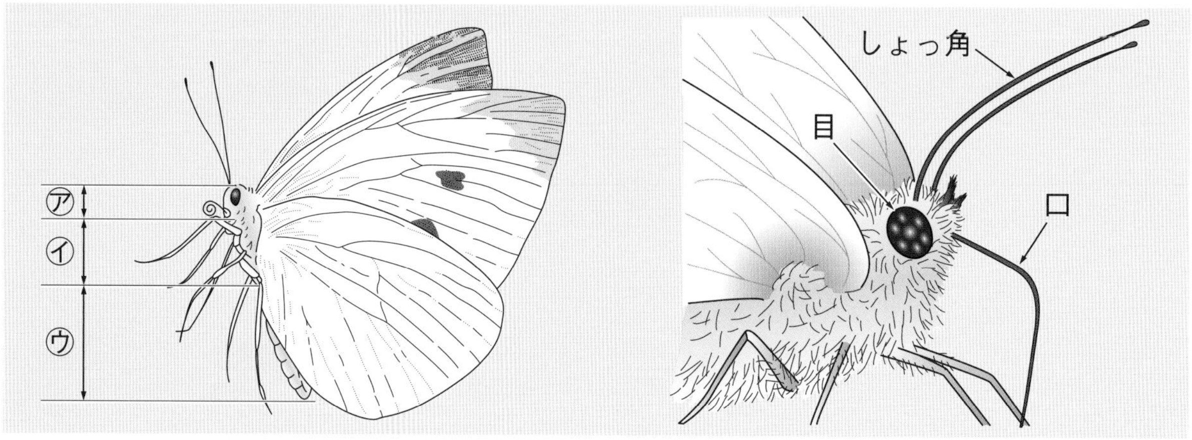

⑴　モンシロチョウの成虫のからだには、上の左の図の㋐、㋑、㋒の３つの部分があります。それぞれ何といいますか。

㋐(　　　　)　㋑(　　　　)　㋒(　　　　)

⑵　モンシロチョウのあし、目、しょっ角は、それぞれからだの何という部分についていますか。

あし(　　　　)　目(　　　　)　しょっ角(　　　　)

⑶　モンシロチョウのあしは、何本ありますか。　(　　　　)

2 カブトムシの育ち方 右の図は、カブトムシの育つようすをかんさつしたものです。次の問いに答えましょう。

1つ6〔18点〕

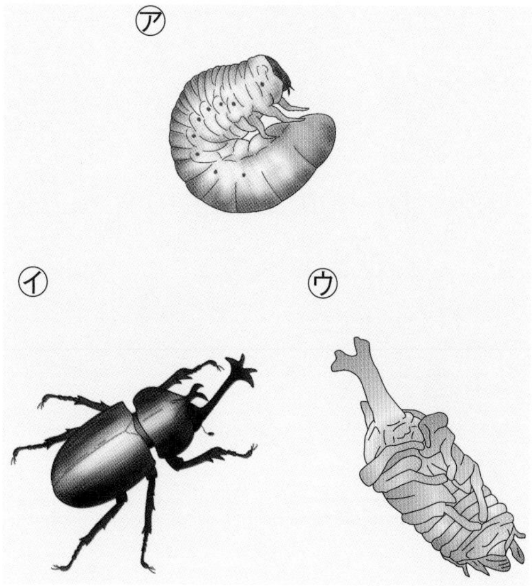

⑴　カブトムシは㋐のすぐあと、㋑、㋒のどちらのすがたになりますか。　(　　　　)

⑵　カブトムシの育つじゅんは、モンシロチョウとアブラゼミのどちらににていますか。

(　　　　)

⑶　カブトムシは㋒のすがたのとき、どこにいますか。正しいものに○をつけましょう。

①(　　　)水の中
②(　　　)土の中
③(　　　)木の上

よく出る

3 いろいろなこん虫 次の図はいろいろなこん虫の成虫のようすを表しています。あとの問いに答えましょう。

1つ3〔30点〕

㋐ □

㋑ □

㋒ □

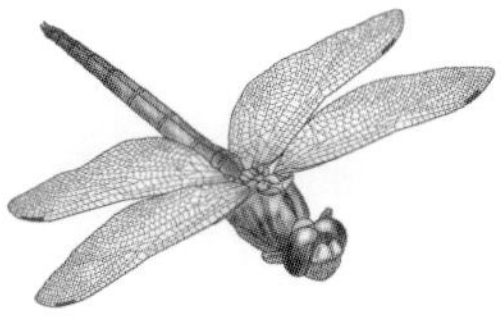

㋓ □

㋔ □

㋕ □

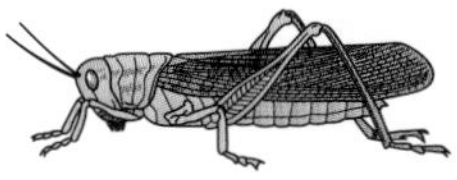

㋖ □

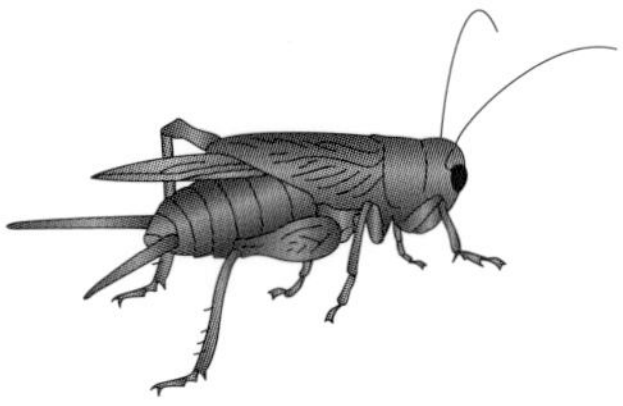

㋗ □

(1) ㋐～㋗のうち、たまご→よう虫→さなぎ→成虫のじゅんに育つこん虫に○、たまご→よう虫→成虫のじゅんに育つこん虫に△を、□につけましょう。

(2) (1)で○をつけた育ち方を何といいますか。 （　　　　）

(3) (1)で△をつけた育ち方を何といいますか。 （　　　　）

4 こん虫の育ち方とからだのつくり 次の問いに答えましょう。

1つ3〔24点〕

(1) 次の（　）にあてはまる言葉を、下の〔　〕からえらんで書きましょう。ただし、同じ言葉を2回いじょう使ってもかまいません。

●こん虫には、チョウのように、たまご→①（　　　　）→②（　　　　）→成虫のじゅんに育つものと、トノサマバッタのように、たまご→③（　　　　）→成虫のじゅんに育つものがいる。

●よう虫が④（　　　　）になってから成虫になることを⑤（　　　　）、よう虫が⑥（　　　　）にならずに成虫になることを⑦（　　　　）という。

〔 よう虫　　さなぎ　　完全へんたい　不完全へんたい 〕

(2) こん虫にあてはまるからだのとくちょうとして正しいものに○をつけましょう。

①（　　）頭・むねとはらの2つに分かれ、はらに8本のあしがついている。

②（　　）頭・むね・はらの3つに分かれ、むねに6本のあしがついている。

③（　　）頭・むね・はらの3つに分かれ、はらに6本のあしがついている。

勉強した日　月　日

3　花がさいた

もくひょう

ホウセンカとヒマワリの育ち方や、花がさくようすをかくにんしよう。

おわったらシールをはろう

きほんのワーク

教科書　66～67ページ　答え　8ページ

図を見て、あとの問いに答えましょう。

1　ホウセンカの育ち方

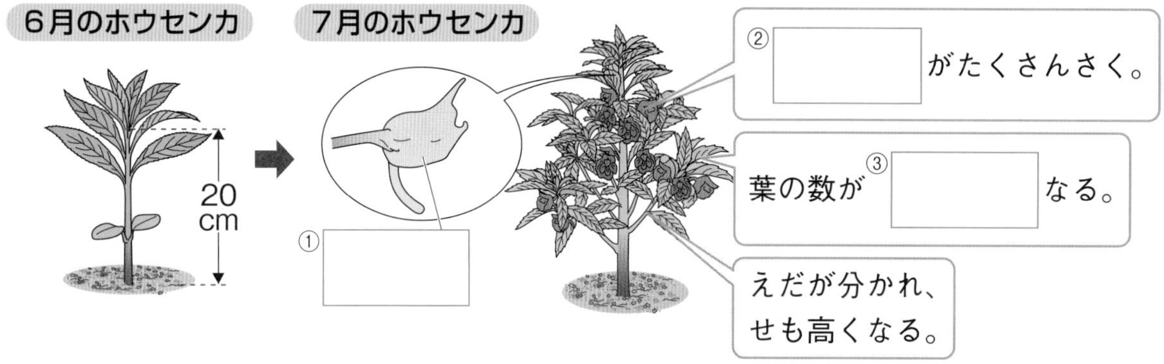

6月のホウセンカ
7月のホウセンカ
20 cm
①
②　がたくさんさく。
葉の数が③　なる。
えだが分かれ、せも高くなる。

● ①～③の□にあてはまる言葉を書きましょう。

2　ヒマワリの育ち方

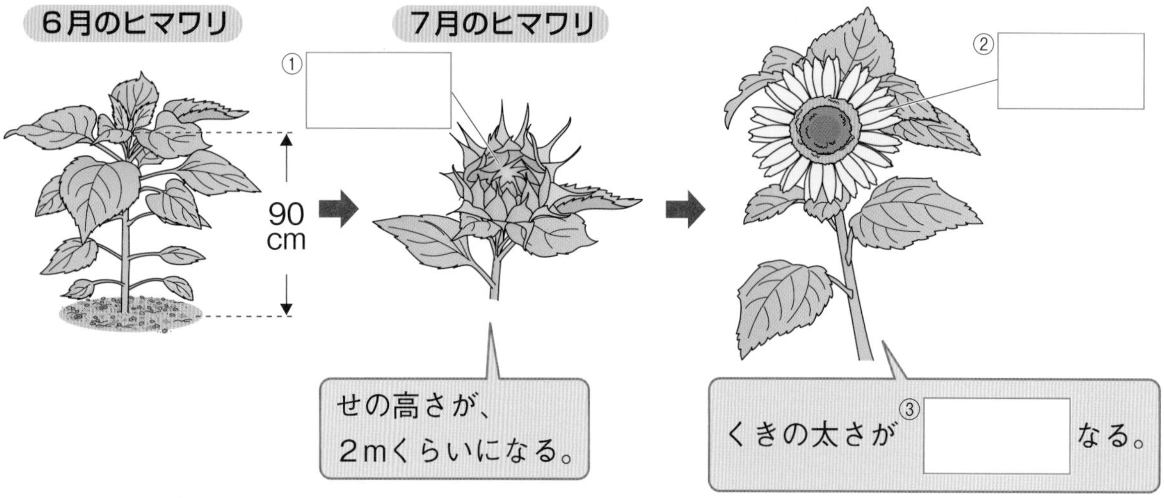

6月のヒマワリ
7月のヒマワリ
90 cm
①
②
せの高さが、2mくらいになる。
くきの太さが③　なる。

● ①～③の□にあてはまる数字や言葉を書きましょう。

まとめ　〔　高く　ふえ　花　〕からえらんで（　）に書きましょう。

● 6～7月ごろの植物は、葉の数が①（　　　　）、せが②（　　　　）なり、つぼみができて、やがて③（　　　　）がさく。

わくわくたんてい団

ヒマワリという名前は、花が太陽の動きにつれてその方向を追《お》うように回るといわれたことからつけられました。ほかの花についても名前のゆらいを調べてみましょう。

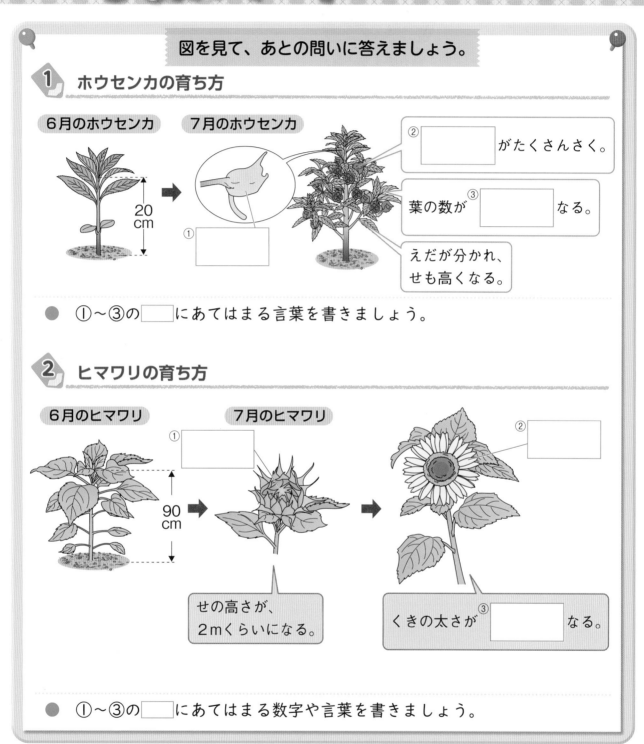

練習のワーク

教科書　66～67ページ　答え　8ページ

できた数　　/14問中

おわったら シールを はろう

1　**右の図は、ホウセンカの6月ごろと、花がさいたときのようすを表したものです。次の問いに答えましょう。**

6月ごろ

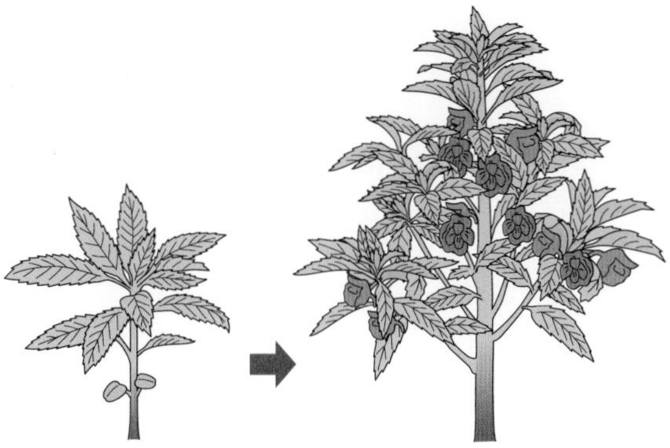

⑴　花がさいたとき、次のことは、6月とくらべて、どうかわりましたか。

①　葉の大きさ　（　　　　　　　）

②　葉の数　（　　　　　　　）

③　くきの太さ　（　　　　　　　）

⑵　次の文のうち、ホウセンカについてせつめいしたものに2つ○をつけましょう。

①（　　　）1本のくきの一番上に大きな花をつける。

②（　　　）くきから分かれたえだにたくさんの花をつける。

③（　　　）くきがとても太く、せの高さが2mぐらいになる。

④（　　　）せの高さが高くなると、葉の数も多くなり、つぼみをたくさんつける。

2　**右のㇰは、ヒマワリの花がさく前のようすを、㋑は7月ごろに花がさいたようすをかんさつしたものです。次の問いに答えましょう。**

㋐

㋑

⑴　花がさく前の㋐を、何といいますか。

（　　　　　　　）

⑵　㋐はくきの上の方と下の方のどちらについていますか。

（　　　　　　　）

⑶　次の文のうち、7月ごろのヒマワリについてせつめいしているものに○、そうでないものに×をつけましょう。

①（　　　）せの高さが2mより高いものがあった。

②（　　　）花はくきの、一番上についていた。

③（　　　）葉には、人の顔より大きいものがあった。

④（　　　）くきの太さは、人の指よりも太かった。

⑤（　　　）1本のくきには、花がたくさんついていた。

⑥（　　　）花の色は、赤色、白色、黄色など花ごとにちがっていた。

⑦（　　　）花の色は、すべて黄色だった。

勉強した日　　月　　日

1　生き物のようすを調べよう

もくひょう
生き物によって、すみかや食べ物がちがうことをかくにんしよう。

おわったら シールを はろう

きほんのワーク

教科書 70〜73、170〜174ページ　答え 8ページ

図を見て、あとの問いに答えましょう。

1 草むらにすむ生き物

①［　　　］　②［　　　］　③［　　　］　④［　　　］

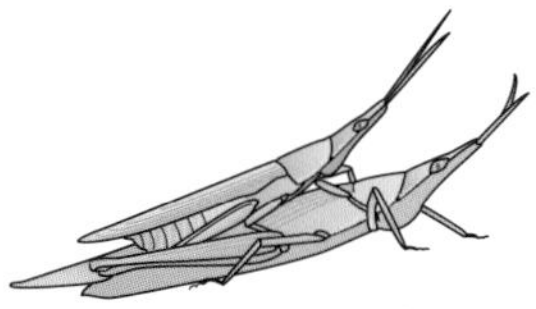
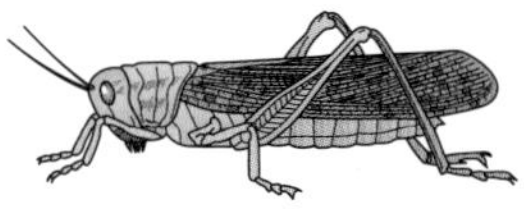

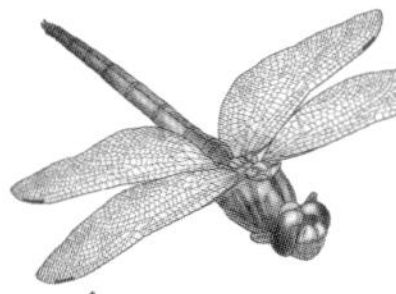

⑤（ 植物の葉　花のみつ ）を食べる。

⑥（ 植物の葉　ほかの虫 ）を食べる。

(1)　①〜④の［　］に、生き物の名前を書きましょう。

(2)　①〜④の生き物は、何を食べていますか。⑤、⑥の（　）のうち、正しい方を◯でかこみましょう。

2 生き物のすみか

①［　　　］　②［　　　］　③［　　　］　④［　　　］

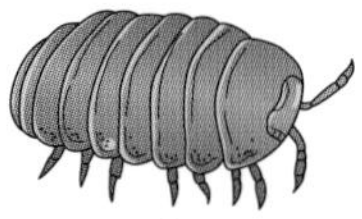
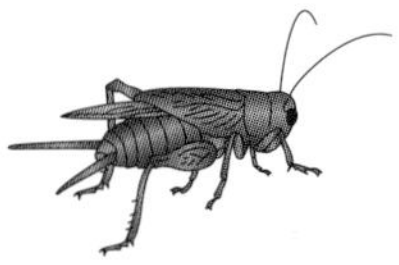

石や落ち葉の下にいる。

畑《はたけ》や草むらにいる。

⑤（ 林　畑 ）にいる。

⑥（ 石の下　畑 ）や花だんにいる。

(1)　①〜④の［　］に、生き物の名前を書きましょう。

(2)　③、④の生き物はどのようなところで見られますか。⑤、⑥の（　）のうち、正しい方を◯でかこみましょう。

まとめ　〔 しぜん　すみか 〕からえらんで（　）に書きましょう。

- 生き物によって、①（　　　　　）や食べているものがちがう。
- 生き物は、まわりの②（　　　　　）とかかわって生きている。

わくわくたんてい団　草むらをすみかにしている生き物には、からだの色や形がまわりの植物ににているものがいます。このため、てきに見つかりにくくなっています。

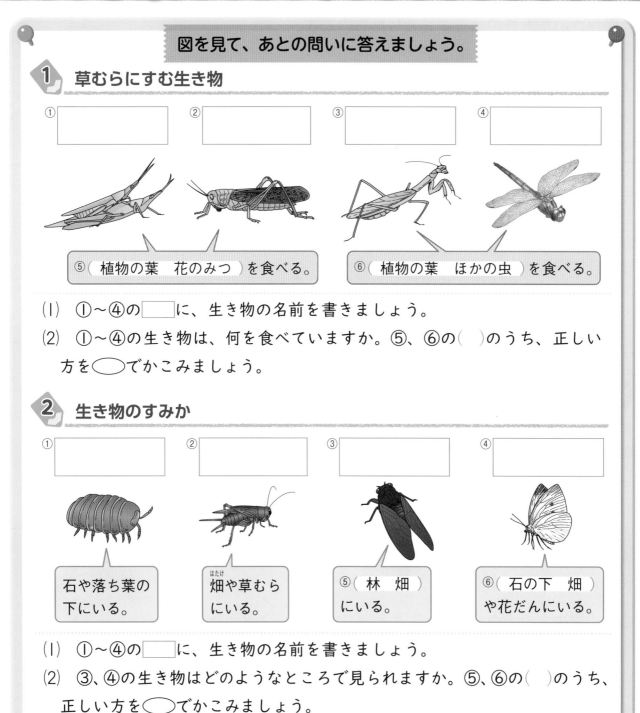

練習のワーク

教科書　70〜73、170〜174ページ　　答え　8ページ

できた数　　/8問中

おわったら シールを はろう

1　野原でいろいろな生き物をかんさつしました。次の問いに答えましょう。

(1)　野外のかんさつで正しいことは何ですか。ア、イからえらびましょう。　（　　　）

ア　きけんな場所には近づかない。

イ　どくをもつ生き物にはそっとさわる。

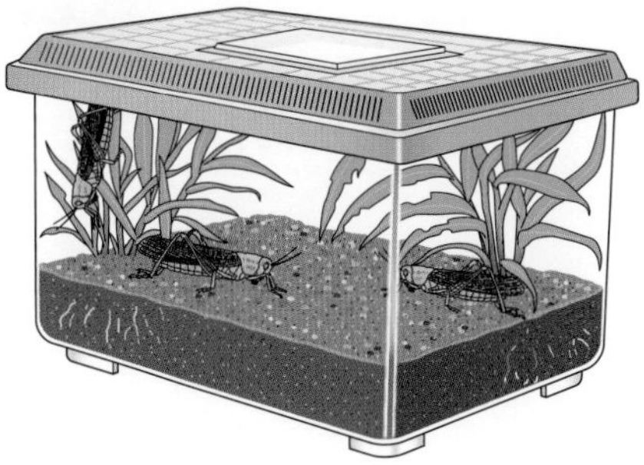

(2)　野原でバッタを見つけました。バッタは、主にどのようなところで見つけられますか。ア、イからえらびましょう。　（　　　）

ア　草むら　　イ　石の下

(3)　(2)で見つけたバッタを、右の図のようなようきでかうことにしました。バッタの食べ物として、ようきの中には何を入れますか。正しいものに○をつけましょう。

①（　　　）ほかのこん虫　　②（　　　）草むらの葉

③（　　　）キュウリやナス

2　次の図は、いろいろな場所で見られる生き物を表しています。あとの問いに答えましょう。

㋐　㋑　㋒　㋓

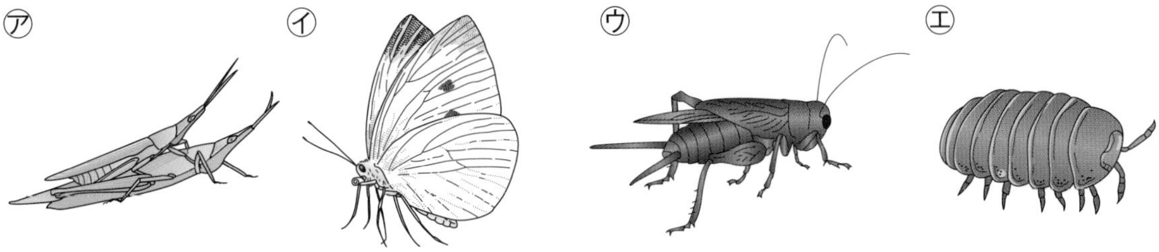

(1)　㋐のこん虫を何といいますか。　（　　　　　　　）

(2)　㋑のこん虫の食べ物は何ですか。正しいものに○をつけましょう。

①（　　　）ほかのこん虫

②（　　　）花のみつ

③（　　　）草むらの葉

(3)　エンマコオロギは、㋑〜㋓のどれですか。　（　　　）

(4)　畑や花だんをすみかとしているのは、㋐〜㋓のどれですか。　（　　　）

(5)　石の下などにすんでいて、さわるとからだが丸くなるのは、㋐〜㋓のどれですか。　（　　　）

勉強した日　月　日

もくひょう
こん虫とそのほかの虫のからだのつくりをくらべてみよう。

おわったら
シールを
はろう

2　こん虫のからだのつくり

きほんのワーク

教科書　74～79ページ　答え　8ページ

図を見て、あとの問いに答えましょう。

1 こん虫のからだのつくり

バッタ(ショウリョウバッタ)

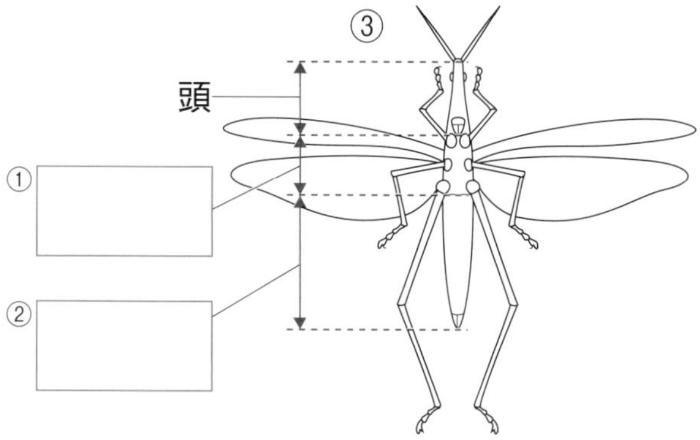
③
頭
①
②

トンボ(アキアカネ)

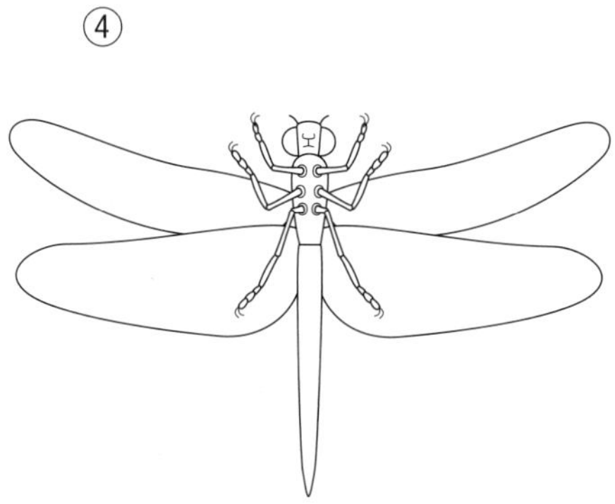
④

(1)　①、②の□にあてはまる言葉を書きましょう。

(2)　③、④のバッタとトンボのからだを、頭を黄色、むねを赤色、はらを緑色にぬりましょう。

2 そのほかの虫のからだのつくり

ダンゴムシ

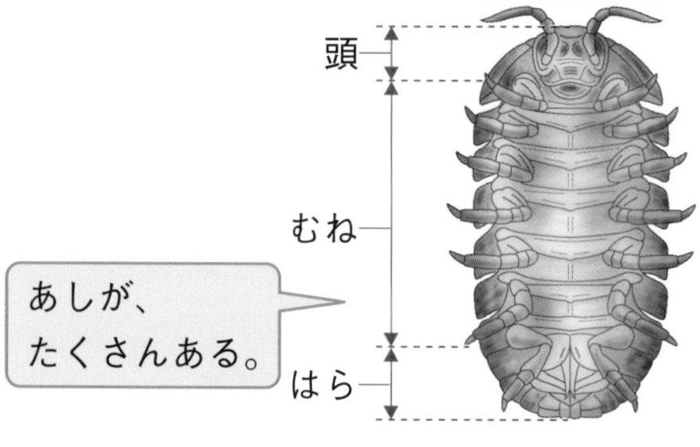
頭
むね
はら
あしが、
たくさんある。

ク　モ

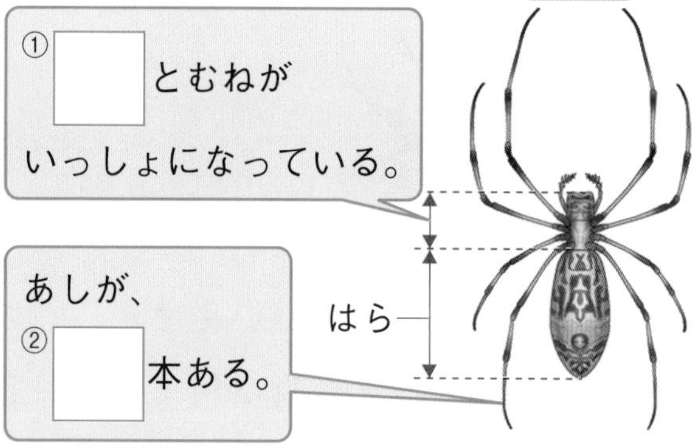
① □ とむねが
いっしょになっている。
はら
あしが、
② □ 本ある。

●　①、②の□にあてはまる言葉や数字を書きましょう。

まとめ　〔　むね　頭　〕からえらんで(　)に書きましょう。

●こん虫の成虫のからだは、①(　　　)・むね・はらの３つの部分に分けられる。

●こん虫の②(　　　)には、６本のあしがついている。

わくわくたんてい団
こん虫のなかまで、はねがないものにはアリ、シラミ、ノミのなかまなどがいます。また、はねが２まいのものにはハエやアブのなかまなどがいます。

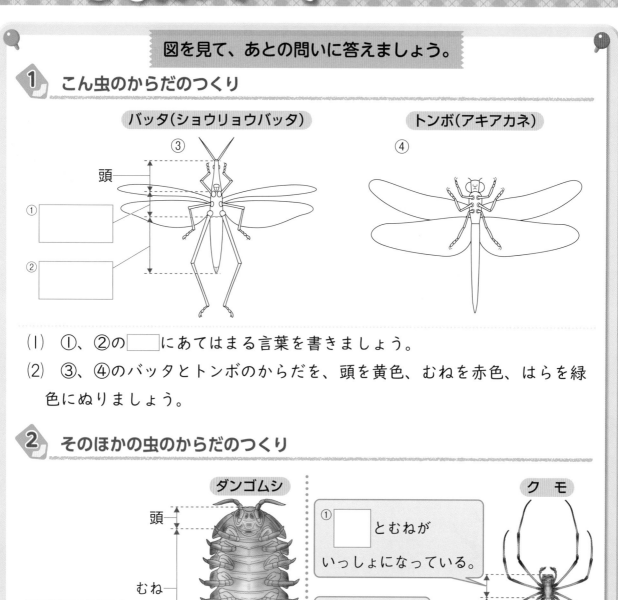

勉強した日 月 日

練習のワーク

教科書 74～79ページ　答え 8ページ

できた数 /13問中

おわったら シールを はろう

1 **右の図は、トンボとモンシロチョウのからだをはらがわから見たようすを表しています。次の問いに答えましょう。**

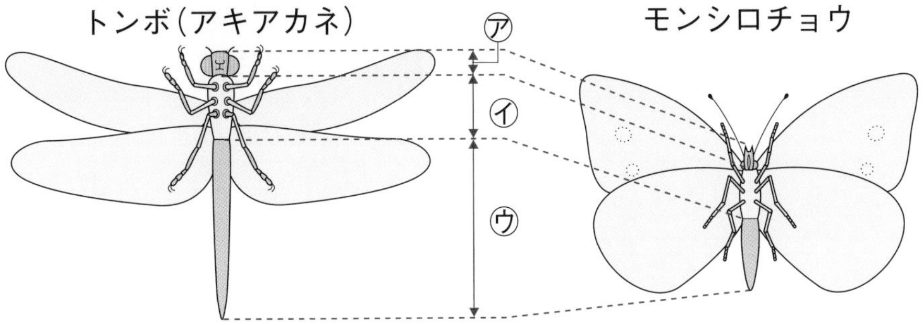

(1) 図の㋐～㋒の部分を、それぞれ何といいますか。

㋐(　　　　) ㋑(　　　　) ㋒(　　　　)

(2) トンボのあしの数は何本ですか。(　　　　)

(3) 目とあしは、それぞれからだのどの部分についていますか。

目(　　　　) あし(　　　　)

2 **右の図は、カブトムシをはらがわから見たようすを表しています。次の問いに答えましょう。**

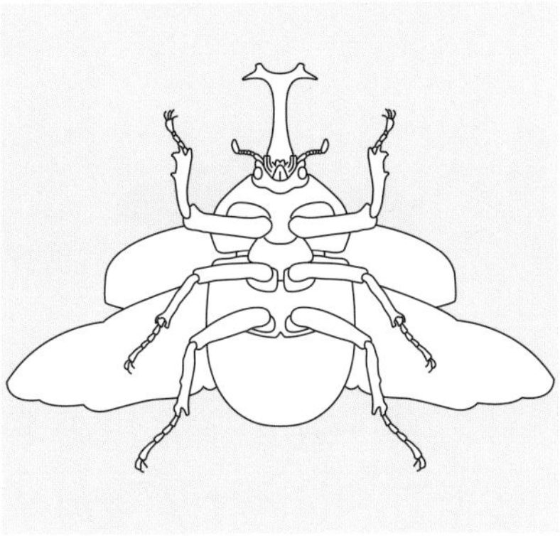

(1) からだは、いくつの部分に分かれていますか。

(　　　　)

(2) あしは何本ありますか。(　　　　)

(3) あしは、からだのどの部分についていますか。

(　　　　)

(4) カブトムシは、こん虫といえますか、いえませんか。(　　　　)

3 **右の図は、ダンゴムシとクモのからだをはらがわから見たようすを表しています。次の問いに答えましょう。**

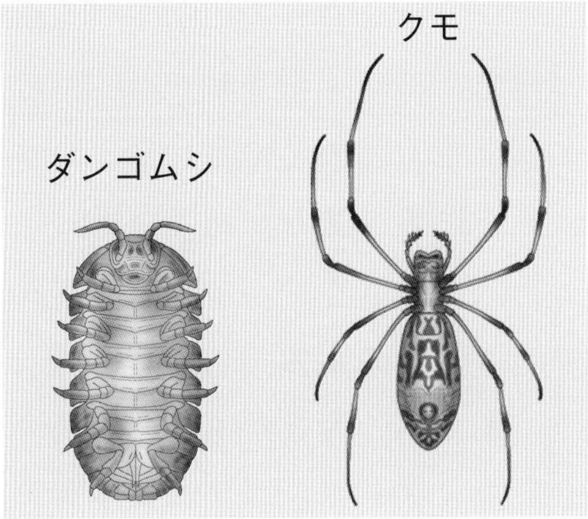

(1) あしが8本あるのはどちらですか。

(　　　　)

(2) 頭とむねがいっしょになっているのはどちらですか。(　　　　)

(3) ダンゴムシやクモは、こん虫といえますか、いえませんか。(　　　　)

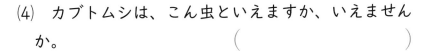

まとめのテスト

5　こん虫を調べよう

とく点　/100点

おわったらシールをはろう

時間20分

教科書 70~79、170~174ページ　答え 9ページ

1 **生き物のすみかと食べ物**　次の㋐~㋒の生き物はどこにすんでいて、何を食べていますか。合うものどうしを線でつなぎましょう。　1つ4〔12点〕

	すんでいるところ	食べ物
㋐ショウリョウバッタ	㋐　石の下など	㋓　木のしる
㋑　カブトムシ	㋑　草むらなど	㋔　落ち葉
㋒　オカダンゴムシ	㋒　林の中など	㋕　植物の葉

よく出る **2** **こん虫のすみかと食べ物**　次の図の①~④のこん虫について、すみかと食べ物を調べました。あとの問いに答えましょう。　1つ2〔24点〕

①

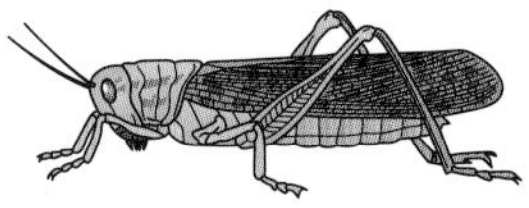

②

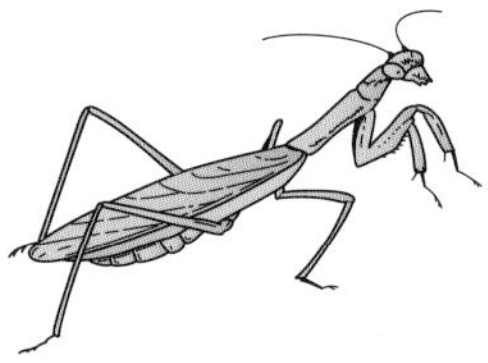

③

④

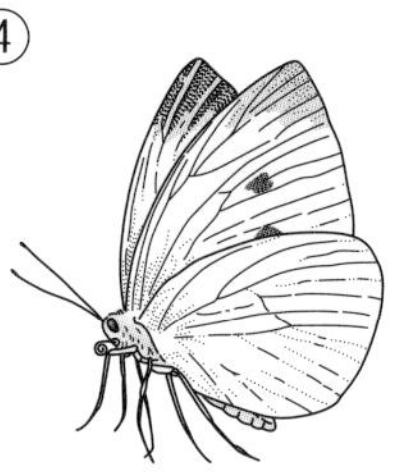

⑴　①~④のこん虫の名前を、右下の表の「名前」のらんに書きましょう。

⑵　①~④のこん虫のすみかを、次のア~エからえらび、右下の表の「すみか」のらんに書きましょう。

ア　林の中(いろいろな木が多くしげっているところ)

イ　野原・花だん(いろいろなこん虫が集《あつ》まるところ)

ウ　畑・花だん・野原(花のさいているところ)

エ　野原・空き地(いろいろな草がたくさんはえているところ)

⑶　①~④のこん虫の食べ物を、次の㋐~㋓からえらび、右下の表の「食べ物」のらんに書きましょう。

㋐　チョウやバッタなど花や草に集まるこん虫

㋑　木のみきから出ている木のしる

㋒　ススキ、エノコログサなどの葉

㋓　いろいろな花のみつ

	名　前	すみか	食べ物
①			
②			
③			
④			

よく出る **3** **虫のからだのつくり** 次の図は、トンボとクモのからだのつくりを表したものです。あとの問いに答えましょう。 1つ4〔40点〕

(1) トンボのからだはいくつの部分に分かれていますか。 (　　　　)

(2) クモのからだはいくつの部分に分かれていますか。 (　　　　)

(3) トンボのあしは何本ですか。 (　　　　)

(4) トンボのあしは、からだのどの部分についていますか。 (　　　　)

(5) クモのあしは何本ですか。 (　　　　)

(6) トンボはこん虫といえますか、いえませんか。 (　　　　)

(7) クモはこん虫といえますか、いえませんか。 (　　　　)

記述 (8) (7)のように答えたのはなぜですか。

(　　　　　　　　　　　　　　　　)

(9) トンボのア、イの部分の名前を書きましょう。

ア(　　　　) イ(　　　　)

4 **こん虫のなかまとこん虫ではない虫**

右の図のいろいろな虫について、次の問いに答えましょう。 1つ4〔24点〕

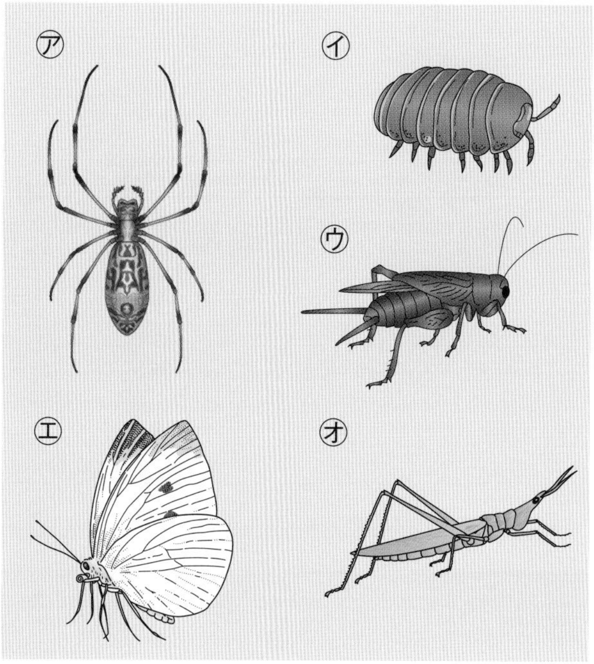

(1) ショウリョウバッタはア～オのどれですか。 (　　　　)

(2) ア～オのうち、からだのつくりが2つに分けられる虫はどれですか。

(　　　　)

(3) ア～オのうち、こん虫のなかまではないものはどれですか。すべてえらびましょう。

(　　　　)

(4) こん虫のなかまのからだは、何という部分に分けられますか。3つ書きましょう。 (　　　　)(　　　　)(　　　　)

勉強した日　　月　　日

4　実ができるころ

もくひょう
植物は、どのようなじゅんに育ってきたかをかくにんしよう。

おわったらシールをはろう

きほんのワーク

教科書 80～85ページ　答え 9ページ

図を見て、あとの問いに答えましょう。

1 ヒマワリの花がさいたあと

花がさいたあと、①□ができる。
①の中にできた②□。

● ①、②の□にあてはまる言葉を書きましょう。

2 ホウセンカの育ち方

だんだんふえていく。
さわるとはじける。
①
②
③
④
たね
⑤
⑥
⑦
だんだん広がっていく。
だんだん太くなる。
④からとび出る。

● ①～⑦の□にあてはまる言葉を書きましょう。

まとめ　〔 ひとつ　実(み)　花 〕からえらんで（　）に書きましょう。

● 植物の育ち方には、決まったじゅんばんがあり、ホウセンカやヒマワリは、①（　　　　）のたねから育ち、②（　　　　）がさき、たくさんの③（　　　　）をつくる。

わくわくたんてい団　ヒマワリの花はひとつに見えますが、小さな花がたくさん集まったものです。外がわの大きな花びらをもつ花はたねをつくりませんが、中の方の花びらがつつ形の花は、たねをつくります。

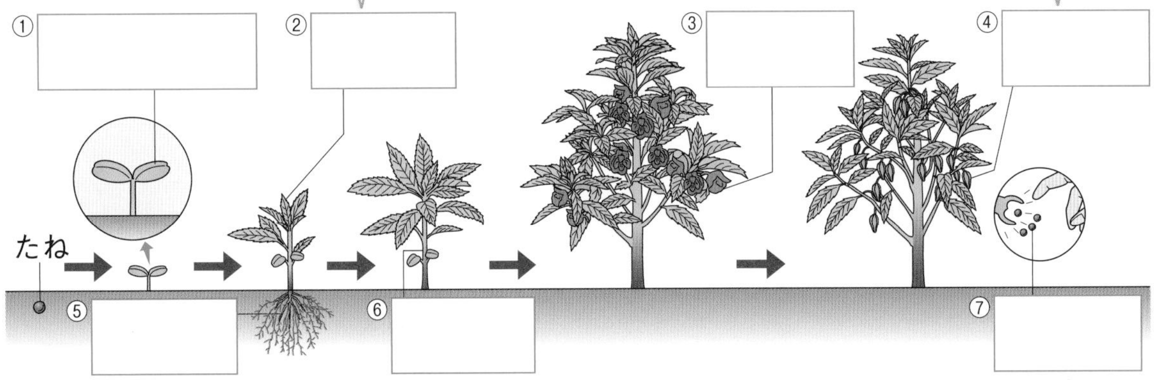

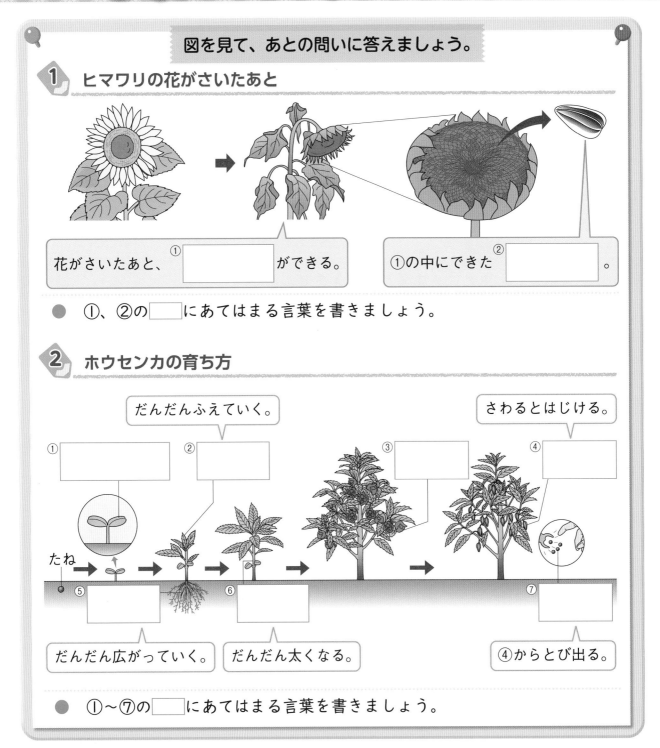

勉強した日　月　日

練習のワーク

教科書　80～85ページ　答え　9ページ

できた数　/15問中

おわったら シールを はろう

1　次の図は、ホウセンカの花がさいたあと、花がどのようにかわっていくかを表したものです。あとの問いに答えましょう。

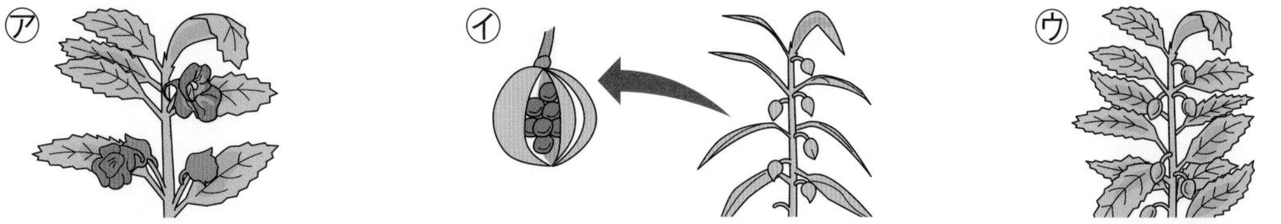

花がさいた。　たねができた。　かれた。　実ができた。

(1)　㋐～㋒を、ホウセンカが育っていくじゅんにならべましょう。

（　　　→　　　→　　　）

(2)　花がさいたあとのようすについて、次の文の（　）にあてはまる言葉を、下の〔　〕からえらんで書きましょう。

花がさいたあと、①（　　　）ができて、②（　　　）やくきがかれてきた。①にさわるとはじけて、中から③（　　　）が出てきた。できた③は、春にまいたホウセンカの③と、色・④（　　　）・大きさがよくにていた。

〔 花　葉　実　たね　形 〕

(3)　右の図のあ～うのうち、ホウセンカのたねはどれですか。（　　　）

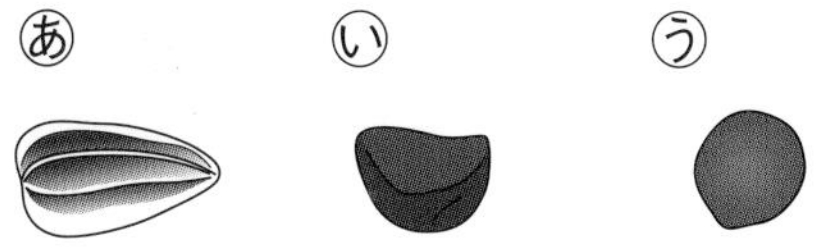

2　右の図は、ヒマワリの育ち方をまとめたものです。次の問いに答えましょう。

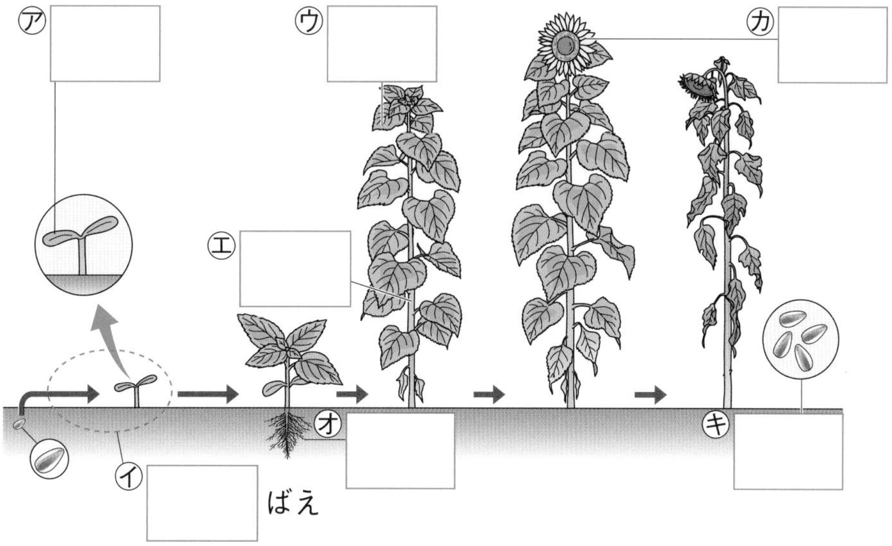

(1)　図の㋐～㋖は、それぞれ何ですか。図の□にあてはまる言葉を、下の〔　〕からえらんで書きましょう。

〔 根　くき　葉　子葉　め　つぼみ　花　実　たね 〕

(2)　ヒマワリは、実ができたあと、どうなりますか。（　　　）

(3)　㋖ははじめにまいたものとにていますか、にていませんか。（　　　）

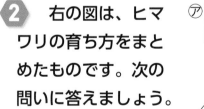

勉強した日　　月　　日

まとめのテスト

2－4　実ができるころ

とく点　　/100点

おわったら シールを はろう

時間 20分

教科書　80～85ページ　　答え　10ページ

1 **植物のつぼみ・花・実・たね** 次の図は、ある2つの植物のつぼみ、花、実、たねをばらばらにならべたものです。あとの問いに答えましょう。　1つ5〔40点〕

①

㋐

㋒

㋔
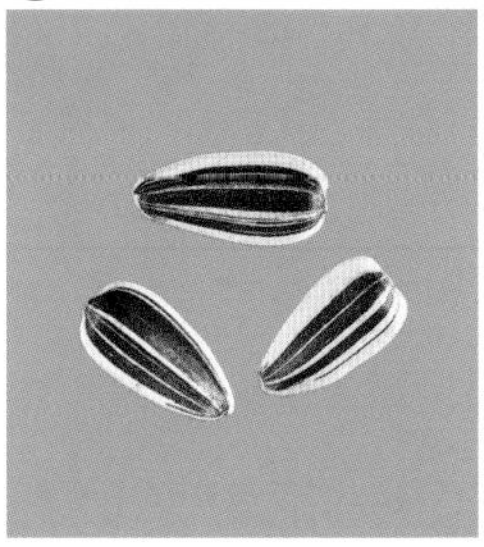

②

㋑

㋓
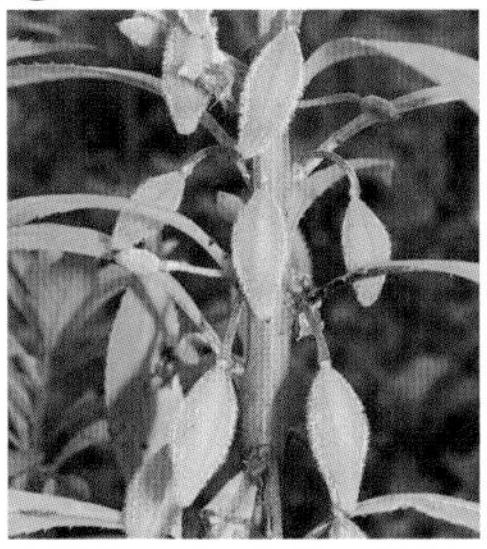
㋕
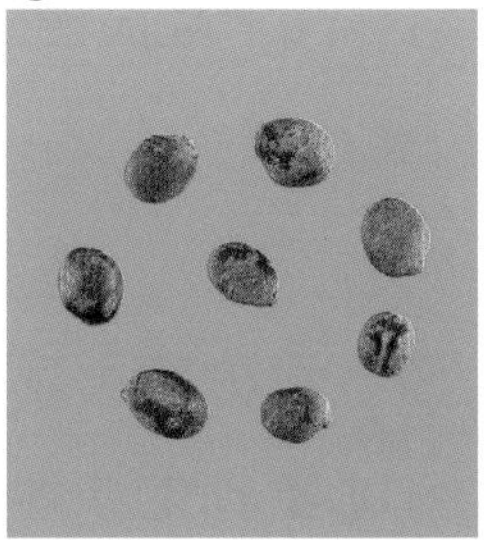

(1)　図の①、②は何という植物のつぼみですか。下の〔　〕からえらんで書きましょう。

①(　　　　　　　)　②(　　　　　　　)

〔　アサガオ　　ヒマワリ　　ホウセンカ　〕

作図　(2)　図のつぼみ、花、実、たねのうち、同じ植物どうしを線でつなぎましょう。

(3)　①、②の植物のうち、じゅくした実にさわると、たねがとびちる植物はどちらですか。(　　　)

(4)　①、②の植物のうち、花がさくころのせの高さが2mくらいになる植物はどちらですか。(　　　)

(5)　①、②の植物の葉やくきは、実ができたあと、どうなりますか。

(　　　　　　　　　)

(6)　実ができるころの植物の根は、春のころにくらべてどうなっていますか。正しいものに○をつけましょう。

①(　　　)大きく育っている。

②(　　　)かわらない。

よく出る

2 ホウセンカの育ち方 次の図は、ホウセンカの育ち方を表したものです。あとの問いに答えましょう。

1つ4〔44点〕

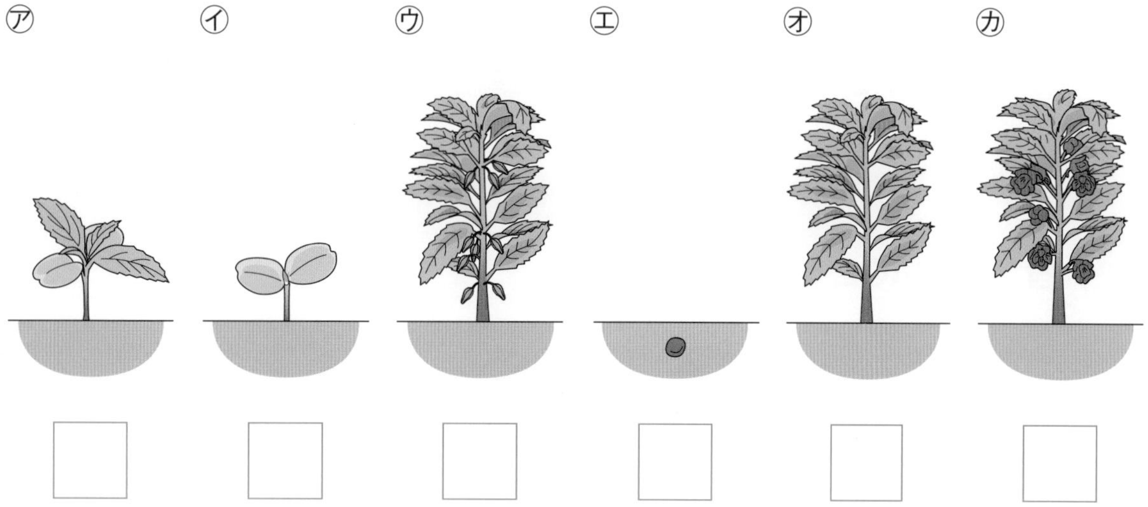

チャレンジ!

(1) 図の□に、ホウセンカが育つじゅんに1～6の番ごうを書きましょう。

(2) 次の文にあてはまるホウセンカのようすを、それぞれ上の図の㋐～㋕からえらびましょう。

① たねをまいて2週間くらいしたら、めが出た。 (　　　)

② 葉が出てきた。 (　　　)

③ 花がさいたあと、緑色の実ができた。 (　　　)

(3) 緑色の実ができたあと、葉や実はどのようにかわりますか。正しい方に○をつけましょう。

①(　　　)葉は茶色くなってかれ、実も黄色っぽくなる。

②(　　　)葉も実も緑色のままで、せの高さがさらに高くなり、葉もふえる。

(4) 実の中にはたねができます。ホウセンカのひとつの実の中にできるたねの数について、正しい方に○をつけましょう。

①(　　　)ひとつのたねができる。

②(　　　)たくさんのたねができる。

3 植物のとくちょうと育ち方 次の文は、植物のとくちょうや育ち方についてせつめいしたものです。正しいものに2つ○をつけましょう。

1つ8〔16点〕

①(　　　)たねをまいてはじめに出てくる子葉は、どの植物も同じ形をしている。

②(　　　)子葉のあとに出てくる葉は、子葉とはちがう形をしている。

③(　　　)植物が育ってくると、葉の数はふえるが、葉の大きさはあまりかわらない。

④(　　　)つぼみや花の形や色は、植物のしゅるいによってちがう。

⑤(　　　)実ができるのは、花がさいたあととはかぎらない。

勉強した日　月　日

1　音が出ているときのもののようす

もくひょう
音が出ているときは、ものがふるえていることをりかいしよう。

おわったらシールをはろう

きほんのワーク

教科書　86～90ページ　答え　10ページ

図を見て、あとの問いに答えましょう。

1　音が出ているときのもののようす

トライアングルをたたくと、トライアングルから①［　　　］が出る。

音が出ているトライアングルを手でつかむと②［　　　］が止まり、音が出なくなる。

● トライアングルをならしてみました。①、②の［　］にあてはまる言葉を書きましょう。

2　音が大きいときと小さいときのもののようす

①（ 小さな　大きな ）音が出ているとき、たいこのふるえが大きい。

②（ 小さな　大きな ）音が出ているとき、たいこのふるえが小さい。

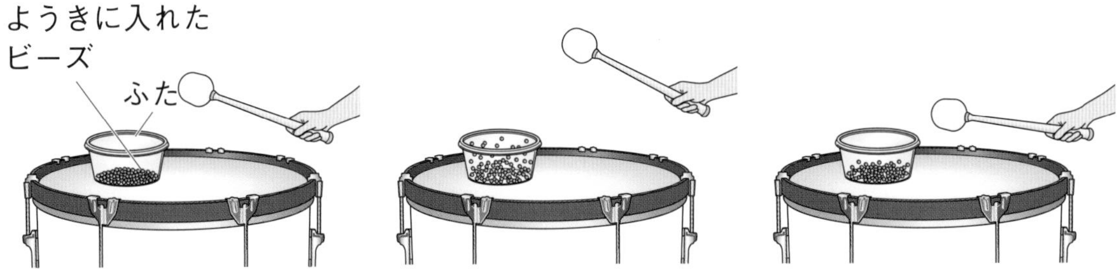

● たいこに、ようきに入れたビーズをのせてたたきました。音の大きさとたいこのようすについて、①、②の（　）のうち、正しい方を⬭でかこみましょう。

まとめ　〔 大きく　小さく 〕からえらんで（　）に書きましょう。

● 音が出ているとき、ものはふるえている。

● もののふるえは、音が大きいとき①（　　　）なり、音が小さいとき②（　　　）なる。

わくわくたんてい団　人の話し声が聞こえるのは、人の出した音（声）が空気をつたわって耳のこまくにとどき、こまくがふるえるからです。

練習のワーク

教科書　86～90ページ　答え　10ページ

できた数　/6問中

おわったら シールを はろう

1　**右の図のように、たいこをたたいて音が出ているもののようすを調べました。次の問いに答えましょう。**

(1)　音が出ているときのたいこを見ると、どのようになっていますか。正しい方に○をつけましょう。

①(　　　)ブルブルとふるえている。

②(　　　)たいこがなっていないときと変わらない。

(2)　音が出ているときのたいこに手のひらを強くあてると、音はどうなりますか。

(　　　　　　　　　　)

(3)　たいこの音を大きくするときは、どのようにたいこをたたきますか。正しい方に○をつけましょう。

①(　　　)強くたたく。　②(　　　)弱くたたく。

2　**右の図のように、たいことようきに入れたビーズを使って、大きな音が出ているときと小さな音が出ているときで、たいこのふるえがどうなるのかを調べました。次の問いに答えましょう。**

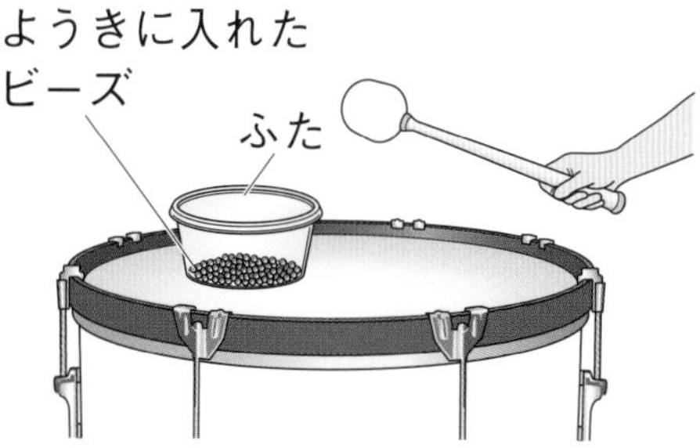
ようきに入れた
ビーズ
ふた

(1)　大きな音が出ているときのビーズのようすとして、正しい方に○をつけましょう。

①(　　　)　②(　　　)

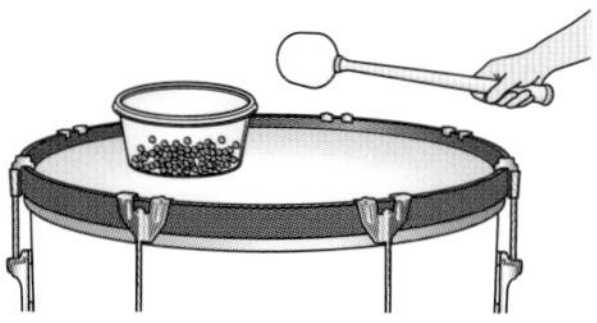

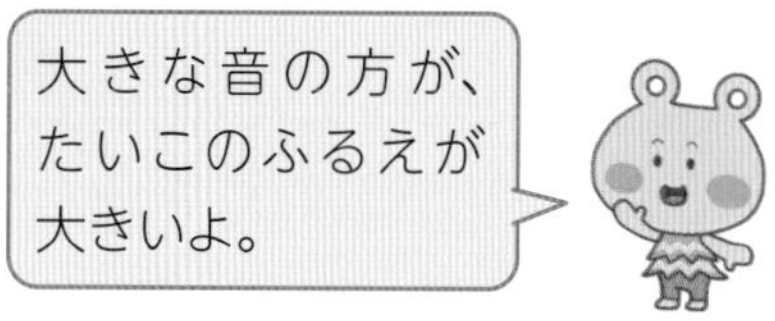
大きな音の方が、
たいこのふるえが
大きいよ。

(2)　音の大きさとものようすについて、次の文の(　)にあてはまる言葉を下の〔　〕からえらんで書きましょう。

音が小さいとき、たいこのふるえは①(　　　　　)なり、音が大きいとき、たいこのふるえは②(　　　　　)なります。

〔　大きく　　小さく　〕

勉強した日　　月　　日

2　音をつたえよう

もくひょう

糸電話などで、糸のふるえや音のつたわり方をかくにんする。

おわったらシールをはろう

きほんのワーク

教科書　91～95ページ　答え　10ページ

図を見て、あとの問いに答えましょう。

1 鉄《てつ》ぼう、フォークをたたいてみる

鉄ぼうのはなれたところをたたくと①□が聞こえる。

フォークをぼうでたたくと、ふるえが②□をつたわる。

糸から耳をはなすと、聞こえる音は小さくなる。

(1)　鉄ぼうに耳を近づけました。①の□にあてはまる言葉を書きましょう。

(2)　フォークを糸でしばり、糸のはしを耳のあなに当てました。②の□にあてはまる言葉を書きましょう。

2 糸電話の音のつたわり方

声を出しているとき、糸は①（ ふるえている　ふるえていない ）。

糸をつまんで、ふるえを止めると、音は②（ 聞こえる　聞こえない ）。

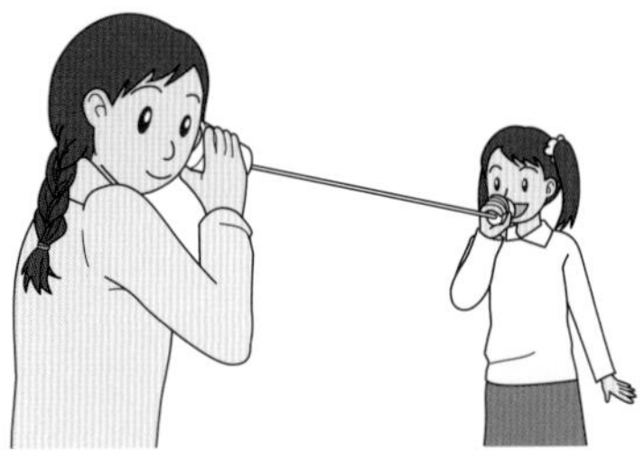

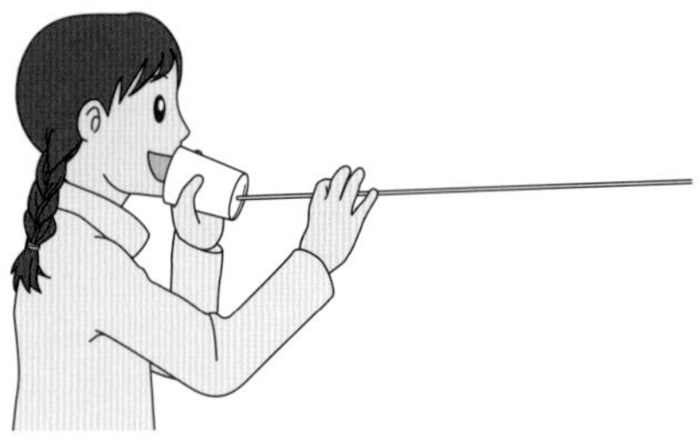

● 糸電話で声を出してみました。糸のようすや音について、①、②の（　）のうち、正しい方を◯でかこみましょう。

まとめ　〔 ふるえ　音 〕からえらんで（　）に書きましょう。

● 糸電話は、間の糸がふるえることにより、①（　　　　）がつたわる。

● 糸の②（　　　　）を止めると、音はつたわらなくなる。

わくわくたんてい団

糸電話では、糸が音をつたえています。コップや糸のざいりょうをかえると、音の聞こえ方がかわってきます。

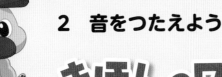

練習のワーク

教科書 91～95ページ　答え 10ページ

できた数 /7問中

おわったら シールを はろう

1　右の図は糸電話で音のつたわり方を調べているようすを表しています。次の問いに答えましょう。

紙コップ
糸
あきらさん
かおるさん

(1)　音がつたわっているときの紙コップや糸はどのようになっていますか。ア、イからえらびましょう。（　　　）

ア　ふるえている。

イ　声を出していないときと、かわらない。

はなれているのに、音はどうしてつたわるのかな。

(2)　音がつたわっているときに糸を指でつまむと、声が聞こえなくなりました。このときのあきらさんがわの糸のようすとして正しいものを、ア、イからえらびましょう。（　　　）

ア　ふるえている。

イ　ふるえが止まっている。

(3)　(1)、(2)からどのようなことがわかりますか。次の文の（　）にあてはまる言葉を書きましょう。

糸電話では、紙コップや間の①（　　　　）が②（　　　　）ことで音がつたわっている。

(4)　糸電話で、声を出しているとき、音がつたわるのはどのようなときですか。正しいものを、ア、イからえらびましょう。（　　　）

ア　糸をピンとはったとき

イ　糸をたるませたとき

2　フォークをつるした糸を耳のあなに当て、フォークをぼうでたたいて、音を聞く実《じっ》けんをしました。次の文のうち、正しいものに2つ○をつけましょう。

①（　　　）フォークをたたくと、フォークのふるえが糸につたわる。

②（　　　）フォークをたたいても、フォークのふるえは糸につたわらない。

③（　　　）フォークをたたくと、音が聞こえる。

④（　　　）糸から耳をはなすと、音がより大きく聞こえる。

まとめのテスト

6　音を調べよう

とく点
/100点

おわったら
シールを
はろう

時間 20分

教科書　86～95ページ
答え　11ページ

1 **音が出るときのようすとつたわり方**　**いろいろなものを使って、音について調べました。次の問いに答えましょう。**　1つ5〔20点〕

(1)　たいこをたたいて音が出ているとき、手のひらでそっとさわってみました。このとき、たいこはどのようになっていますか。
（　　　　　　　　）

(2)　トライアングルを強くたたいたときは、弱くたたいたときにくらべて、音はどうなりますか。次の**ア**～**ウ**からえらびましょう。
（　　　）

ア　大きくなる。
イ　小さくなる。
ウ　変わらない。

記述
(3)　鉄ぼうをたたき、たたいたところからはなれたところに耳を近づけると、音が聞こえました。音が聞こえるのは、なぜですか。
（　　　　　　　　　　　　　　　　）

(4)　糸につるしたフォークのはしを耳のあなに当て、フォークをたたいたあと、すぐにフォークを強くつまむと、聞こえていた音が聞こえなくなりました。このとき、糸のふるえはどのようになっていますか。
（　　　　　　　　）

2 **音がつたわるようす**　**次の文の（　）にあてはまる言葉を、下の〔　〕からえらんで書きましょう。**　1つ5〔30点〕

●音が出ているとき、もののようすを調べると、ものは①（　　　　　）ている。
●音が大きいとものののふるえは②（　　　　　）。また、音が小さいとものののふるえは③（　　　　　）。
●糸電話では、紙コップと紙コップの間の④（　　　　　）にふるえがつたわることで⑤（　　　　　）がつたわる。
●ふるえを止めると、音は⑥（　　　　　　　　）。

〔　音　　小さい　　大きい　つたわらなくなる　ふるえ　　糸　〕

3 糸電話の音のつたわり方 次の図は、糸電話で話しているときのようすを表しています。あとの問いに答えましょう。

1つ5〔15点〕

㋐

㋑

(1) 音がつたわらないのはどちらですか。㋐、㋑からえらびましょう。(　　　)

記述 (2) (1)で、音がつたわらないと考えたのはなぜですか。

(　　　　　　　　　　　　　　　　　　　　　　　　　　　　　　)

(3) 音が聞こえているとき、右の図の㋒のように指で糸を強くつまむと、聞こえていた音はどうなりますか。正しいものに○をつけましょう。

㋒

①(　　　)聞こえる音が大きくなる。

②(　　　)聞こえる音が小さくなる。

③(　　　)聞こえていた音が聞こえなくなる。

4 いろいろなものの音が出ているようす 次の文は、いろいろなものの音が出ているときのようすについてせつめいしたものです。正しいものには○、まちがっているものには×をつけましょう。

1つ5〔35点〕

①(　　　)たいこをたたいたとき、音が大きいとふるえも大きい。

②(　　　)たいこをたたいたとき、音が大きいとふるえは小さい。

③(　　　)音が出ているトライアングルを指で強くつまむとふるえが止まり、音が聞こえなくなる。

④(　　　)糸電話の糸はピンとはっても、たるませても、音の聞こえ方はかわらない。

⑤(　　　)耳のあなに当てた糸にフォークを下げて、フォークをぼうでたたくと、ふるえが糸をつたわって、音が聞こえる。

⑥(　　　)上にようきに入れたビーズをのせたたいこをたたいたとき、音はするが、ビーズのようすにかわりはない。

⑦(　　　)糸電話で話しているとき、糸はふるえているが、紙コップはふるえていない。

勉強した日　　月　　日

1　日光の進み方を調べよう

もくひょう
かがみではね返った日光は、どのように進むかをかくにんしよう。

おわったら シールを はろう

きほんのワーク

教科書 96～100、176ページ　答え 11ページ

図を見て、あとの問いに答えましょう。

1　かがみではね返《かえ》った日光

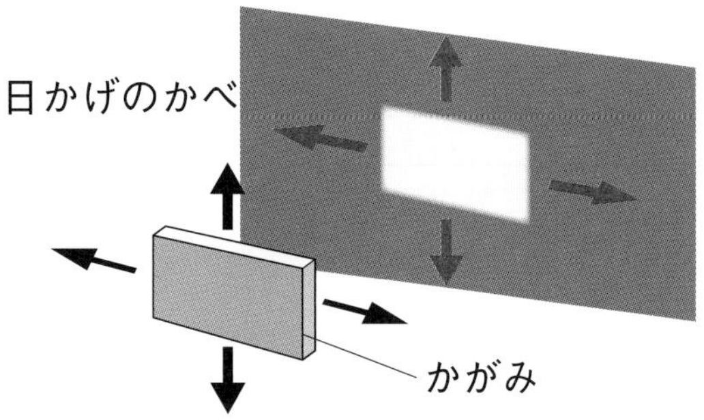

かがみを動かすと、かがみではね返った日光は、かがみを動かす方向と①（ 同じ　反対の ）方へ動く。

● かがみをかべにそって動かしたとき、はね返った日光はどのように動きますか。①の（　）のうち、正しい方を◯でかこみましょう。

2　日光の進み方

①（ 日なた　日かげ ）のかべにはね返すのがよい。

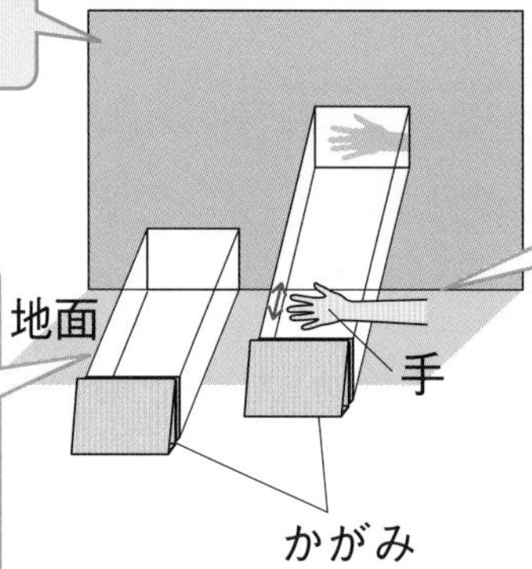

かがみとかべの間に手を入れて前や後ろに動かすと、いつも手に光が③（ 当たる／当たらない ）。

かがみではね返した日光を地面にはわせると、②［　　　　］に進む。

かがみではね返した日光は④［　　　　］に進む。

(1)　①の（　　）のうち、正しい方を◯でかこみましょう。
(2)　②の［　　］にあてはまる言葉を書きましょう。
(3)　③の（　　）のうち、正しい方を◯でかこみましょう。
(4)　④の［　　］にあてはまる言葉を書きましょう。

まとめ　〔 まっすぐ　はね返した 〕からえらんで（　）に書きましょう。

● 日光はまっすぐに進む。
● かがみで①（　　　　　　）日光は、②（　　　　　　）に進む。

わくわくたんてい団　かげが人やものと同じ形をしていたり、人やものが動くとかげもいっしょに動いたりするのは、日光がまっすぐに進んで、人やものが日光をさえぎるからです。

勉強した日　月　日

練習のワーク

教科書 96~100、176ページ　答え 11ページ

できた数　/4問中

おわったら シールを はろう

1 **次の図は、かがみではね返した日光のようすです。あとの問いに答えましょう。**

㋐

㋑

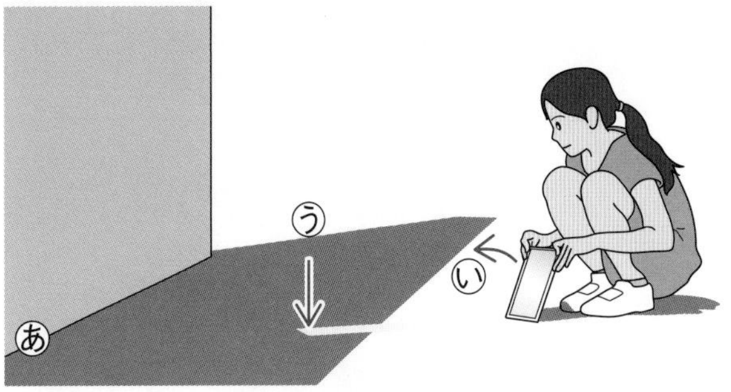

(1)　㋐で、手を前や後ろ(矢印《やじるし》←→の方向)に動かすと、光はどうなりますか。次のア、イからえらびましょう。　(　　　)

ア　手に日光が当たったり、当たらなかったりする。

イ　いつも手に日光が当たる。

(2)　㋑のように、かがみではね返した日光を㋒のように地面にはわせました。日光を㋐までのばすには、どうすればよいですか。正しいものに○をつけましょう。

①(　　　)かがみを左右に動かす。

②(　　　)かがみを㋑とは反対がわにたおす。

③(　　　)かがみを㋑の向きにおこす。

2 **右の図のように、㋐、㋑の2つのかがみで日光をはね返し、日かげのかべに当てました。次の問いに答えましょう。**

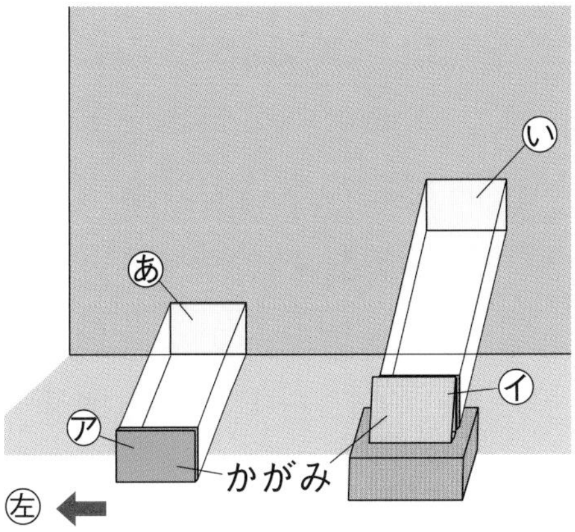

(1)　㋐と㋑ではね返された日光は、どのように進みますか。次の文のうち、正しいものに○をつけましょう。

①(　　　)まっすぐ進む。

②(　　　)とちゅうで曲《ま》がりながら進む。

③(　　　)とちゅうで消えて、かべに当たる。

(2)　㋐と㋑を左に動かしたとき、はね返された日光が当たった㋐と㋑の部分はどうなりますか。正しいものに○をつけましょう。

①(　　　)右に動く。　②(　　　)左に動く。　③(　　　)動かない。

勉強した日　月　日

もくひょう
日光が集まった部分の、明るさやあたたかさをくらべてみよう。

おわったらシールをはろう

2　日光を集めよう

きほんのワーク

教科書 101～107、180ページ　答え 12ページ

図を見て、あとの問いに答えましょう。

1 かがみで日光を集める

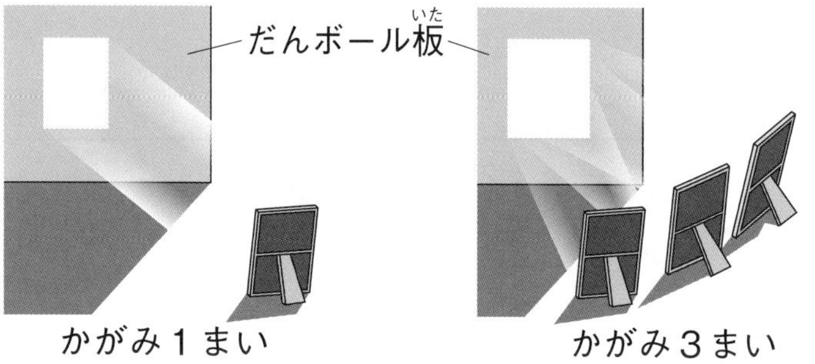
だんボール板《いた》
かがみ１まい
かがみ３まい

３まいのかがみで日光を集めると、１まいのときより
①（ 明るく　暗く ）、
②（ あたたかく　つめたく ）
なる。

● ①、②の（　）のうち、正しい方を〇でかこみましょう。

2 虫めがねで日光を集める

虫めがねで日光を集める

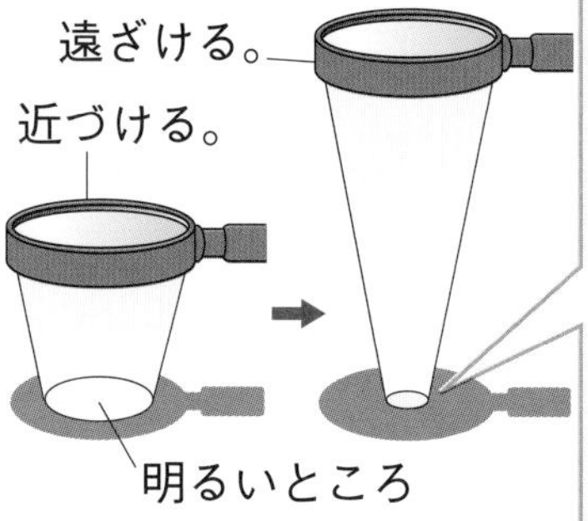
遠ざける。
近づける。
明るいところ

明るいところの大きさが小さいほど
①（ 明るく　暗く ）なり、
②（ あたたかく　つめたく ）
なる。

虫めがねの大きさとこげるはやさ

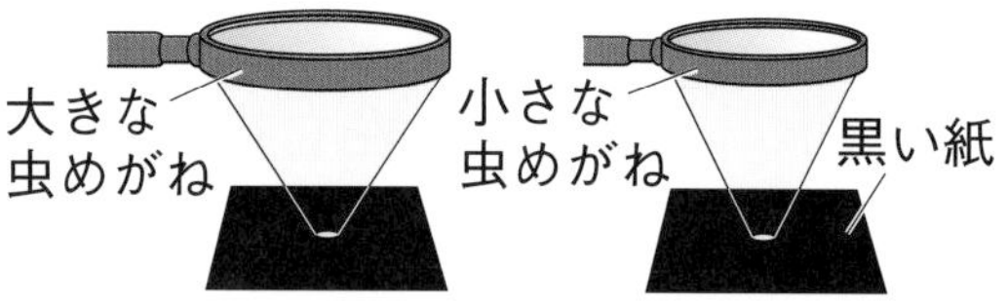
大きな虫めがね
小さな虫めがね
黒い紙

大きな虫めがねの方が、集めた日光が明るく、紙を③［　　］こがす。

(1) 虫めがねで日光を集めたとき、明るいところが小さいほど、明るさや、あたたかさはどうなりますか。①、②の（　）のうち、正しい方を〇でかこみましょう。

(2) 大きな虫めがねを使った方が、紙をこがすはやさはどうなりますか。③の［　］にあてはまる言葉を書きましょう。

まとめ　〔 あたたかく　小さい　多くの 〕からえらんで（　）に書きましょう。

●①（　　　　）かがみで日光を集めるほど、明るく、②（　　　　）なる。
●虫めがねで日光を集めた部分が③（　　　　）ほど、明るく、あたたかくなる。

わくわくたんてい団
けんびきょうは、ものをかく大してかんさつする道具です。けんびきょうについているかがみは、光をはね返して、かんさつするものに光を当てています。

練習のワーク

教科書 101~107、180ページ　答え 12ページ

できた数 /8問中

おわったら シールを はろう

1 右の図のように、かがみで日光をはね返し、暗いところを明るくしました。次の問いに答えましょう。

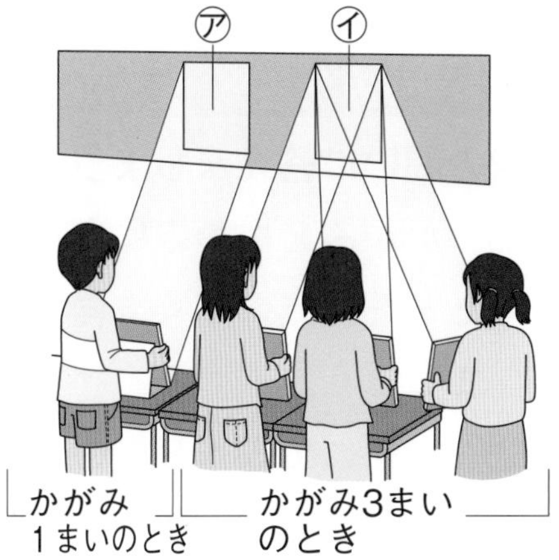
㋐
㋑
かがみ 1まいのとき
かがみ3まい のとき

(1) 明るくしたところで、より明るい方を㋐、㋑からえらびましょう。 (　　　)

記述 (2) (1)のようになるのはなぜですか。
(　　　　　　　　　　　　　　　　)

(3) 手でさわってみたとき、よりあたたかくなっている方を㋐、㋑からえらびましょう。
(　　　)

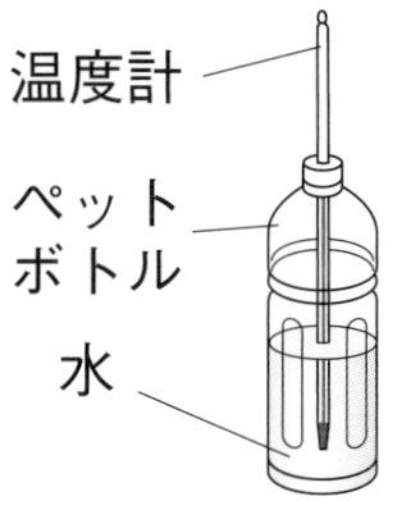
温度計
ペット ボトル
水

(4) 明るくしたところ(㋐、㋑の部分)に、右の図のような、同じ大きさのペットボトルに同じりょうの水を入れたものを、それぞれおきました。水がはやくあたたまるのは、㋐、㋑のどちらにおいたペットボトルですか。 (　　　)

2 右の図のように、日なたで虫めがねを黒い紙に近づけたり、遠ざけたりしました。次の問いに答えましょう。

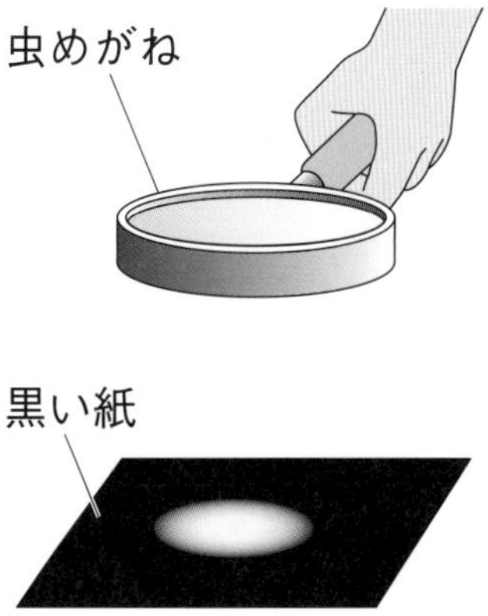
虫めがね
黒い紙

(1) 明るいところの大きさが小さくなるほど、明るさはどうなりますか。
(　　　　　　　　)

(2) 明るいところの大きさが小さくなるほど、あたたかさはどうなりますか。 (　　　　　　　　)

3 右の図のように、大きい虫めがねと小さい虫めがねを使って、黒い紙がこげるはやさを調べました。次の問いに答えましょう。

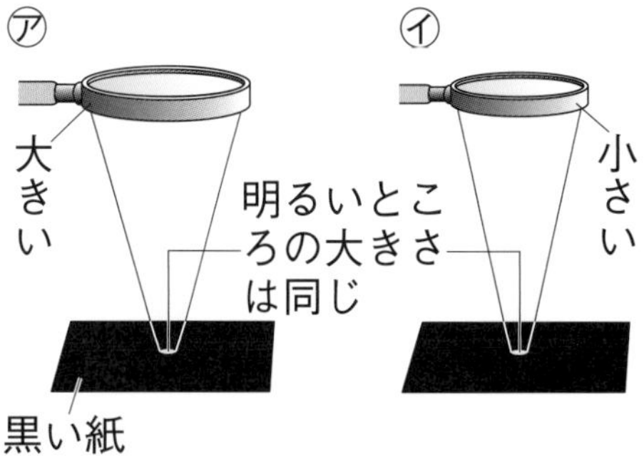
㋐
㋑
大きい
小さい
明るいところの大きさは同じ
黒い紙

(1) 日光をより多く集められる虫めがねを、㋐、㋑からえらびましょう。 (　　　)

(2) 黒い紙がはやくこげる虫めがねを、㋐、㋑からえらびましょう。 (　　　)

勉強した日　月　日

まとめのテスト

7　光を調べよう

とく点　/100点

おわったら シールを はろう

時間 20分

教科書 96〜107、176、180ページ　答え 12ページ

1 かがみと日光　下の図のように、かがみではね返した日光を、かべに当てました。次の問いに答えましょう。　1つ5〔20点〕

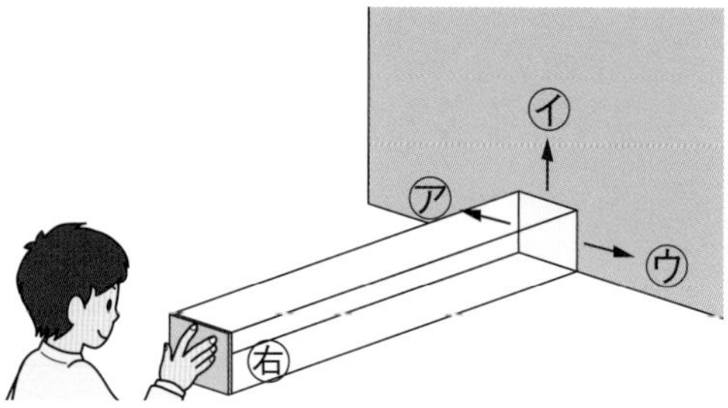

(1)　かがみを右の方に向けたとき、かべに当たった日光の動く方向をア〜ウからえらびましょう。　(　　　)

(2)　地面にできた日光の通り道は、まっすぐですか、曲がっていますか。　(　　　　　　)

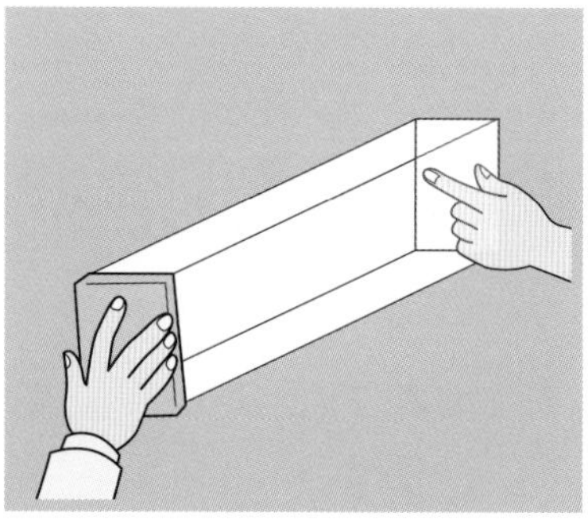

(3)　右の図のように、かがみではね返した日光の通り道に人さし指を出すと、かべに当たった日光のようすは、どのようになりますか。正しいものに○をつけましょう。

①(　　　)指の形のかげができる。

②(　　　)日光はかべにまったく当たらなくなる。

③(　　　)指を出す前と同じ形で明るくなる。

記述　(4)　(2)(3)から、かがみではね返した日光はどのように進むことがわかりますか。

(　　　　　　　　　　　　　　　　　)

2 日光が当たったところのようす　右の図のようなまとに、いろいろなまい数のかがみではね返した日光を当て、明るさや3分後の温度をくらべました。あとの問いに答えましょう。

1つ4〔20点〕

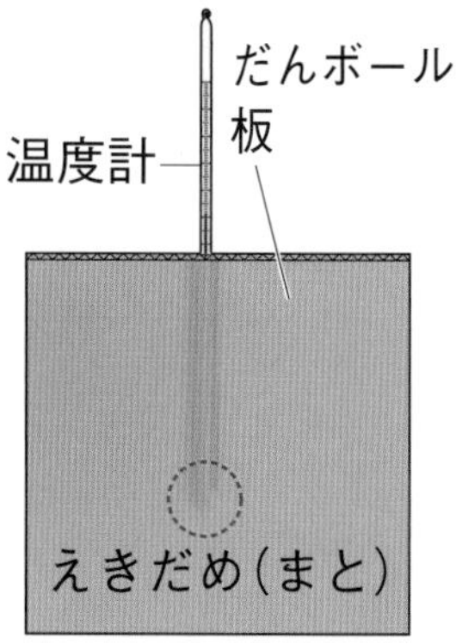

かがみのまい数	1まい	2まい	3まい
まとの明るさ	①	②	③
まとの温度	18℃	あ	い

(1)　まとの明るさが、一番明るいものと2番目に明るいものを表の①〜③からえらびましょう。　一番明るい(　　　)　2番目に明るい(　　　)

(2)　表のあ、いにあてはまる温度を、次のア〜ウからえらびましょう。

ア　15℃　　イ　30℃　　ウ　45℃　　あ(　　　)　い(　　　)

(3)　温度計の目もりの読み方で、正しい方に○をつけましょう。

①(　　　)えきの先が目もりの真《ま》ん中にきたときは、上の目もりを読む。

②(　　　)えきの先が目もりの真ん中にきたときは、下の目もりを読む。

よく出る **3** **3まいのかがみと日光** **次の図のように、3まいの同じかがみを使って、はね返した日光をかべに集めました。あとの問いに答えましょう。** 1つ8〔40点〕

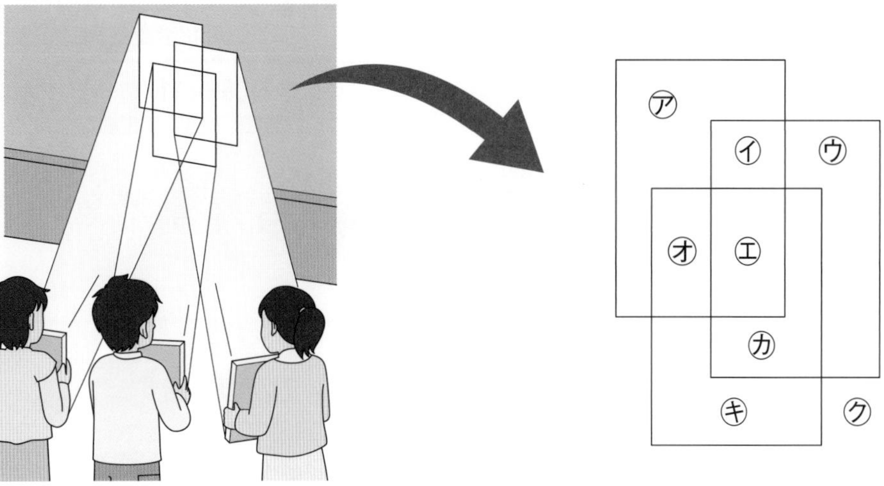

(1) 一番明るいところを、㋐〜㋗からえらびましょう。（　　）

(2) 一番暗いところを、㋐〜㋗からえらびましょう。（　　）

(3) 一番あたたかくなるところを、㋐〜㋗からえらびましょう。（　　）

(4) まったくあたたかくならないところを、㋐〜㋗からえらびましょう。（　　）

記述 (5) かがみのまい数が多くなるほど、明るさとあたたかさはどうなりますか。

（　　　　　　　　　　）

よく出る **4** **虫めがねと日光** **次の図のように、同じ大きさの虫めがねを使って、黒い紙に日光を集めました。あとの問いに答えましょう。** 1つ5〔20点〕

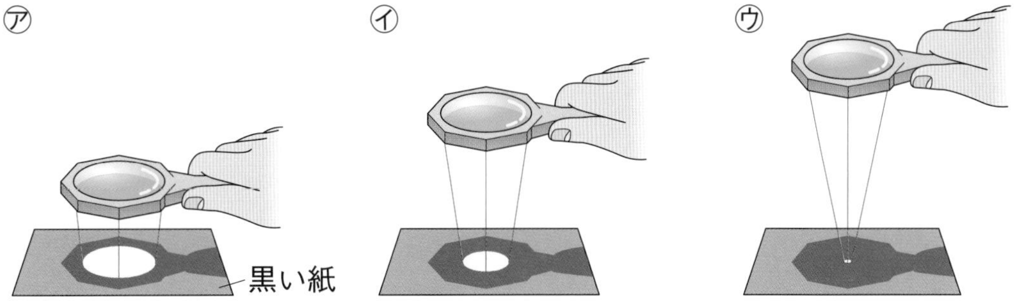

(1) 日光が集まったところが、一番明るく、一番あたたかくなるものを、㋐〜㋒からえらびましょう。（　　）

(2) しばらく(1)で答えたようにしておくと、黒い紙はどうなりますか。

（　　　　　　）

(3) よりはやく、(2)のようにしたいときは、使う虫めがねの大きさをどうすればよいですか。（　　　　　　）

(4) 虫めがねでぜったいに見てはいけないものは何ですか。

（　　　　）

勉強した日　月　日

1　風の強さと風車の回り方
2　風の強さとものを持ち上げる力

もくひょう
風の強さと風車の回り方、ものを持ち上げる力のかんけいを調べよう。

おわったら シールを はろう

きほんのワーク

教科書 108～117ページ　答え 13ページ

図を見て、あとの問いに答えましょう。

1 風の強さと風車の回り方

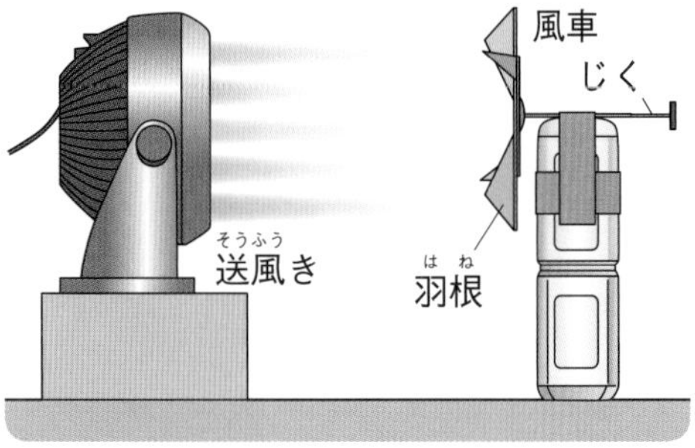

風の強さをかえて風車を回す

風の強さ	回る速さ	回っているときの音	じくにさわった手ごたえ
弱　い	①	小さい	④
強　い	②	③	強　い

● 風の強さが弱いときと強いときの風車の回る速《はや》さ、回っているときの音、じくにさわった手ごたえはどうなりますか。表の①～④にあてはまる言葉を書きましょう。

2 風の強さと、ものを持ち上げる力

風の強さをかえておもりを持ち上げる

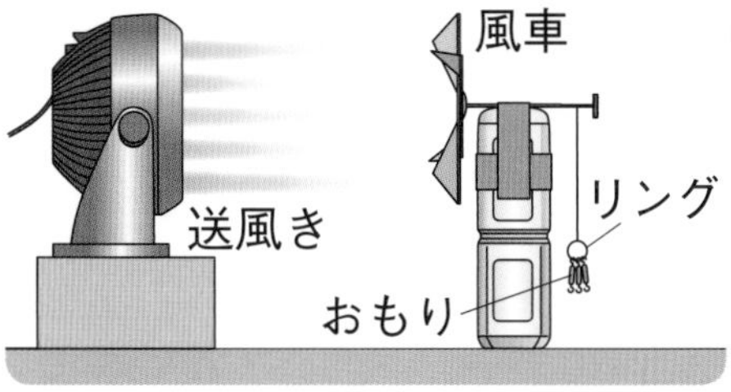

持ち上げられたおもりの数

風の強さ	１回目	２回目
弱　い	４こ	４こ
強　い	６こ	６こ

風の力でものを持ち上げることが①[　　　　]。

ものを持ち上げる力は、風が強いほど②（ 大きい　小さい ）。

(1)　風の力でものを持ち上げることができますか。①の[　　]に書きましょう。

(2)　ものを持ち上げる力の大きさは、風が強いほどどうなりますか。②の（　）のうち、正しい方を◯でかこみましょう。

まとめ　〔 強い　大きく 〕からえらんで（　）に書きましょう。

● 風が①（　　　　　）ほど、風車は速く回る。

● 風車がものを持ち上げる力は、風が強いほど②（　　　　　）なる。

わくわくたんてい団　たい風の強い風には、家のやねやまどガラスをとばしたり、止まっている車を動かしたり、木をたおしたりするほどの力があります。

練習のワーク

教科書 108～117ページ　答え 13ページ

できた数　/7問中

おわったら シールを はろう

1 **右の図のように、送風きで風車に、「弱」と「強」の風を当てて、風車が回る速さをくらべました。次の問いに答えましょう。**

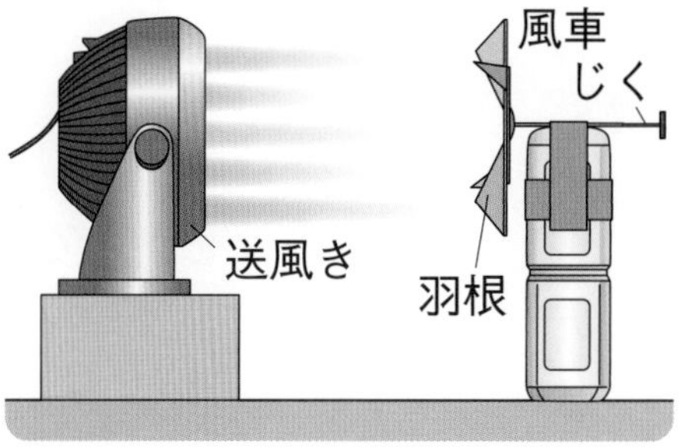

風車
じく
送風き
羽根

(1) この実けんをおこなうとき、送風きの高さを、何の高さと同じになるようにしますか。

(　　　　　　　　　)

(2) 風車がより速く回るのは、「弱」と「強」どちらの風を当てたときですか。

(　　　　)

(3) 風車が速く回っているときの、音とじくにさわった感じは、おそく回っているときとくらべてどうなりますか。次の文のうち、正しいものに○をつけましょう。

①(　　　)音は小さく、手ごたえは弱い。

②(　　　)音は大きく、手ごたえは強い。

③(　　　)音も手ごたえもかわらない。

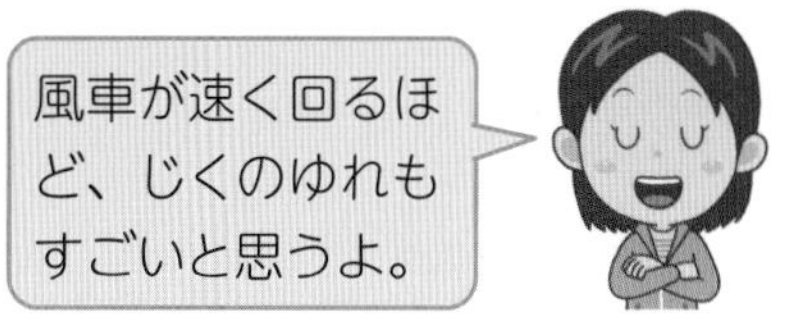

風車が速く回るほど、じくのゆれもすごいと思うよ。

SDGs **2** **右の図のように、風車に送風きで風を当てて、おもりが持ち上がるかどうかを調べました。風の強さと持ち上げたおもりの数は表のようになりました。次の問いに答えましょう。**

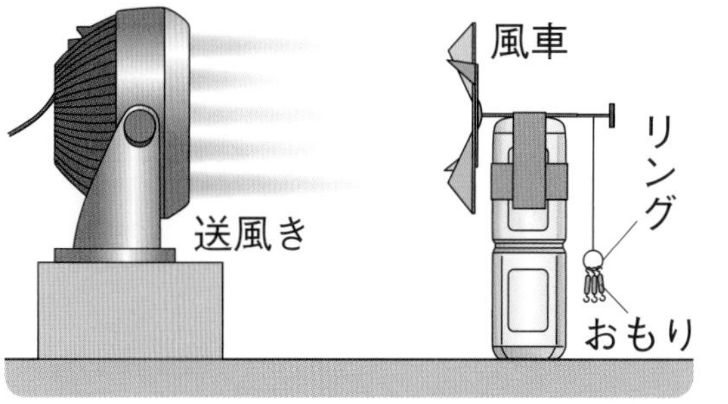

風車
リング
送風き
おもり

風の強さ	1回目	2回目
弱　い	4こ	4こ
強　い	6こ	6こ

記述 (1) 表から、風の力でどのようなことができることがわかりますか。

(　　　　　　　　　　　　　　　)

(2) 表から、風の強さが強いほど、(1)の力の大きさはどうなることがわかりますか。

(　　　　　　　)

(3) ㋐は風をりようしたおもちゃです。㋐を何といいますか。(　　　　　　　)

記述 (4) ㋑は、風の力をりようしたオランダの風車です。風車を回した力を使ってどのようなしごとをしていますか。１つ答えましょう。

(　　　　　　　　　　　　　　　　　　　)

㋐

㋑

勉強した日　　月　　日

1　ゴムの力と車の走り方
2　ゴムの力をコントロールしよう

きほんのワーク

もくひょう
ゴムののびと車の走るきょりのかんけいをまなぼう。

おわったらシールをはろう

教科書 118～127、177ページ　答え 13ページ

図を見て、あとの問いに答えましょう。

1 ゴムののびをかえて車を走らせる

ゴムをのばすと元に
①（　　　　）
とする力がはたらく。

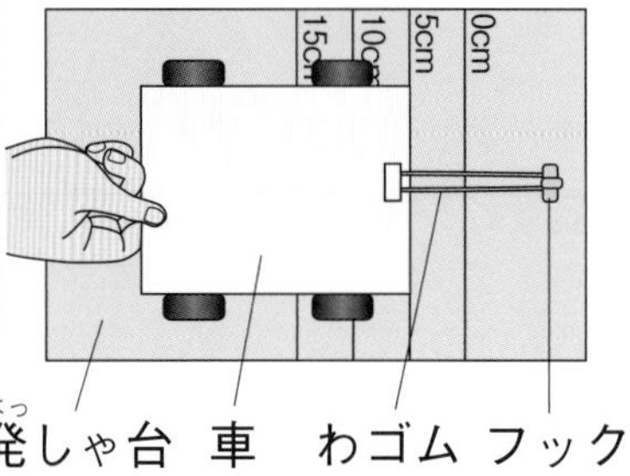

15cm
10cm
5cm
0cm
発《はっ》しゃ台
車
わゴム
フック

ゴムののび	走ったきょり
5cm	2m 30cm
10cm	6m 60cm
15cm	10m 90cm

ゴムを長くのばすほど、
①の力は②（ 強く　弱く ）なる。

ゴムを長くのばすほど、
車の走るきょりは
③（ 短く　長く ）なる。

(1)　ゴムをのばしたとき、どんな力がはたらきますか。①の□にあてはまる言葉を書きましょう。

(2)　ゴムを長くのばすほど、①の力と車の走るきょりはどうなりますか。②、③の（　）のうち、正しい方を◯でかこみましょう。

2 ゴムの力をコントロールする

ゴムののびと車の走ったきょり

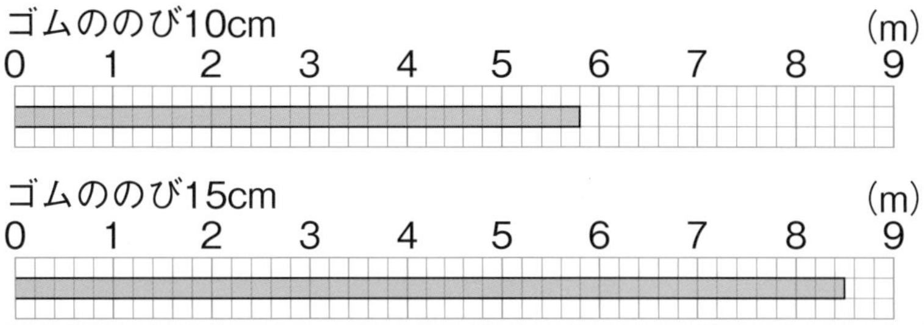

ゴムののび10cm
(m)
0 1 2 3 4 5 6 7 8 9
ゴムののび15cm
(m)
0 1 2 3 4 5 6 7 8 9

ゴムののびを15cmにすると7mをこえるので、ゴムののびを
①（ 8cm　13cm ）
くらいにして走らせる。

●　車を走らせるきょりを7mにしたいとき、ゴムののびはどれくらいにすればよいですか。①の（　）のうち、正しい方を◯でかこみましょう。

まとめ　〔 遠く　強く 〕からえらんで（　）に書きましょう。

●ゴムは長くのばすほど、元にもどろうとする力が①（　　　　）なり、ゴムの力で走る車を②（　　　　）まで走らせることができる。

わくわくたんてい団　ゴムをねじると、ねじる回数が多いほど、元にもどろうとする力は強くなり、いきおいよく元にもどります。しかし、ねじりすぎると切れてしまうことがあります。

練習のワーク

教科書 118～127、177ページ　答え 13ページ

できた数 /8問中

おわったら シールを はろう

1 **右の図のようにして、ゴムののびの長さをかえて、車が走るきょりを調べました。次の問いに答えましょう。**

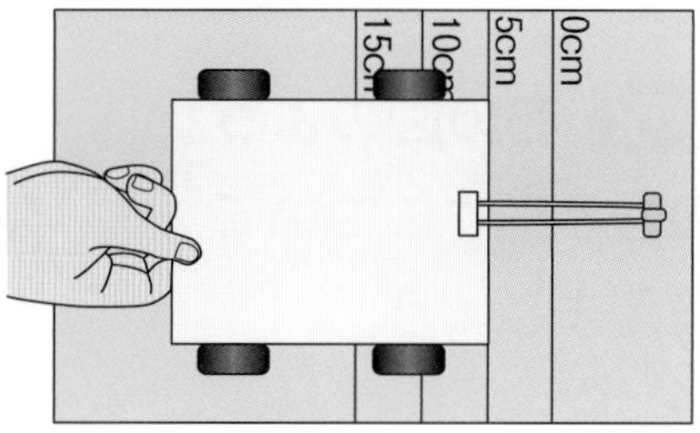

15cm
10cm
5cm
0cm

表〔わゴム１本〕

ゴムののび	走ったきょり
5cm	2m 30cm
10cm	6m 60cm
15cm	10m 90cm

(1) この実けんをおこなうとき、車のほかに、わゴムの何を同じにしますか。
（　　　　　　）

(2) 表のけっかから、ゴムののびが長くなるほど、車が走るきょりはどうなりますか。（　　　　　　）

(3) (2)のようになるのは、ゴムを長くのばすほど、どのような力が強くなるためですか。（　　　　　　）

(4) ゴムを長くのばすほど、手ごたえはどうなりますか。（　　　　　　）

2 **次のグラフは、わゴムの本数とゴムで走る車の走ったきょりを表しています。あとの問いに答えましょう。**

わゴムの本数と車の走ったきょり（わゴムののび５cm）

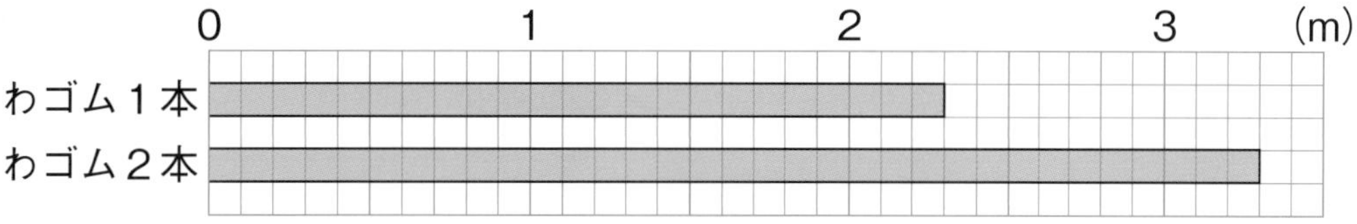

0
1
2
3
(m)
わゴム１本
わゴム２本

(1) ゴムののびを同じにしたとき、わゴムの本数が多いほど、車の走るきょりはどうなりますか。（　　　　　　）

(2) ゴムの力が強い方に○をつけましょう。

①（　　　）わゴム１本　②（　　　）わゴム２本

(3) 車につけるわゴムの本数やのばす長さを右の図のようにかえて走らせました。走るきょりが一番長いものと一番短いものを、㋐～㋒からえらびましょう。

① 一番長いもの（　　　）

② 一番短いもの（　　　）

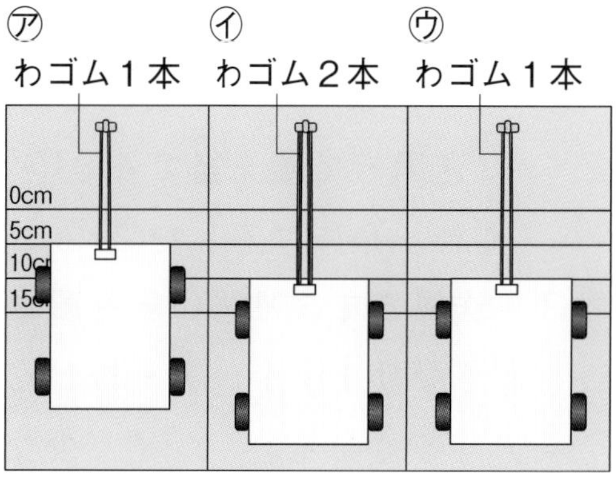

㋐
わゴム１本
㋑
わゴム２本
㋒
わゴム１本
0cm
5cm
10cm
15cm

勉強した日　月　日

まとめのテスト

8　風のはたらき
9　ゴムのはたらき

とく点　/100点

おわったら シールを はろう

時間 20分

教科書 108～127、177ページ　答え 14ページ

よく出る

1 風の強さと風車の回り方 右の図のようにして、風の強さと風車の回る速さについて調べました。次の問いに答えましょう。

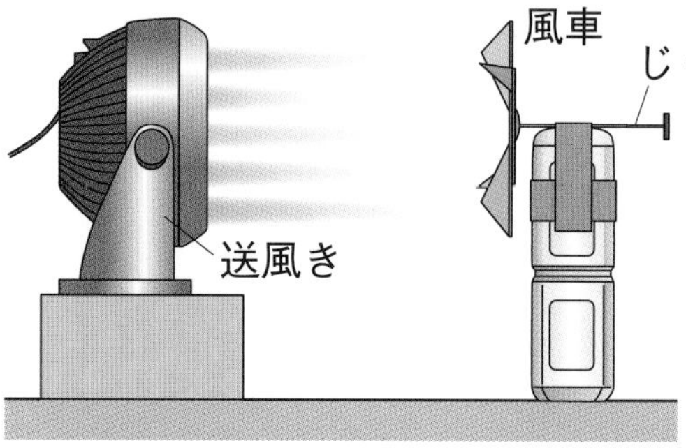

1つ7〔21点〕

風の強さ	回る速さ
弱　い	おそい
強　い	速　い

(1) 風車の回る速さが速くなるほど、風車のじくにさわったときの手ごたえの強さと、風車の回っているときの音の大きさはどうなりますか。

手ごたえ（　　　　　　　）

音の大きさ（　　　　　　　）

記述 (2) 右上の表は、実けんのけっかです。このけっかから、風の強さと風車の回る速さについてどのようなことがわかりますか。

（　　　　　　　　　　　　　　）

2 風の力 右の図のように、送風きと台にとめた風車を用意《ようい》しました。次の問いに答えましょう。

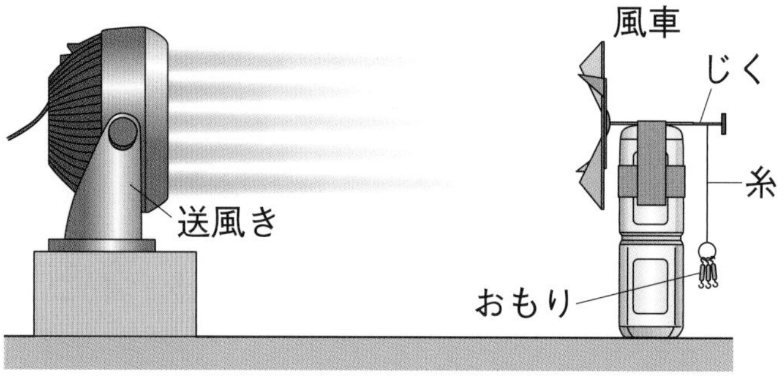

1つ7〔28点〕

記述 (1) 送風きで、弱い風を風車に当てたところ、おもりが4こ持ち上がりました。このことから、風の力でどのようなことができることがわかりますか。

（　　　　　　　　　　　　　　）

(2) 次の文は、風車がおもりを持ち上げるしくみをせつめいしたものです。①、②の（　）にあてはまる言葉を書きましょう。

送風きで風を当てると①（　　　　）が回り、風車のじくに糸がまきつくと、糸につるした②（　　　　）が持ち上げられる。

(3) 送風きでより強い風を風車に当てると、持ち上げることができるおもりの数はどうなりますか。ア～ウからえらびましょう。（　　）

ア　多くなる。　　イ　少なくなる。

ウ　かわらない。

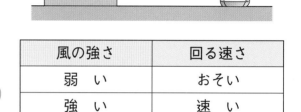

よく出る **3** **ゴムののびと車の動くきょり** 次の図のようにして、ゴムののびをかえて、車がどのくらいのきょりを走るかを調べました。あとの問いに答えましょう。

1つ7〔21点〕

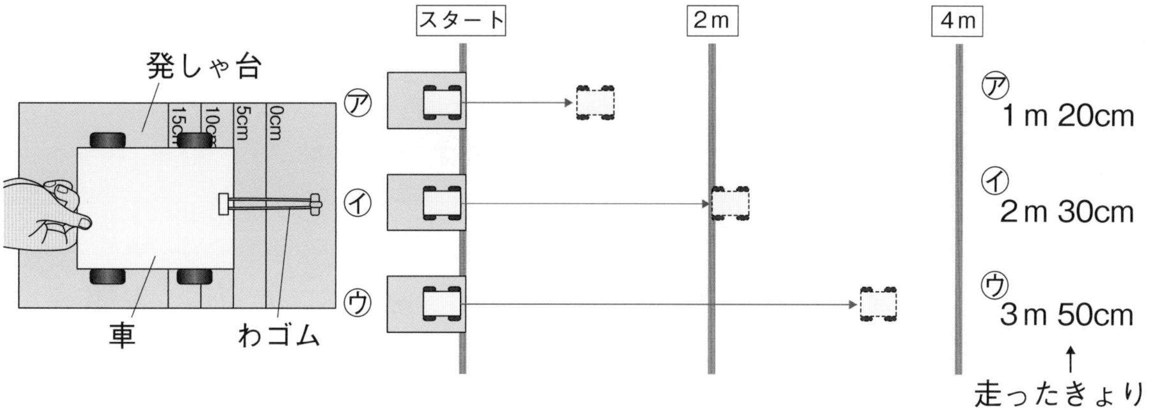

(1) わゴムののばし方が小さいじゅんに、㋐～㋒をならべましょう。

(　　　→　　　→　　　)

(2) のばしたゴムには、どのような力がはたらきますか。

(　　　　　　　　　　)

(3) ゴムを長くのばすほど、ものを動かす力はどうなりますか。

(　　　　　　　　　　)

チャレンジ! **4** **ゴムの力** 右の図のようにして、わゴムの本数をかえてのばし、車が走るきょりを調べました。

表のけっかから、わゴムの本数が多くなるほど、車が走るきょりはどうなりますか。

〔9点〕

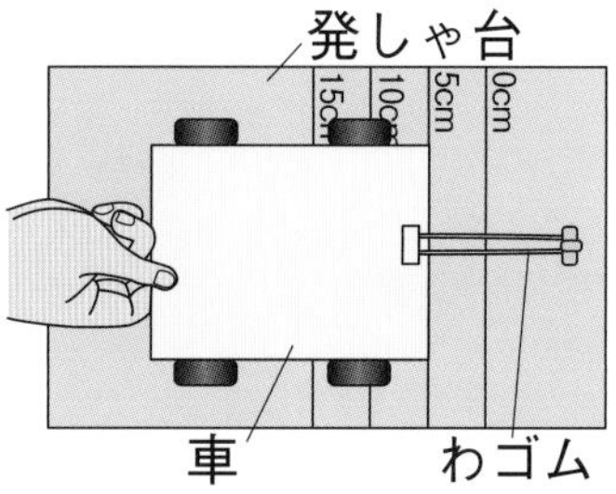

表〔わゴムを5cmのばす〕

わゴムの本数	走ったきょり
1本	2m 30cm
2本	3m 30cm
3本	6m 30cm

(　　　　　　　　　　)

SDGs **5** **ゴムと風の力のりよう** 次の①～③で、風の力をりようしたものには○、ゴムの力をりようしたものには△を、□に書きましょう。

1つ7〔21点〕

①

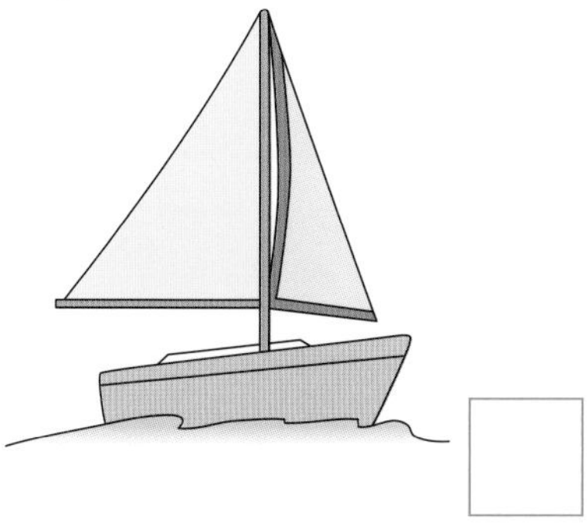

②

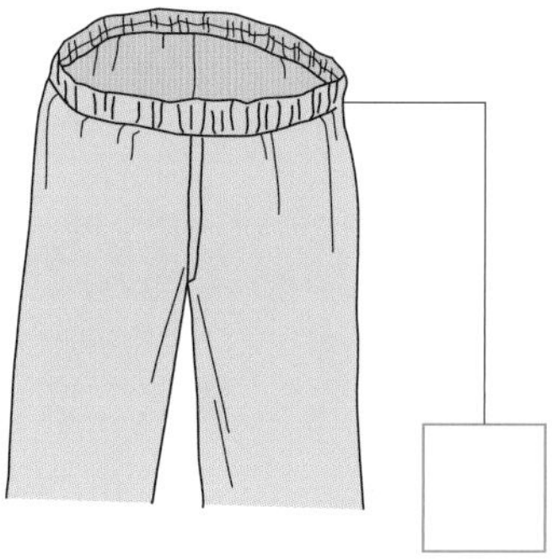

③

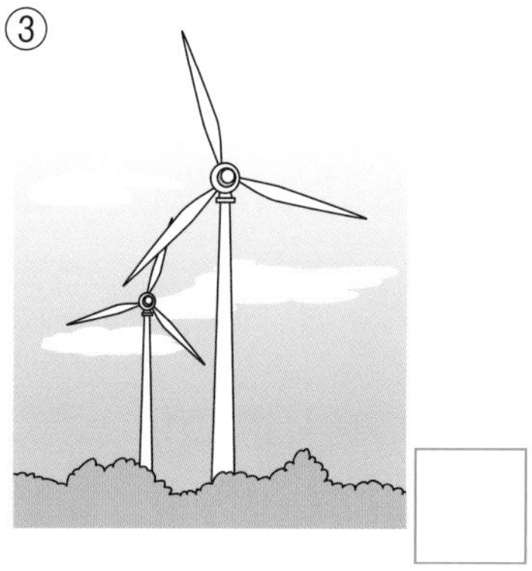

勉強した日　月　日

1　豆電球に明かりをつけよう①

もくひょう

豆電球とかん電池のつなぎ方や電気の通り道をかくにんしよう。

おわったら シールを はろう

きほんのワーク

教科書　128～132ページ　答え　14ページ

図を見て、あとの問いに答えましょう。

1　かん電池《でんち》と豆電球《まめでんきゅう》のいろいろなつなぎ方

電気器具

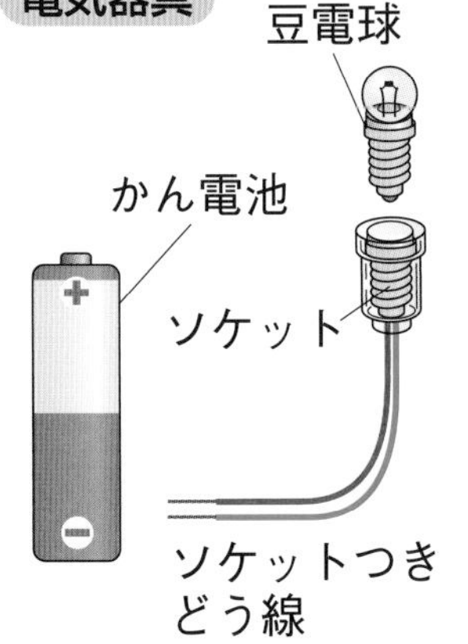
豆電球
かん電池
ソケット
ソケットつき
どう線

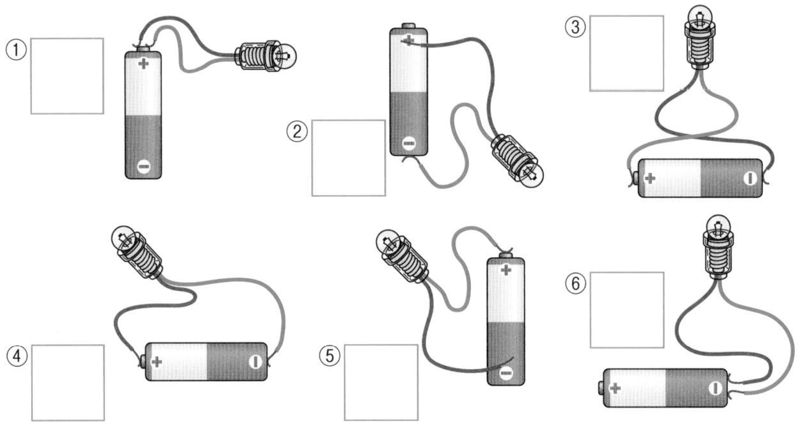
①
②
③
④
⑤
⑥

● ①～⑥のつなぎ方のうち、明かりがつくものの□に○をつけましょう。

2　豆電球に明かりがつくつなぎ方

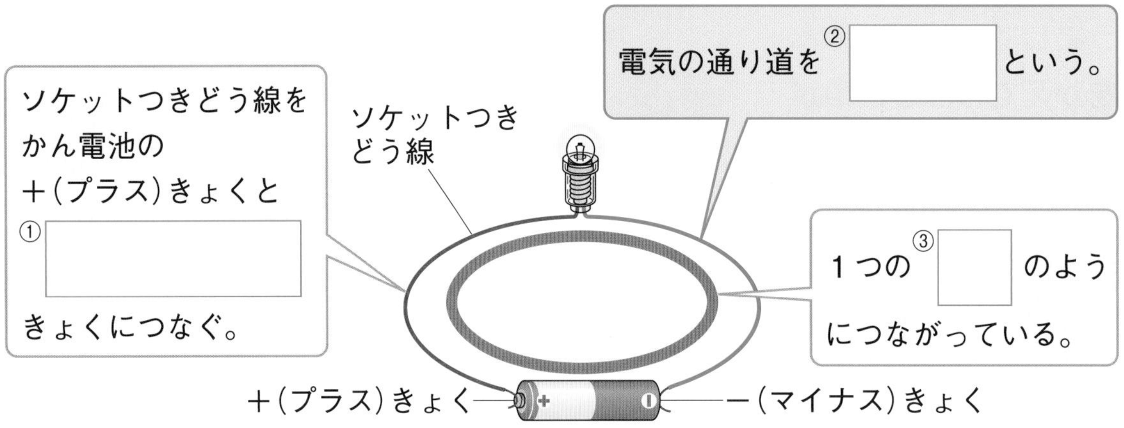
電気の通り道を②□という。
ソケットつきどう線を
かん電池の
＋(プラス)きょくと
①□
きょくにつなぐ。
ソケットつき
どう線
1つの③□のよう
につながっている。
＋(プラス)きょく
－(マイナス)きょく

(1)　電気の通り道について①、②の□にあてはまる言葉を書きましょう。

(2)　豆電球に明かりがつくとき、電気の通り道はどうなっていますか。③の□にあてはまる言葉を書きましょう。

まとめ　〔 明かり　回路《かいろ》　わ 〕からえらんで(　)に書きましょう。

●電気の通り道を①(　　　)といい、電気の通り道が1つの②(　　　)のようになっているとき、豆電球に③(　　　)がつく。

わくわくたんてい団

かん電池には、マンガンかん電池やアルカリかん電池などがあります。大きさは、大きいじゅんに、たん1形からたん2形、たん3形、たん4形、たん5形などがあります。

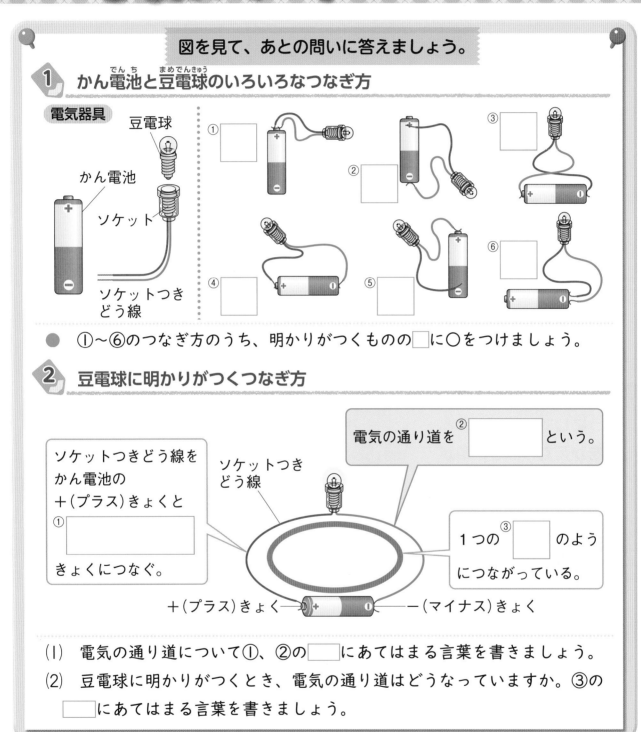

練習のワーク

教科書 128～132ページ　答え 14ページ

できた数 /14問中

おわったら シールを はろう

1 **右の図は、豆電球に明かりをつけるときにひつようなものです。次の問いに答えましょう。**

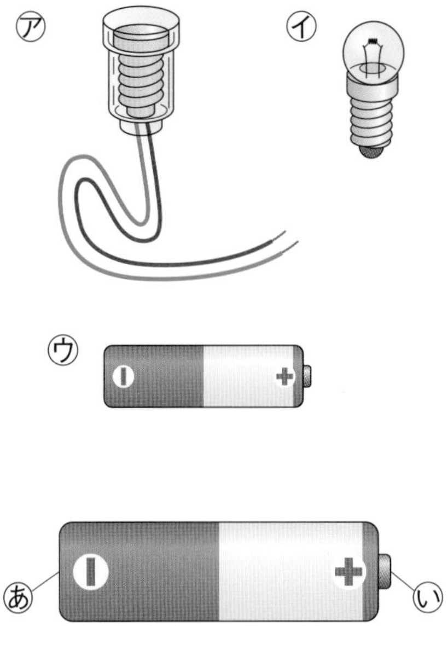

(1) ㋐～㋒はそれぞれ何といいますか。

㋐(　　　　　　　　　　)
㋑(　　　　　　　　　　)
㋒(　　　　　　　　　　)

(2) 右の図は、㋒を少し大きくしめしたものです。左右のはしのあ、いの部分はそれぞれ何きょくですか。

あ(　　　　　　　　　　)
い(　　　　　　　　　　)

2 **右の図のように、かん電池と豆電球のつなぎ方をいろいろかえて、どのようにすれば豆電球に明かりがつくのかを調べました。次の問いに答えましょう。**

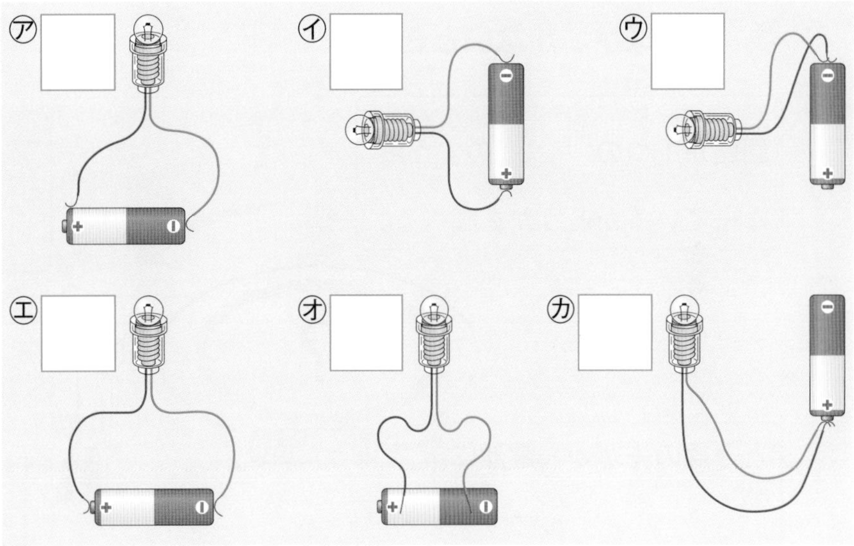

(1) ㋐～㋕のつなぎ方のうち、豆電球に明かりがつくものには○、つかないものには×を□につけましょう。

(2) 電気の通り道のことを何といいますか。　(　　　　　　)

(3) (1)で豆電球に明かりがつくつなぎ方は、ソケットつきどう線をかん電池のどことどこにつないでいますか。正しいものに○をつけましょう。

①(　　　)2本のどう線とも、＋《プラス》きょくにつないでいる。
②(　　　)どう線を＋きょくと－《マイナス》きょくに1本ずつつないでいる。
③(　　　)2本のどう線とも、－きょくにつないでいる。

記述 (4) (3)のつなぎ方では、電気の通り道がどのようになっていますか。

(　　　　　　　　　　　　　　　　　　　　　　)

勉強した日　　月　　日

1　豆電球に明かりをつけよう②

もくひょう
ソケットを使わずに豆電球に明かりをつける方ほうをまなぼう。

おわったらシールをはろう

きほんのワーク

教科書　133ページ　　答え　15ページ

図を見て、あとの問いに答えましょう。

1 ソケットを使わずに豆電球に明かりをつける

回路が１つの①［　］になるようにつなぐ。

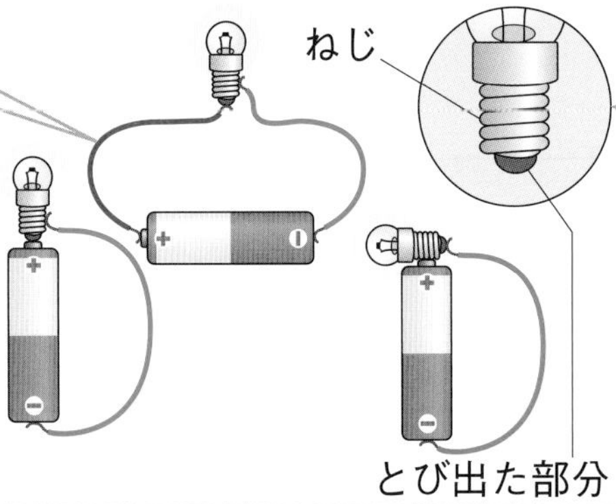

豆電球を直せつかん電池につなぐときは、豆電球のねじの部分と先のとび出た部分が かん電池の②［　］きょくと③［　］きょくにつながるようにする。

● ①～③の□にあてはまる言葉や記ごうを書きましょう。

2 豆電球がつかないとき

回路が１つの①［　］のようになっているかどうかを調べる。

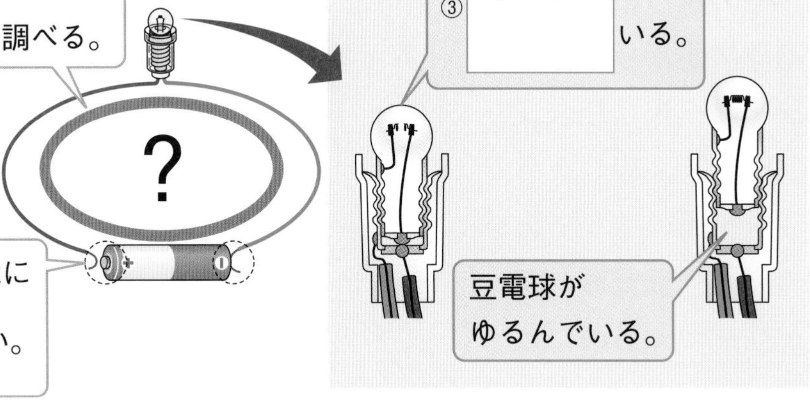

どう線の先がかん電池に②［　］いない。

フィラメントが③［　］いる。

豆電球がゆるんでいる。

(1)　明かりがつかないときは、何を調べますか。①の□に書きましょう。

(2)　豆電球に明かりがつかないとき、どう線と豆電球はどうなっていますか。それぞれ②、③の□にあてはまる言葉を書きましょう。

まとめ　〔　つく　つかない　〕からえらんで（　）に書きましょう。

●ソケットを使わなくても回路がつながっていれば明かりは①（　　　　）。

●フィラメントが切れていると、明かりは②（　　　　）。

わくわくたんてい団　豆電球のねじととび出た部分にかん電池の＋きょくと－きょくをつなぐときは、どちらにつないでもかまいません。ただし、両方とも同じきょくがわにつなぐと明かりはつきません。

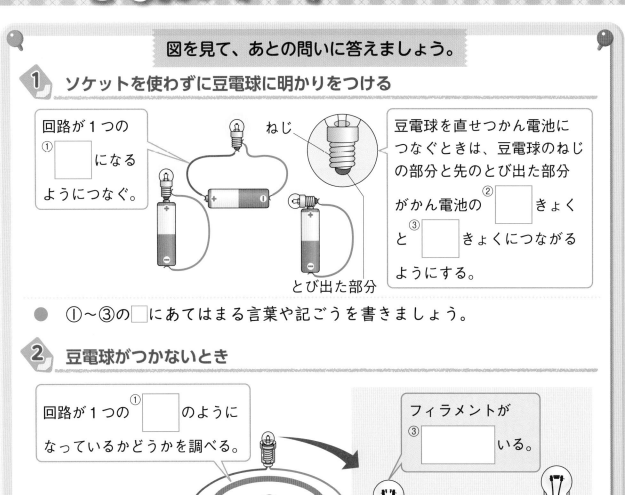

練習のワーク

教科書 133ページ　答え 15ページ

できた数 /11問中

おわったらシールをはろう

1 ソケットを使わずに豆電球をかん電池につなぎました。あとの問いに答えましょう。

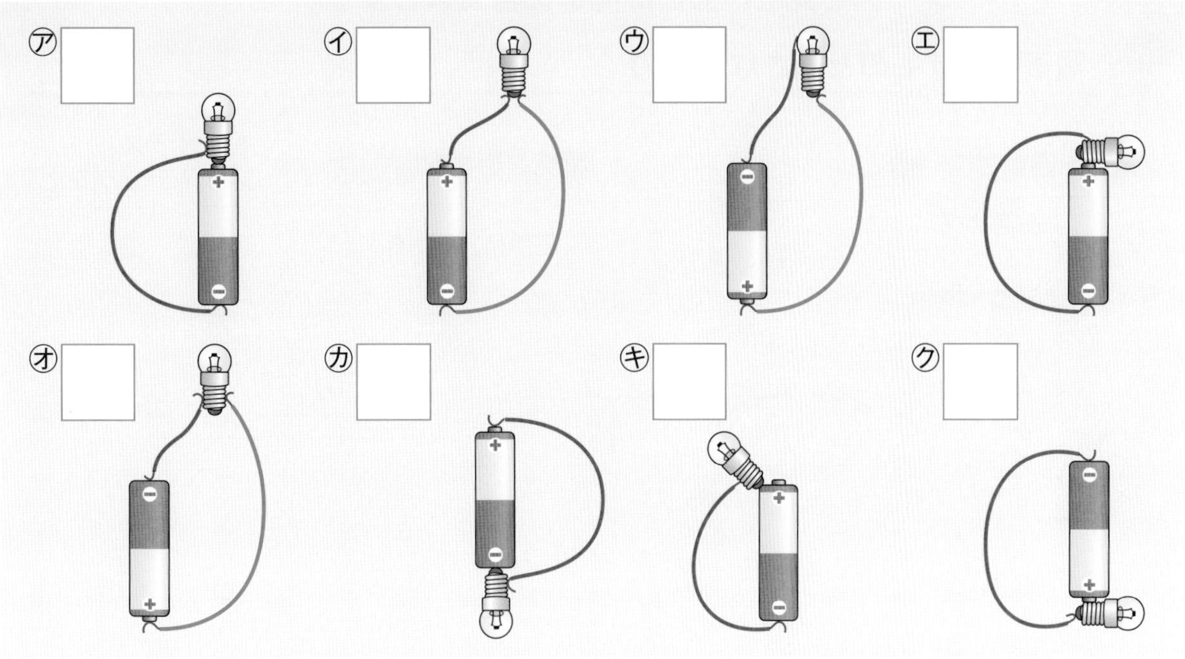

(1) 上の図の㋐～㋗のうち、豆電球に明かりがつくつなぎ方には○、明かりがつかないつなぎ方には×を□につけましょう。

(2) 次の文のうち、正しいものに○をつけましょう。

①(　　　)どう線が1本だと、明かりをつけることができない。

②(　　　)豆電球の中には電気の通り道はない。

③(　　　)ソケットがなくても、電気の通り道が1つのわのようにつながっていれば、明かりをつけることができる。

2 右の図のように豆電球をかん電池につなぎました。次の問いに答えましょう。

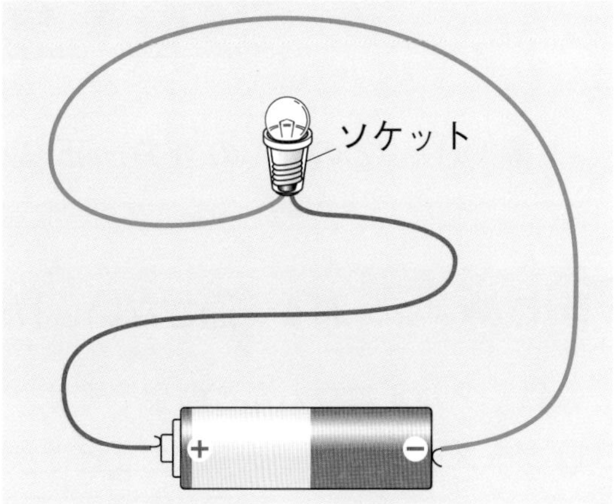

(1) 右の図の回路のどう線は、わのようにつながっていますか、いませんか。

(　　　　　　　　　)

記述 (2) 右の図の回路で、豆電球に明かりがつかないとき、考えられる理《り》由《ゆう》は、フィラメントが切れていることと、もう1つは、豆電球がどうなっていることですか。

(　　　　　　　　　　　　　　　　)

勉強した日　月　日

2　電気を通すものと通さないもの
3　スイッチを作ろう

きほんのワーク

もくひょう
電気を通すものと通さないものをりようしたしくみをまなぼう。

おわったらシールをはろう

教科書 134～141ページ　答え 15ページ

図を見て、あとの問いに答えましょう。

1 電気を通すものと通さないもの

電気を通すもの ➡ ①□

電気を通さないもの ➡ 木、ガラス、プラスチックなど

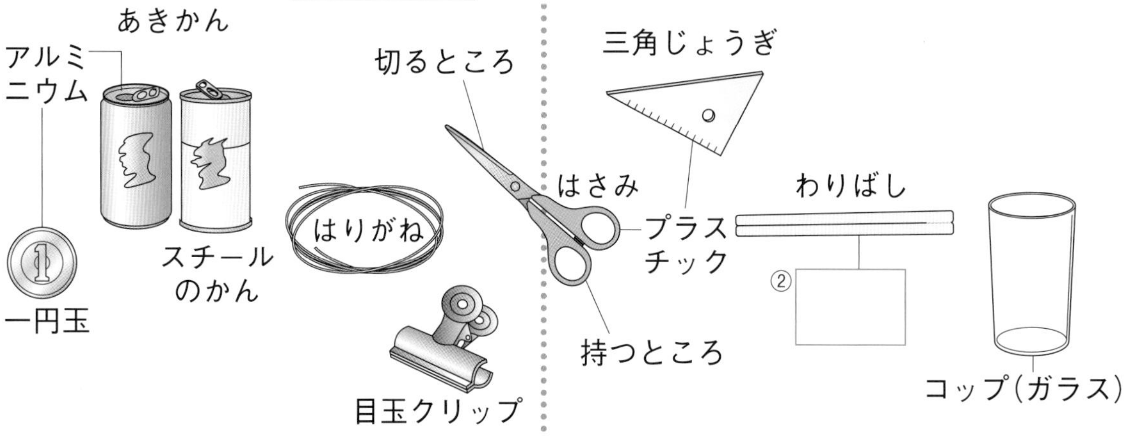
あきかん
アルミニウム
スチールのかん
一円玉
はりがね
切るところ
はさみ
持つところ
目玉クリップ
三角じょうぎ
プラスチック
わりばし
②
コップ(ガラス)

(1)　電気を通すものは何でできていますか。①の□に書きましょう。

(2)　わりばしは何でできていますか。②の□に書きましょう。

2 電気を通すものと通さないもののくふう

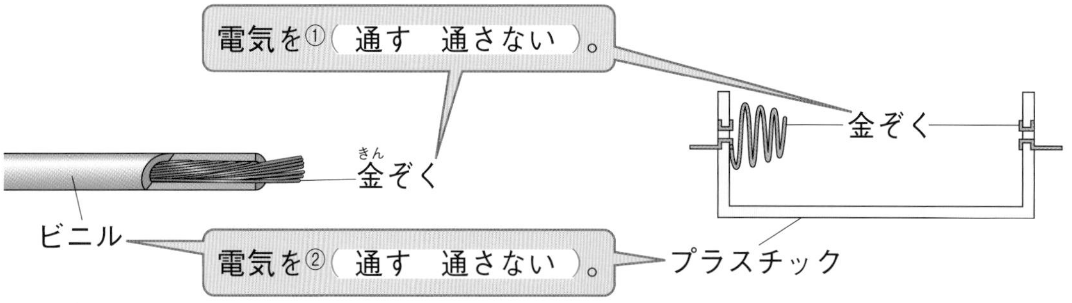
どう線
かん電池ボックス
電気を①（通す　通さない）。
金《きん》ぞく
金ぞく
ビニル
電気を②（通す　通さない）。
プラスチック

● ①、②の（　）のうち、正しい方を◯でかこみましょう。

まとめ　〔 通す　通さない 〕からえらんで（　）に書きましょう。

● 鉄やアルミニウムなどの金ぞくは、電気を①（　　　　）。

● プラスチックやガラス、木などは、電気を②（　　　　）。

はってん　<金ぞくのせいしつ>電気を通す金ぞくには、ほかにも、かがやきがある、ねつをつたえやすいなどのきょうつうのせいしつがあります。

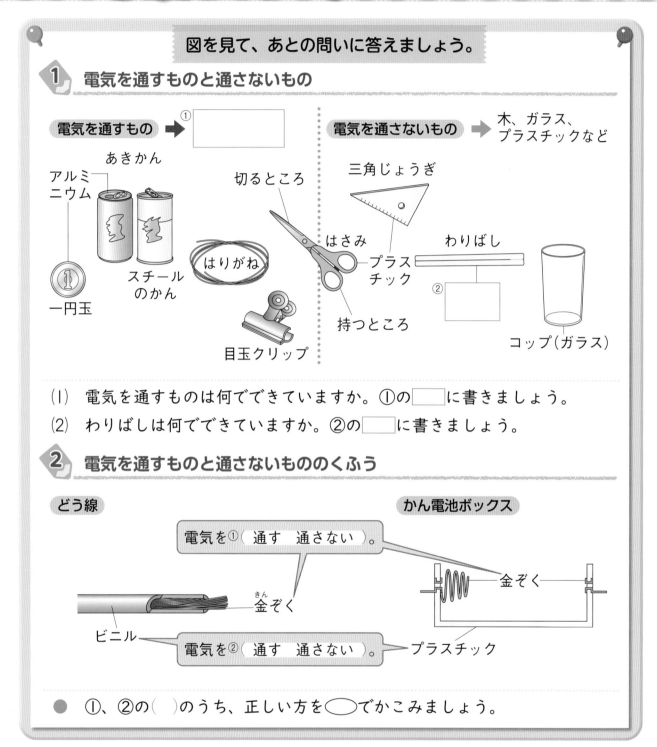

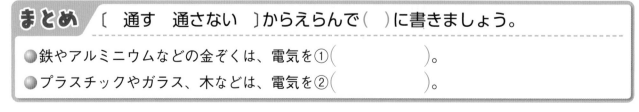

練習のワーク

教科書 134～141ページ　答え 15ページ

できた数 /14問中

おわったら シールを はろう

1 右の□の中の図の㋐と㋑を、①～⑨の㋐と㋑の部分にそれぞれつないで、電気を通すかどうかを調べました。次の問いに答えましょう。

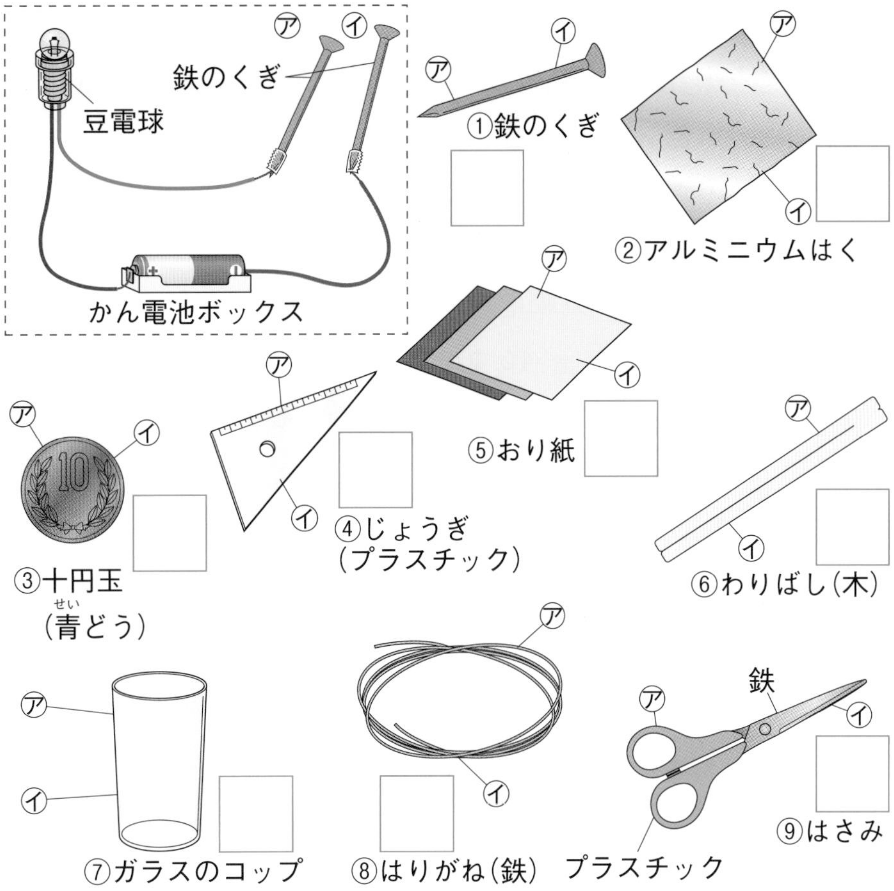

㋐
㋑
鉄のくぎ
豆電球
かん電池ボックス
①鉄のくぎ
②アルミニウムはく
③十円玉
(青《せい》どう)
④じょうぎ
(プラスチック)
⑤おり紙
⑥わりばし(木)
⑦ガラスのコップ
⑧はりがね(鉄)
鉄
プラスチック
⑨はさみ

(1) ①～⑨のうち、電気を通すものには○、通さないものには×を□につけましょう。

記述 (2) 「電気が通った」ということは、どのようなことでわかりますか。

(　　　　　　　　　　)

(3) (1)で○をつけたものは、どのようなものでできていますか。(　　　　)

2 右の図のような明かりのつくおもちゃを作りました。次の問いに答えましょう。

(1) ㋐で、クリップがふれるとホタルが光る部分を、㋐、㋑からえらびましょう。

(　　　)

記述 (2) ㋐、㋑のどちらか一方で、クリップがふれてもホタルが光らなかったのはなぜですか。

(　　　　　　　　　　)

(3) ㋑では、明かりをつけたり消《け》したりできるしくみをりようしています。このようなしくみを何といいますか。

(　　　　　　)

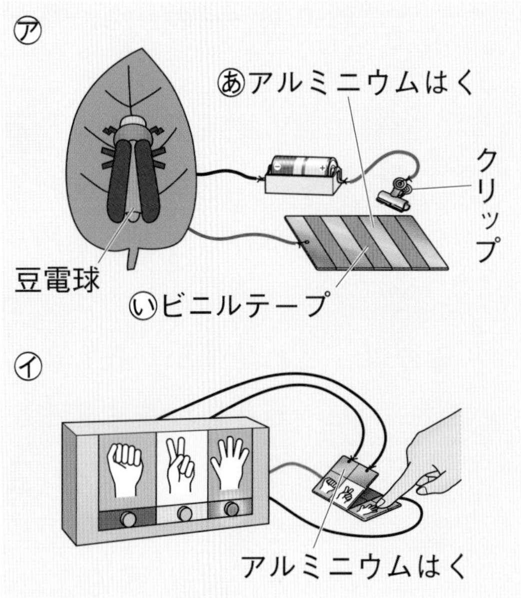

㋐
㋐アルミニウムはく
クリップ
豆電球
㋑ビニルテープ
㋑
アルミニウムはく

勉強した日　月　日

まとめのテスト

10　明かりをつけよう

とく点　/100点

おわったら シールを はろう

時間 20分

教科書　128～141ページ　答え　15ページ

1 電気の通り道　右の図のように、豆電球とかん電池をどう線につなぎました。次の問いに答えましょう。　1つ7〔21点〕

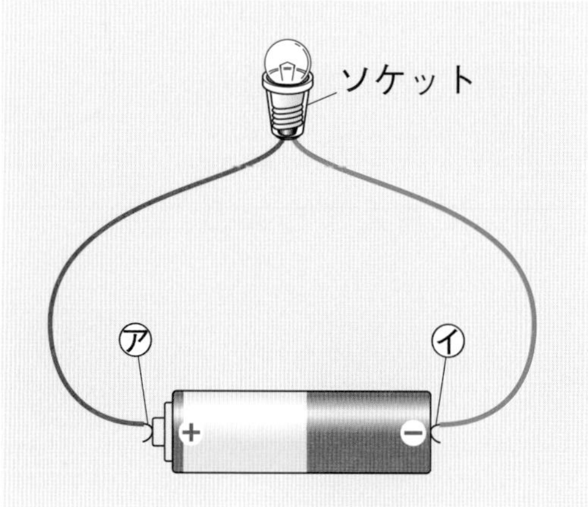

(1)　電気の通り道のことを、何といいますか。
(　　　　)

(2)　どう線の㋐をかん電池の－きょくに、㋑をかん電池の＋きょくにつなぎかえると、豆電球に明かりはつきますか、つきませんか。
(　　　　)

記述 (3)　豆電球に明かりがついたとき、電気の通り道は、どのようにつながっていますか。
(　　　　)

チャレンジ! **2 明かりがつくとき　次の図は、豆電球のつくりと、ソケットを使わずにかん電池と豆電球をつないだものです。あとの問いに答えましょう。**　1つ8〔40点〕

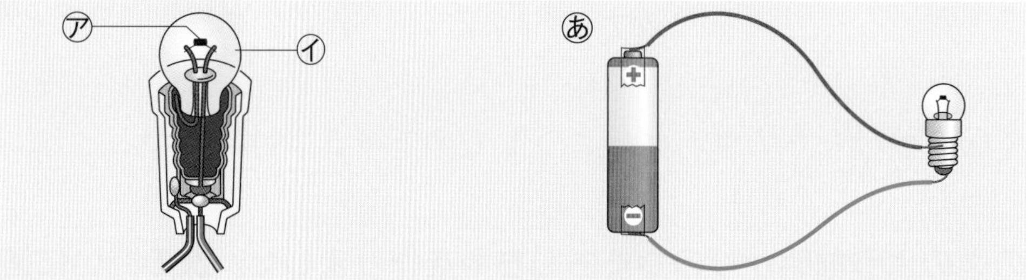

(1)　豆電球の㋐、㋑のうち、電気を通すものでできているのはどちらですか。
(　　　　)

(2)　豆電球の中にも電気の通り道はありますか。　(　　　　)

(3)　豆電球を、ソケットを使わずに、上の図のあのようにつなぎました。このとき、豆電球の明かりはつきますか、つきませんか。　(　　　　)

(4)　あのようにつないだのに明かりがつかなかったとき、その理由として考えられるのは、どれですか。正しいものに2つ○をつけましょう。

①(　　　)どう線が長すぎるから。

②(　　　)豆電球の㋐が切れているから。

③(　　　)どう線がビニルの中で切れているから。

④(　　　)どう線が、かん電池の＋きょくと－きょくに反対につながれているから。

3 鉄とアルミニウムのかん 右の図のように、鉄のかんとアルミニウムのかんの横にどう線をつなぎ、豆電球に明かりがつくかどうかを調べました。次の問いに答えましょう。

1つ6〔18点〕

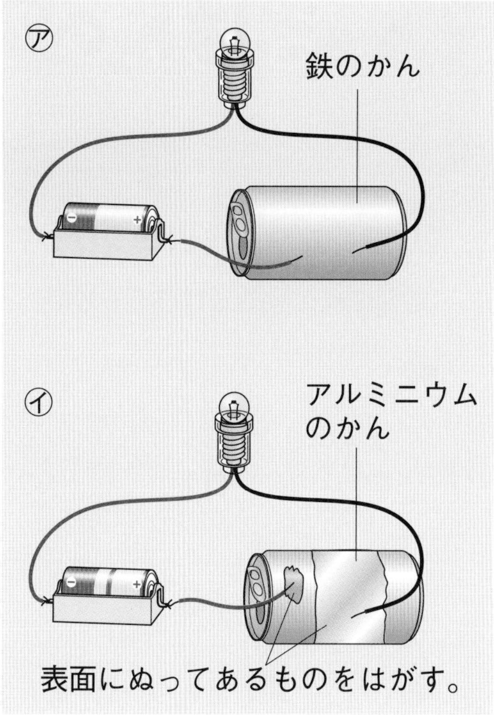

(1) ㋐、㋑で、豆電球に明かりはつきますか、つきませんか。

㋐(　　　　　　　)

㋑(　　　　　　　)

(2) (1)のようになったのはなぜですか。次のア～エからえらびましょう。 (　　　)

ア　鉄は電気を通すが、アルミニウムは電気を通さないから。

イ　アルミニウムは電気を通すが、鉄は電気を通さないから。

ウ　かんの横の表面《ひょうめん》にぬってあるものが電気を通すから。

エ　かんの横の表面にぬってあるものが電気を通さないから。

4 明かりのつくおもちゃ 右の図のようなおもちゃを作りました。次の問いに答えましょう。

1つ7〔21点〕

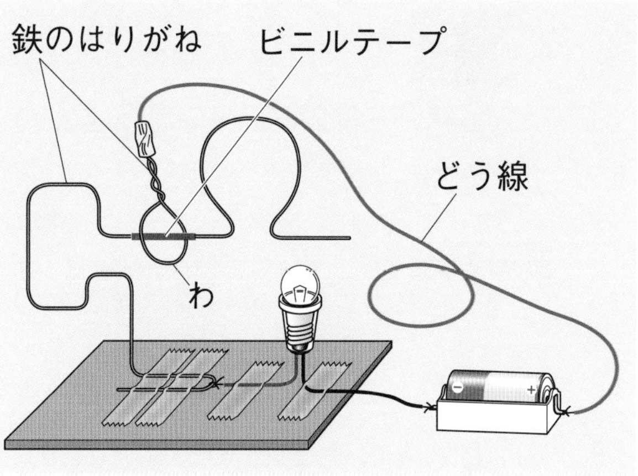

(1) はりがねに通したわが、ビニルテープにぶつかると、豆電球はどうなりますか。正しいものに○をつけましょう。

①(　　　)明かりがつく。

②(　　　)明かりはつかない。

③(　　　)明かりがついたり、つかなかったりする。

(2) はりがねに通したわが、はりがねにぶつかると、豆電球はどうなりますか。正しいものに○をつけましょう。

①(　　　)明かりがつく。

②(　　　)明かりはつかない。

③(　　　)明かりがついたり、つかなかったりする。

記述 (3) (1)、(2)のことから、ビニルテープとはりがねについてどのようなことがわかりますか。

(　　　　　　　　　　　　　　　　　　　　　　　　　　)

勉強した日　月　日

1　じしゃくに引きつけられるもの

もくひょう

じしゃくにつくものとつかないものをかくにんしよう。

おわったらシールをはろう

きほんのワーク

教科書 142～148ページ　答え 16ページ

図を見て、あとの問いに答えましょう。

1 じしゃくに引きつけられるもの

じしゃくに引きつけられるもの	じしゃくに引きつけられないもの
➡ ①［　　　］	➡ ②［　　　］のもの

スチールかん
スチール（鉄）
目玉クリップ（鉄）
アルミニウムかん
アルミニウム
十円玉（青《せい》どう）
10
三角じょうぎ（プラスチック）
コップ（ガラス）

● じしゃくに引きつけられるものは何でできていますか。また、じしゃくに引きつけられないものはどのようなものですか。①、②の［　］に書きましょう。

2 はなれていてもはたらくじしゃくの力

プラスチック
N
S
ガラス
鉄のクリップ
鉄のくぎ

じしゃくと①［　］の間に、じしゃくにつかないものを入れても①はつく。

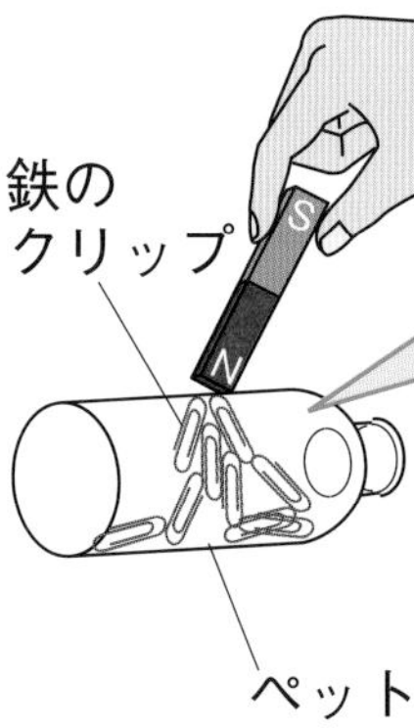

鉄のクリップ
S
N
ペットボトル

じしゃくは鉄が少しはなれていても、鉄を②［　　　］。

(1) じしゃくの力について、①の［　］にあてはまる言葉を書きましょう。

(2) 鉄が少しはなれているとき、じしゃくは鉄を引きつけますか、引きつけませんか。②の［　］に書きましょう。

まとめ　〔 じしゃく　鉄 〕からえらんで（　）に書きましょう。

- じしゃくに引きつけられるものは、①（　　　）でできている。
- ②（　　　）につかないものを間に入れても、鉄はじしゃくにつく。

わくわくたんてい団

金ぞくはじしゃくにつくとかんちがいをする人が多くいます。じしゃくにつくのは鉄です。アルミニウムや青どうなどは、電気を通しますが、じしゃくにはつきません。

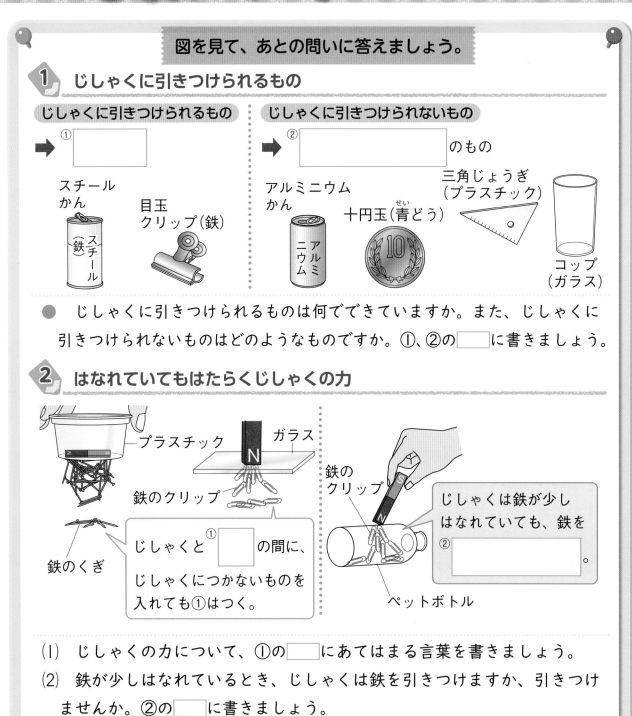

練習のワーク

教科書　142～148ページ　答え　16ページ

できた数　/14問中

おわったらシールをはろう

1　**次の図は、身の回りにあるいろいろなものです。あとの問いに答えましょう。**

㋐　㋑　㋒　㋓　㋔　㋕　㋖

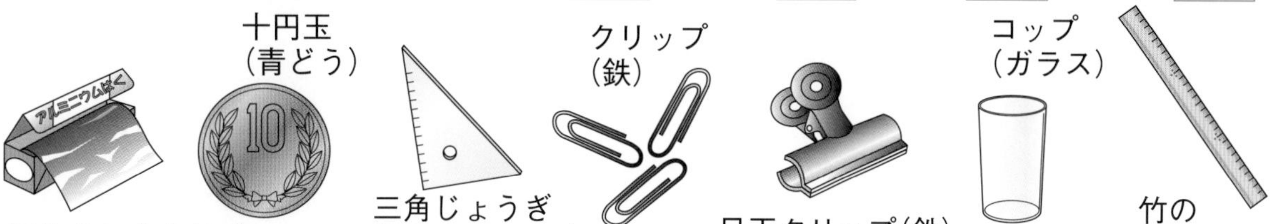

十円玉
（青どう）
クリップ
（鉄）
コップ
（ガラス）
アルミニウムはく
10
アルミニウムはく
三角じょうぎ
（プラスチック）
目玉クリップ（鉄）
竹の
ものさし

(1)　㋐～㋖のうち、じしゃくに引きつけられるものには○、引きつけられないものには×を□につけましょう。

(2)　㋐～㋖のうち、金ぞくでできていてもじしゃくに引きつけられないものが2つあります。じしゃくに引きつけられない金ぞくの名前を書きましょう。

（　　　　　　　　）（　　　　　　　　）

(3)　(1)で○をつけたものは、何という金ぞくでできていますか。（　　　　　）

2　**じしゃくにビニルぶくろをかぶせ、すな場でじしゃくにつくものがあるかどうかを調べました。そのけっか、右の図のように、黒い細かいものがつきました。次の問いに答えましょう。**

N
ビニル
ぶくろ

(1)　じしゃくについた黒い細かいものは何ですか。

（　　　　　）

記述　(2)　すな場でじしゃくを使うとき、じしゃくにビニルぶくろをかぶせるのは、なぜですか。（　　　　　　　　　　）

3　**じしゃくと鉄のくぎとのきょりと、じしゃくの鉄を引きつける力について調べました。次の問いに答えましょう。**

じしゃく
5つ重ねた
カップ
鉄のくぎ

(1)　右の図のようにカップを5つ重《かさ》ねて調べたとき、カップ1つで同じように調べたときとくらべて、引きつけられる鉄のくぎの数はどうなりますか。

（　　　　　）

記述　(2)　(1)のように考えたのはなぜですか。

（　　　　　　　　　　）

勉強した日 月 日

2 じしゃくのせいしつ

もくひょう
じしゃくのきょくやきょくどうしにはたらく力をかくにんしよう。

おわったらシールをはろう

きほんのワーク

教科書 149〜151、180ページ　答え 16ページ

図を見て、あとの問いに答えましょう。

1 じしゃくが鉄を引きつける力

じしゃくの力

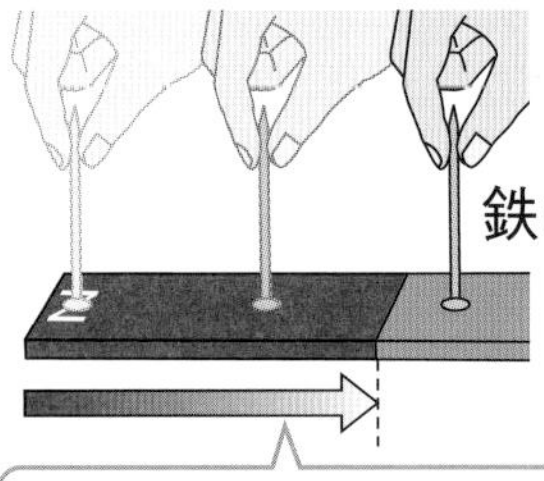
鉄のくぎ

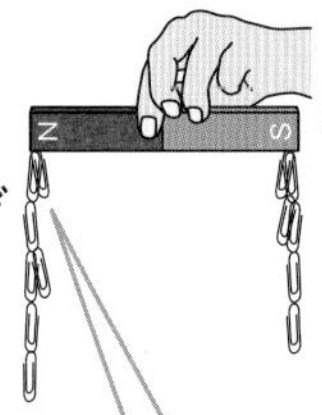

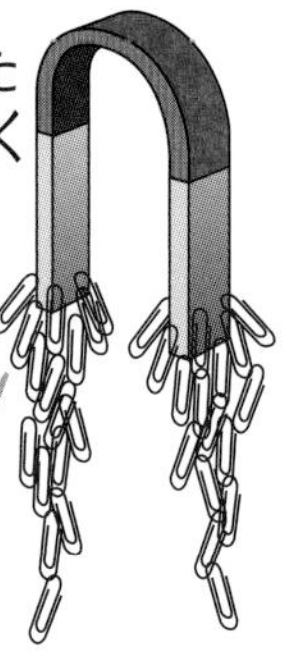
U字がた
じしゃく

中心に近づくほど鉄を引きつける力は①［　　］なる。

両《りょう》はしは鉄を引きつける力が②［　　］。

じしゃくのきょく

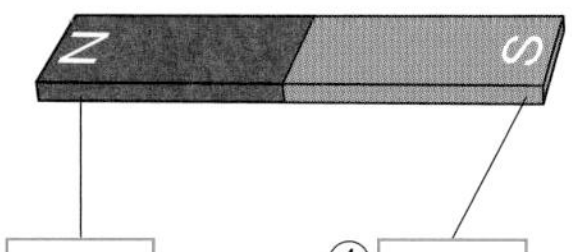

③［　　］きょく　④［　　］きょく

じしゃくの両はしを「きょく」という。

(1) じしゃくが鉄を引きつける力の強さは、中心に近づくほどどうなりますか。また、じしゃくのはしの方は中心よりも鉄を引きつける力は強いですか、弱いですか。それぞれ①、②の［　　］にあてはまる言葉を書きましょう。

(2) じしゃくのきょくの名前を③、④の［　　］に書きましょう。

2 じしゃくのきょくのせいしつ

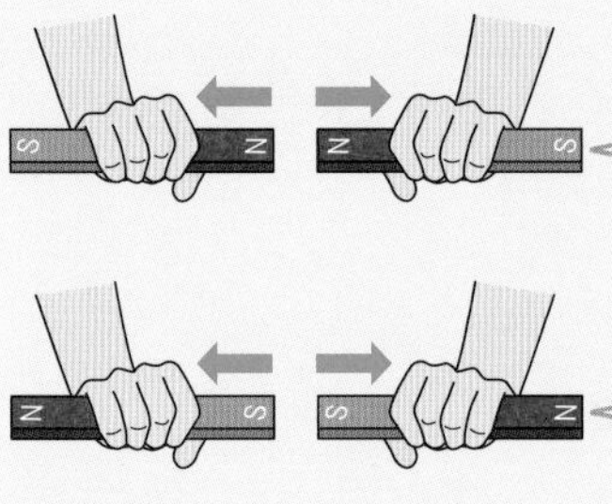

同じきょくどうしを近づけると①［　　］合う。

ちがうきょくどうしを近づけると②［　　］合う。

● ①、②の［　　］にあてはまる言葉を書きましょう。

まとめ　〔 引きつけ　きょく 〕からえらんで（　）に書きましょう。

● じしゃくの両はしを①（　　　　）といい、鉄をよく引きつける。
● ちがうきょくどうしは②（　　　　）合い、同じきょくどうしはしりぞけ合う。

はってん 〈地球《ちきゅう》は大きなじしゃく〉じしゃくのN《エヌ》きょくが北を指すのは、地球の北がS《エス》きょく、南がNきょくだからです。地球全体《ぜんたい》は大きなじしゃくになっています。

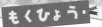

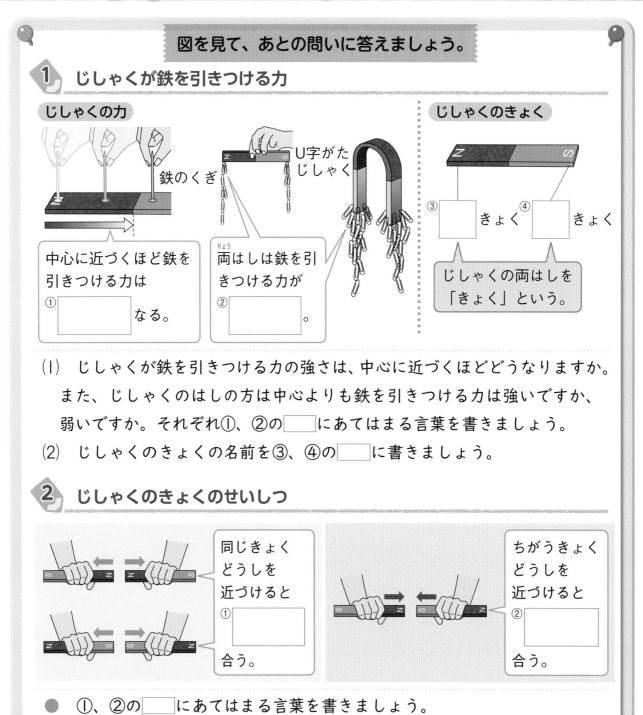

練習のワーク

教科書 149～151、180ページ　答え 16ページ

できた数 /11問中

おわったらシールをはろう

1 右の図は、鉄のクリップのじしゃくへのつき方を調べているところです。次の問いに答えましょう。

(1) クリップをよく引きつけるところを、次のア～ウからえらびましょう。（　　）

ア　じしゃくの一方のはしだけ

イ　じしゃくの両方《りょうほう》のはし

ウ　じしゃくなら、どこでも同じ

(2) じしゃくの両はしの部分を何といいますか。（　　）

(3) (2)について、じしゃくのNと書いてあるはしの方と、Sと書いてあるはしの方を何といいますか。　N（　　）　S（　　）

(4) 図の㋐の部分に、クリップはつきますか。（　　）

2 右の図のようにして、じしゃくとじしゃくを近づけました。次の問いに答えましょう。

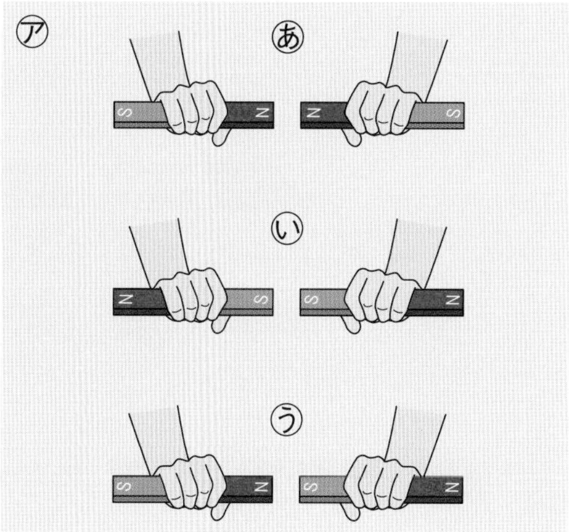

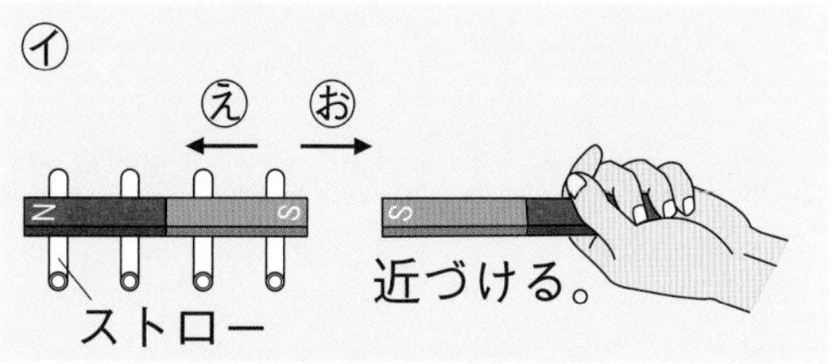

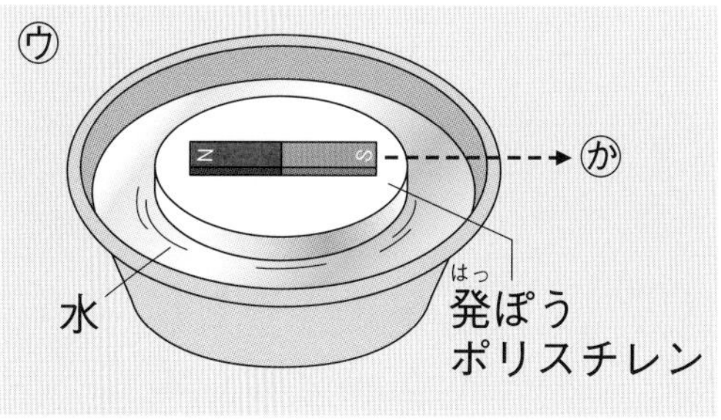

(1) ㋐で、じしゃくどうしの間に引きつけ合う力がはたらくものを、(あ)～(う)からえらびましょう。（　　）

(2) ㋐で、じしゃくどうしの間にしりぞけ合う力がはたらくものを、(あ)～(う)から2つえらびましょう。（　　）（　　）

(3) ㋑のようにしたとき、ストローの上で自由《じゆう》に動くようにしたじしゃくの動く方向を、(え)、(お)からえらびましょう。（　　）

(4) ㋒で、じしゃくを自由に動けるようにしておくと、じしゃくは、図のように止まりました。(か)の方位を、東、西、南、北からえらびましょう。（　　）

(5) (4)のせいしつをりようした、方位を調べるときに使う道具を何といいますか。（　　）

まとめのテスト①

11　じしゃくのひみつ

とく点　/100点

おわったらシールをはろう

時間20分

教科書　142～151、180ページ　答え　17ページ

1 じしゃくに引きつけられるものと引きつけられないもの　次の図にしめしたものについて、じしゃくに引きつけられるものには○、じしゃくに引きつけられないものには×を□につけましょう。　1つ4〔20点〕

① □

アルミニウムはく

② □

十円玉（青どう）

③ □

横の表面に色のついたスチールかん（鉄）

④ □

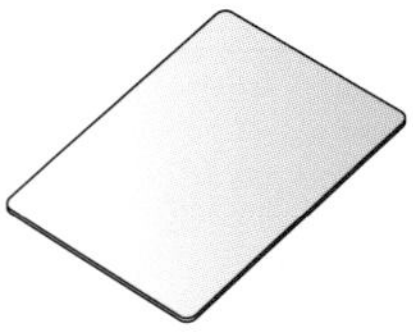

プラスチックの下じき

⑤ □

ビニルでつつまれた鉄のはりがねのハンガー

よく出る **2** じしゃくの力　2つのじしゃくを、次の図のように近づけました。じしゃくが引きつけ合うものには○、しりぞけ合うものには×を□につけましょう。

1つ5〔20点〕

① □　③ □

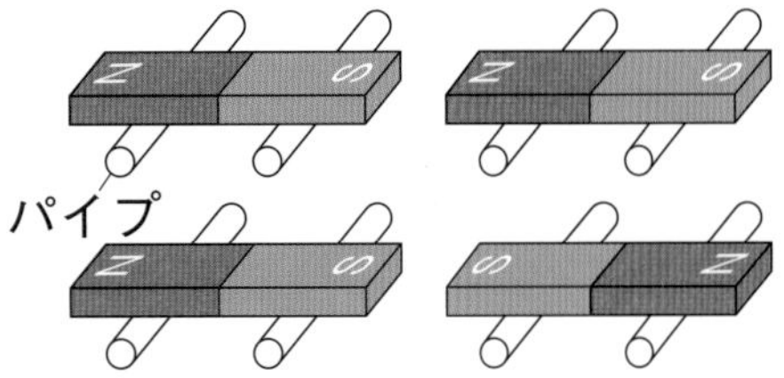

② □　④ □

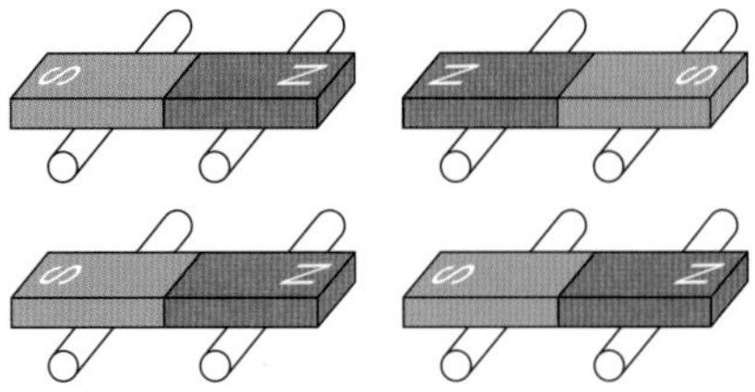

3 じしゃくのせいしつ　じしゃくについてせつめいした次の文のうち、正しいものには○、まちがっているものには×をつけましょう。　1つ3〔24点〕

①(　　)じしゃくは、どんな金ぞくでも引きつける。

②(　　)じしゃくは、鉄を引きつける。

③(　　)じしゃくのNきょくとNきょくを近づけると、引きつけ合う。

④(　　)じしゃくのSきょくとSきょくを近づけると、しりぞけ合う。

⑤(　　)じしゃくのNきょくとSきょくを近づけると、引きつけ合う。

⑥(　　)じしゃくには、Nきょくしかないものもある。

⑦(　　)じしゃくには、かならずNきょくとSきょくがある。

⑧(　　)鉄のくぎをビニルぶくろに入れてじしゃくを近づけると、じしゃくは、鉄のくぎを引きつけない。

よく出る

4 水にうかべたじしゃくの動き

次の図のように、プラスチックの入れものに、ぼうじしゃくや丸い形のじしゃくをのせて、水にうかべました。あとの問いに答えましょう。

1つ6〔24点〕

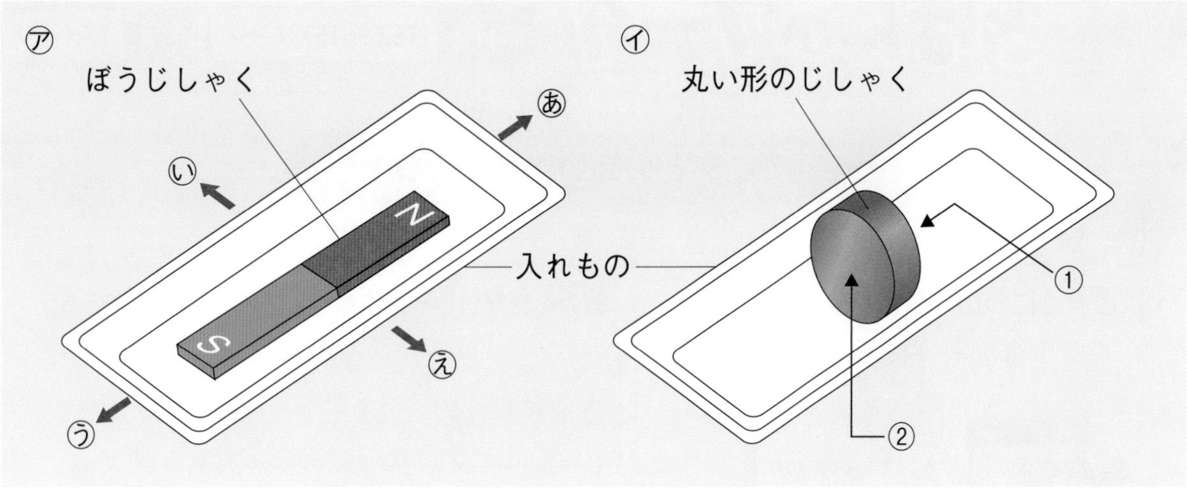

(1) ぼうじしゃくをのせた入れものを水にうかべてしばらくすると、図の㋐のように止まりました。北の方位は、あ～えのどれですか。 （　　）

(2) 丸い形のじしゃくをのせた入れものを水にうかべると、図の㋑のようにぼうじしゃくと同じ方向を向いて止まりました。①、②は、それぞれ何きょくですか。

①（　　）　②（　　）

記述 (3) 水にうかべたぼうじしゃくのSきょくの近くに、べつのぼうじしゃくのNきょくを近づけました。水にうかべたぼうじしゃくはどうなりますか。

（　　）

5 身の回りのじしゃく

次の図は、わたしたちの身の回りにあるものです。あとの問いに答えましょう。

1つ4〔12点〕

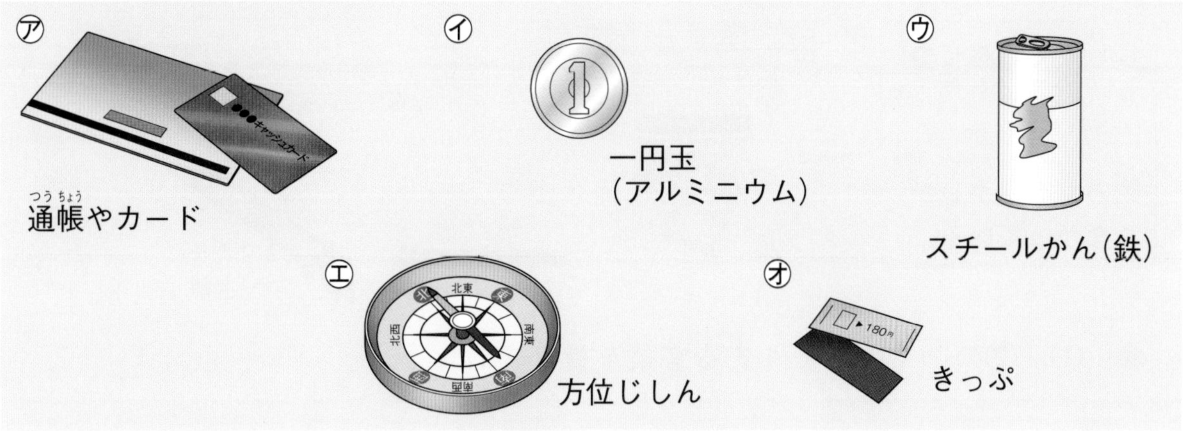

(1) 図の㋐～㋔のうち、じしゃくのNきょくが北を指して止まるせいしつをりようしているものをえらびましょう。 （　　）

(2) 図の㋐～㋔のうち、じしゃくを近づけてはいけないものを2つえらびましょう。

（　　）（　　）

勉強した日　　月　　日

3　じしゃくのはたらき

もくひょう
じしゃくについた鉄はじしゃくになることをかくにんしよう。

おわったらシールをはろう

きほんのワーク

教科書 152～157ページ　答え 17ページ

図を見て、あとの問いに答えましょう。

1 鉄をじしゃくにつける

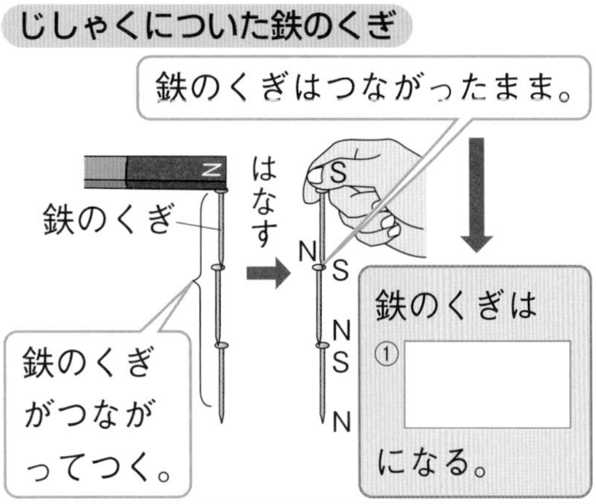
じしゃくについた鉄のくぎ
鉄のくぎはつながったまま。
N
はなす
鉄のくぎ
S
N
S
N
S
N
鉄のくぎがつながってつく。
鉄のくぎは
①
になる。

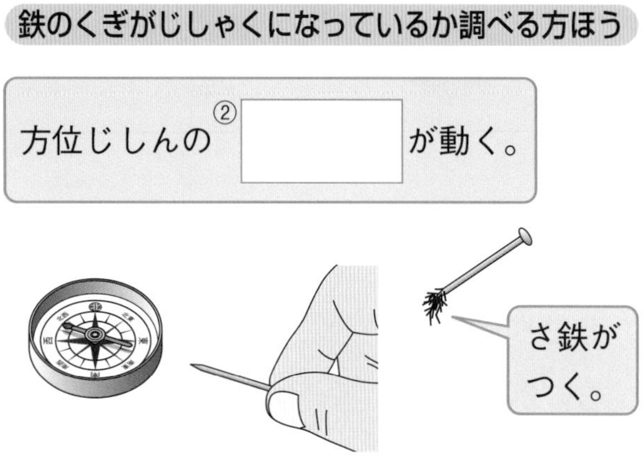
鉄のくぎがじしゃくになっているか調べる方ほう
方位じしんの②　が動く。
さ鉄がつく。

(1)　じしゃくについた鉄のくぎをはなしても、鉄のくぎはつながったままでした。①の□にあてはまる言葉を書きましょう。

(2)　方位じしんを使って、鉄のくぎがじしゃくになっているかどうかを調べました。②の□にあてはまる言葉を書きましょう。

2 じしゃくに引きつけられた鉄

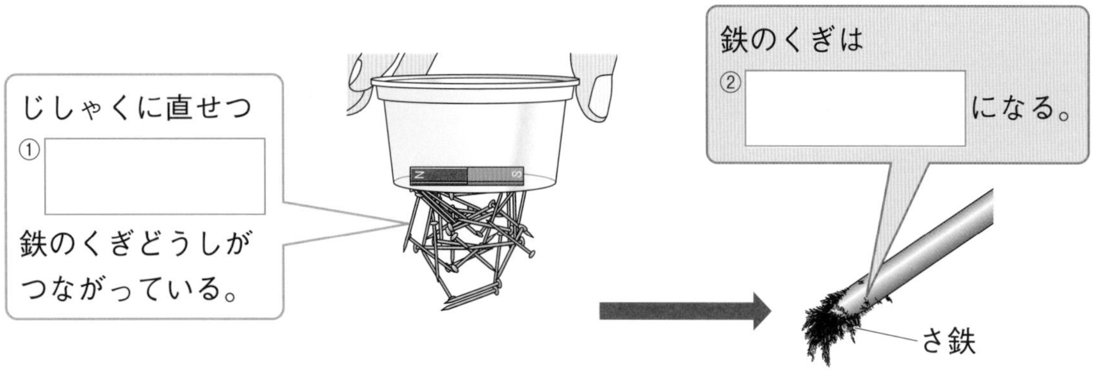
じしゃくに直せつ
①
鉄のくぎどうしがつながっている。
N
S
鉄のくぎは
②
になる。
さ鉄

●　①、②の□にあてはまる言葉を書きましょう。

まとめ　〔　直せつ　じしゃく　〕からえらんで（　）に書きましょう。

●じしゃくについた鉄は、①（　　　　）になり、じしゃくに引きつけられた鉄は、じしゃくに②（　　　　）ついていなくても、じしゃくになる。

わくわくたんてい団　リニアモーターカーは、じしゃくをりようしたのりものです。じしゃくの引きつけ合う力やしりぞけ合う力をりようして、1時間におよそ500kmの速さで走ります。

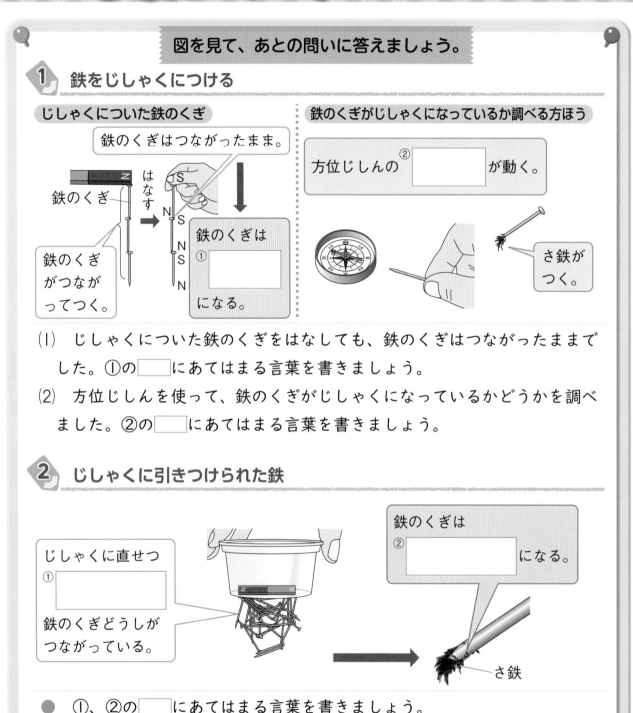

練習のワーク

教科書　152～157ページ　答え　17ページ

できた数　/5問中

おわったらシールをはろう

1　じしゃくについた鉄のくぎを、右の図の㋐のように、しずかにじしゃくから引きはなしました。次の問いに答えましょう。

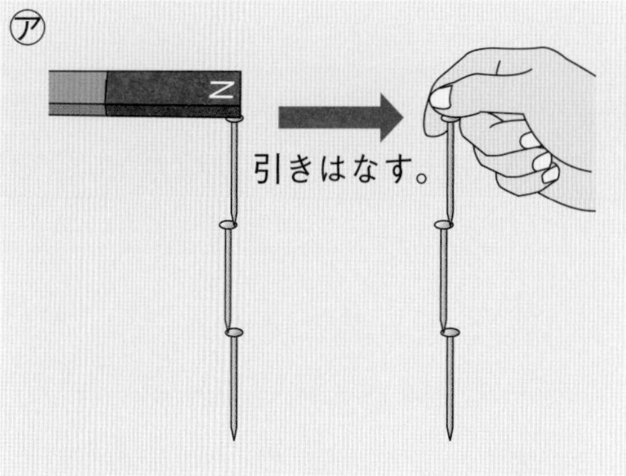

⑴　じしゃくについた鉄のくぎのきょくはどのようになっていますか。右の図の㋑のあ～うからえらびましょう。ただし、図のNはNきょく、SはSきょくを表しています。

（　　　）

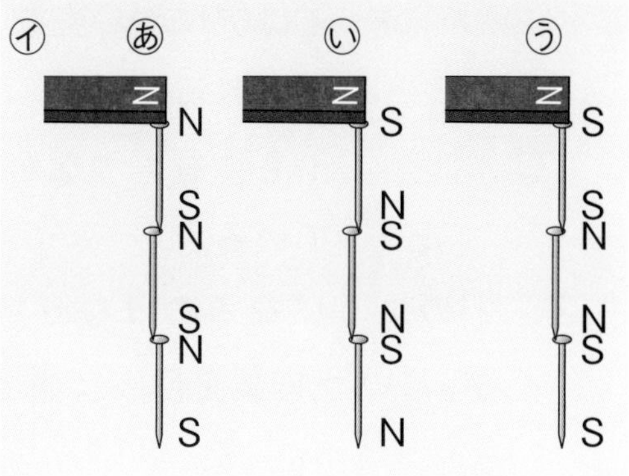

⑵　しずかに引きはなした鉄のくぎは、3本ともつながったままでした。このようになったのはなぜですか。正しい方に○をつけましょう。

①（　　　）じしゃくからはなれて、じしゃくの力がなくなったから。

②（　　　）鉄のくぎがじしゃくになったから。

⑶　引きはなした鉄のくぎの先を方位じしんに近づけると、右の図の㋒のようになりました。次に、鉄のくぎを反対向きにして近づけると、方位じしんのはりはどうなりますか。正しい方に○をつけましょう。

①（　　　）動かないまま。　②（　　　）反対向きに動く。

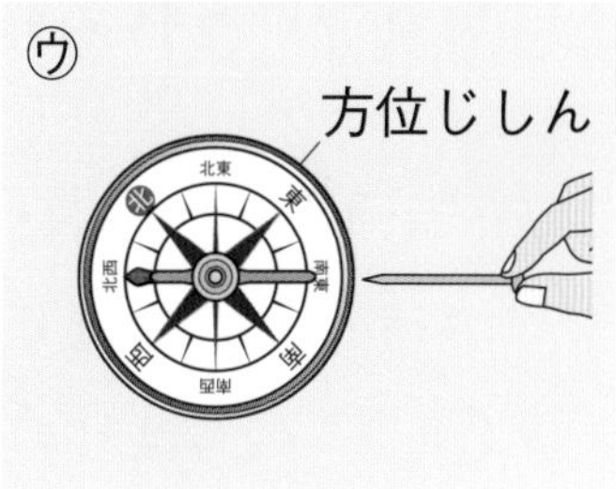

2　右の図のように、プラスチックのカップに入れたじしゃくを鉄のくぎに近づけ、じしゃくのはたらきを調べました。次の問いに答えましょう。

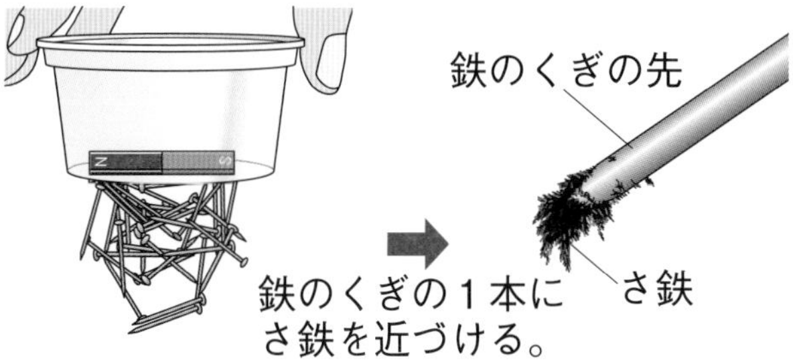

⑴　図からわかることに○をつけましょう。

①（　　　）鉄のくぎは、じしゃくに直せつついていないと、じしゃくにならない。

②（　　　）鉄のくぎは、じしゃくに直せつついていなくても、じしゃくになる。

記述　⑵　⑴のように考えたのはなぜですか。

（　　　　　　　　　　　　　　　　　　　　　）

勉強した日　月　日

まとめのテスト②

11　じしゃくのひみつ

とく点
/100点

おわったら
シールを
はろう

時間 20分

教科書 152～157ページ　答え 18ページ

1 じしゃくに引きつけられた鉄のくぎ 右の図は、じしゃくについた鉄のくぎに、べつの鉄のくぎがつながってついたところです。次の問いに答えましょう。1つ6〔60点〕

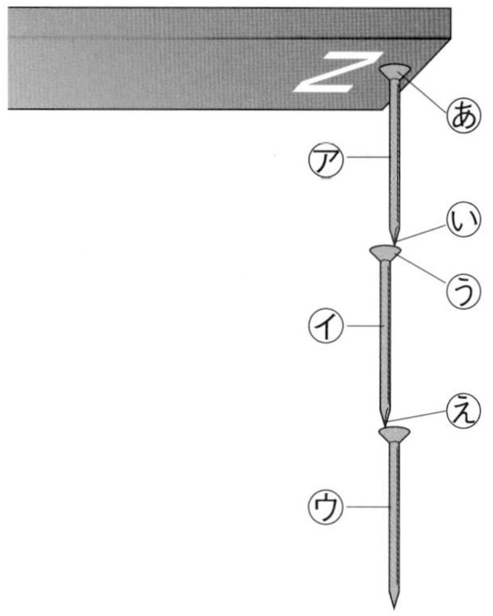

(1) ㋐の鉄のくぎを指でつまんで、じしゃくからゆっくりはなすと、㋑、㋒の鉄のくぎはどうなりますか。正しいものに○をつけましょう。

①(　　　)㋑も㋒も、㋐からはなれる。

②(　　　)㋑は㋐についたままだが、㋒は㋑からはなれる。

③(　　　)㋑も㋒も、つながったままで㋐についている。

記述 (2) (1)のようになるのはなぜですか。「それぞれのくぎ」という言葉を使って書きましょう。

(　　　　　　　　　　)

(3) じしゃくからはなして、㋐の鉄のくぎの先(い)にさ鉄を近づけました。さ鉄は引きつけられますか、引きつけられませんか。

(　　　　　　)

(4) じしゃくからはなして、㋐の鉄のくぎの先(い)を方位じしんに近づけました。方位じしんのはりはどうなりますか。正しいものに○をつけましょう。

①(　　　)はりの色がぬってある方と、㋐の鉄のくぎの先が引きつけ合う。

②(　　　)はりの色がぬっていない方と、㋐の鉄のくぎの先が引きつけ合う。

③(　　　)はりは動かない。

(5) ㋐、㋑の鉄のくぎのあ～えの部分は、Nきょく、Sきょくのどちらになっていますか。

あ(　　　　)　い(　　　　)

う(　　　　)　え(　　　　)

(6) ㋐、㋑の鉄のくぎをはなして、次の①、②のように近づけました。2本の鉄のくぎが引きつけ合うときは○、しりぞけ合うときは×を□に書きましょう。

① □

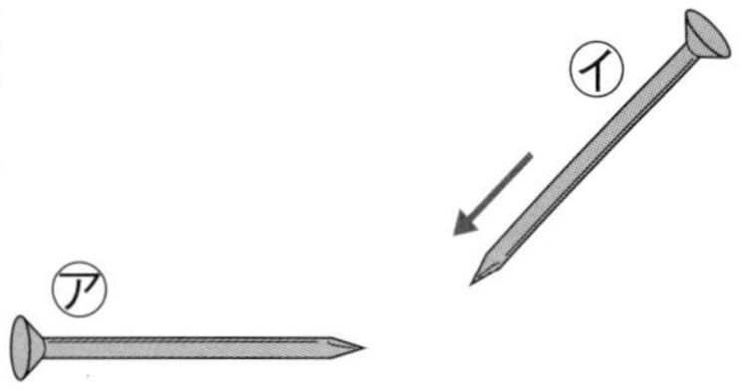

② □

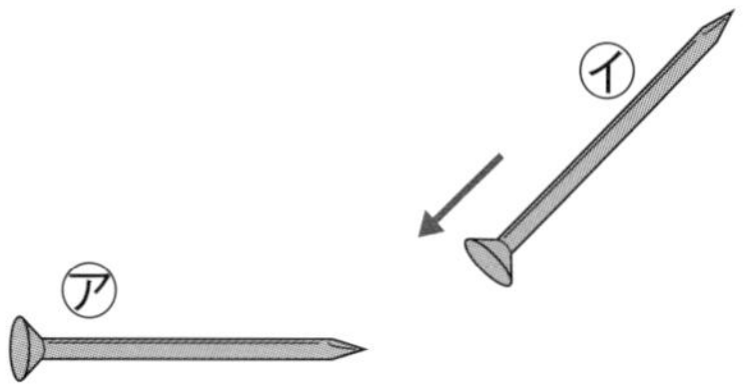

2 **じしゃくのはたらき** **プラスチックの入れものに入れたじしゃくを鉄のくぎに近づけ、じしゃくのはたらきを調べました。次の問いに答えましょう。** 1つ5〔20点〕

記述 (1)　㋐の鉄のくぎの先をさ鉄に近づけると、どうなりますか。

（　　　　　　　　　　　　　　　　　　　　）

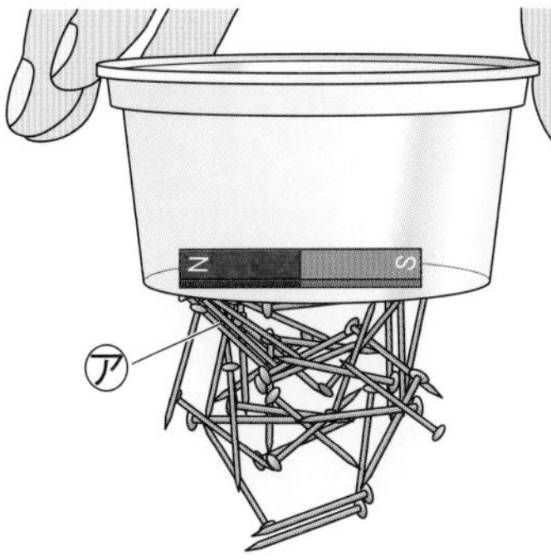

(2)　(1)からわかるじしゃくのはたらきについて、次の文の（　）のうち、正しい方を◯でかこみましょう。

鉄のくぎは、じしゃくに①（なった　ならなかった）。じしゃくに引きつけられた鉄は、じしゃくに②（直せつついたときだけ　直せつつかなくても）じしゃくになる。

(3)　アルミニウムでできたくぎで、上の図と同じ実けんをしました。くぎはじしゃくに引きつけられますか、引きつけられませんか。（　　　　　　　　　　）

3 **じしゃくを使ったおもちゃ** **次の図のように、じしゃくの力で動くおもちゃを作りました。次の問いに答えましょう。** 1つ5〔20点〕

(1)　図の㋐のように、あつ紙にのせたじしゃくを、板の上にのせたじしゃくの上にぶら下げたとき、あつ紙にのせたじしゃくはゆらゆらとゆれつづけました。図の㋑のように、あつ紙にのせたじしゃくは、Nきょくを下にしてのせています。このとき、あ、いはNきょく、Sきょくのどちらですか。

あ（　　　　　　　　）　い（　　　　　　　　）

記述 (2)　(1)であつ紙にのせたじしゃくがゆれたのは、じしゃくのどのようなせいしつによるものですか。（　　　　　　　　　　　　　　　　　　　　）

(3)　あつ紙にのせたじしゃくを、図の㋑からうらがえしてのせたとき、あつ紙にのせたじしゃくは、うらがえす前と同じようにゆれつづけますか、ゆれつづけませんか。

（　　　　　　　　　　）

12 ものの重さを調べよう

勉強した日　月　日

1　ものの重さをくらべよう

もくひょう
ものの形やおき方がかわっても重さは同じことをかくにんしよう。

おわったらシールをはろう

きほんのワーク

教科書 158～162、181ページ　答え 18ページ

図を見て、あとの問いに答えましょう。

1 重《おも》さと台ばかりの使い方

台ばかりを使うと、ものの①□をはかれる。

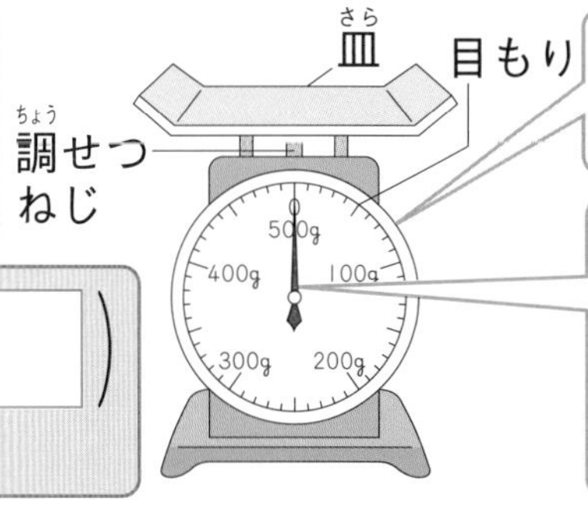

ものの重さはグラム（②□）というたんいで表す。

③□なところにおく。

ものをのせる前に、はりが④□を指すように調せつねじを回す。

(1)　①、②の□にあてはまる言葉や記ごうを書きましょう。

(2)　台ばかりについて、③、④の□にあてはまる言葉や数字を書きましょう。

2 ものの形やおき方をかえて重さをくらべる

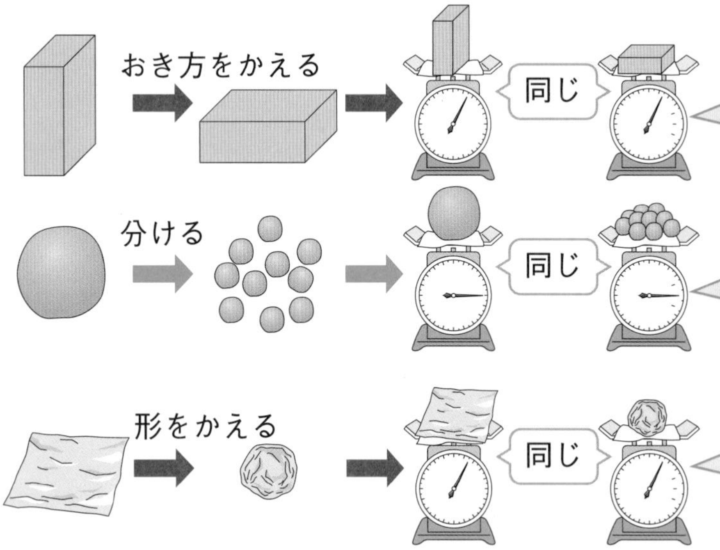

もののおき方をかえても重さは①□。

ものをいくつかに分けても重さは②□。

ものの形をかえても重さは③□。

●　もののおき方をかえたり、いくつかに分けたり、形をかえたりすると、全体の重さはかわりますか、かわりませんか。①～③の□に書きましょう。

まとめ　〔　重さ　形　〕からえらんで（　）に書きましょう。

●同じものを、おき方や①（　　　　）をかえたり、いくつかに分けたりしても、ものの②（　　　　）はかわらない。

わくわくたんてい団

すべてのものには重さがあります。重さとは地球がそのものを引っぱる力（重力《じゅうりょく》）の大きさなのです。したがって、うちゅうでは重力がはたらかないので、ものの重さは0です。

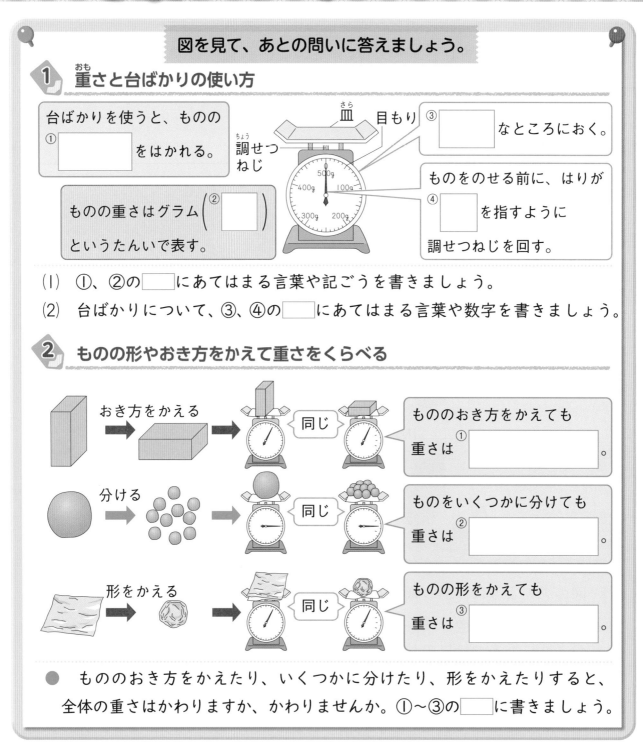

練習のワーク

教科書 158～162、181ページ　答え 18ページ

できた数　/10問中

おわったら シールを はろう

1 **右の図の㋐は、台ばかりです。次の問いに答えましょう。**

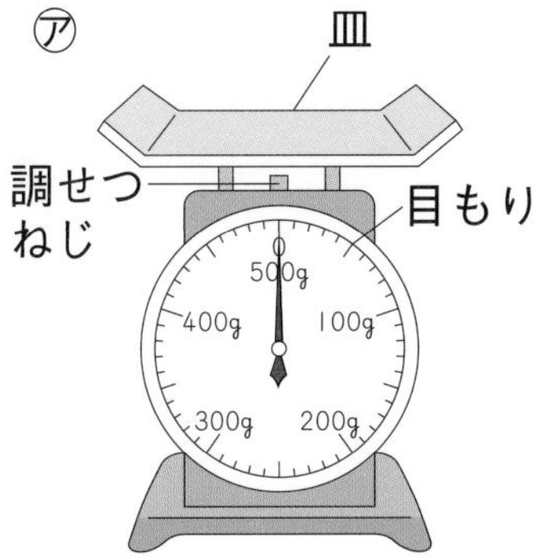

(1) 台ばかりを使うと、何をはかることができますか。

（　　　　　　　　）

(2) 台ばかりの使い方について、次の文の（　）にあてはまる言葉を、下の〔　〕からえらんで書きましょう。

はかりを、①（　　　　　）ところにおき、皿の上には②（　　　　　）をのせる。
次に、はりが③（　　　　　）を指すように、調せつねじを回して、はかるものを皿の④（　　　　　）に、しずかにのせる。目もりは⑤（　　　　　）から読む。

〔 水平《すいへい》な　日の当たる　紙　0　100　はし　中央《ちゅうおう》　正面《しょうめん》　真横《まよこ》 〕

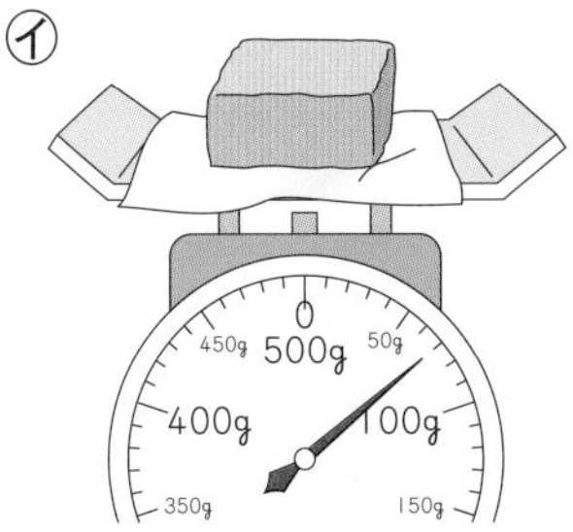

(3) 台ばかりにねん土をのせたら、はりは図の㋑のようになりました。ねん土の重さは何gですか。

（　　　　　　　　）

2 **右の図の㋐のように、重さ200gのねん土をじゅんびしました。㋐のねん土を、㋑のようにいくつかに分けたり、㋒のようにほかの形にかえたりしました。次の問いに答えましょう。**

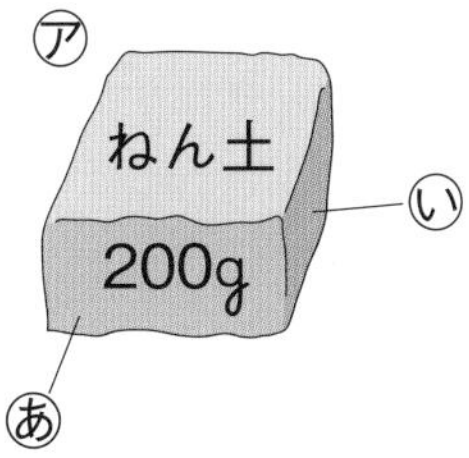

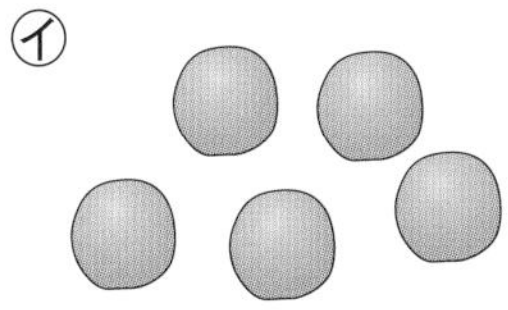

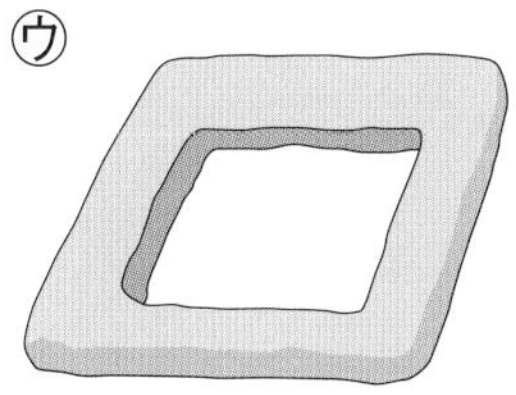

(1) ㋐～㋒の重さを台ばかりではかると、重さはどうなりますか。正しいものに○をつけましょう。

①（　　　）㋐が一番重い。　②（　　　）㋑が一番重い。

③（　　　）㋒が一番重い。　④（　　　）すべて同じである。

(2) この実けんから、ものの重さは、分けたり、形をかえたりすると、どうなることがわかりますか。

（　　　　　　　　）

(3) ㋐のねん土を、台ばかりの皿に、あの面を下にして立てて重さをはかりました。いの面を下にして重さをはかるときとくらべて、重さはかわりますか、かわりませんか。

（　　　　　　　　）

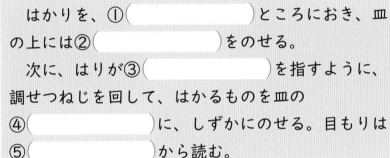

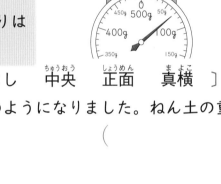

勉強した日　　月　　日

2　もののしゅるいと重さ

もくひょう

同じ体せきでも、しゅるいによって重さがちがうことをまなぼう。

おわったらシールをはろう

きほんのワーク

教科書 160、163〜166、181ページ　答え 19ページ

図を見て、あとの問いに答えましょう。

1 さとうとしおの重さをくらべる

もののかさや大きさのことを①［　　　］という。

さとうとしおの重さをくらべるときは、さとうとしおを同じ②［　　　］にして重さをくらべる。

(1)　①、②の［　］にあてはまる言葉を書きましょう。

(2)　さとうとしおを計りょうスプーンで同じ体《たい》せきにするとき、㋐〜㋒のうち、正しい計りょうスプーンの使い方に○をつけましょう。

2 もののしゅるいと重さ

同じ体せきのものの重さ

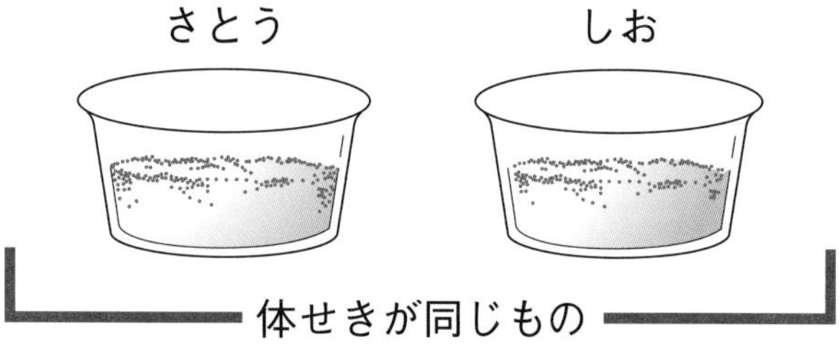

体せきが同じとき、もののしゅるいがちがうと重さは①［　　　］。

デジタルはかりの使い方

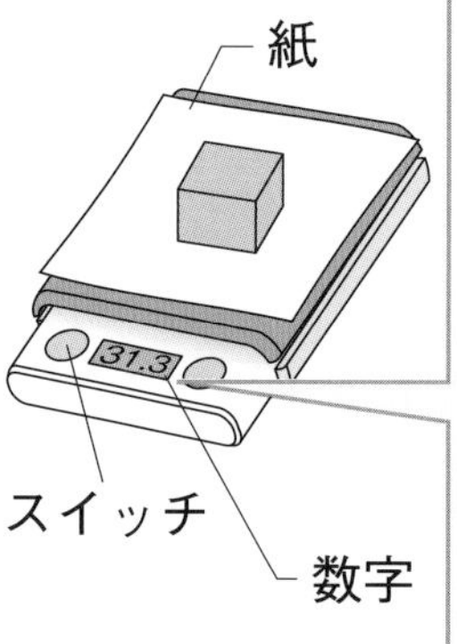

②［　　　］なところで使う。はじめに数字が0をしめしていないときは、紙をおいたあと、「0」にするボタンをおす。

(1)　ものの重さについて、①の［　］にあてはまる言葉を書きましょう。

(2)　はかりの使い方について、②の［　］にあてはまる言葉を書きましょう。

まとめ　〔　重さ　体せき　〕からえらんで（　）に書きましょう。

- もののかさや大きさのことを①（　　　　）という。
- 体せきが同じでも、もののしゅるいによって②（　　　　）はちがう。

わくわくたんてい団　水100gにしおをとけるだけとかすと、しお水はとけたしおの重さだけ重くなります。ところが、しおのつぶが水のつぶのすき間に入りこむので、体せきはほとんどふえません。

練習のワーク

教科書 160、163～166、181ページ　答え 19ページ

できた数 /7問中

おわったらシールをはろう

1　次の図のように、さとうとしおをそれぞれ同じ計りょうスプーンで2はいずつカップに入れて、どちらが重いのかをくらべました。次の問いに答えましょう。

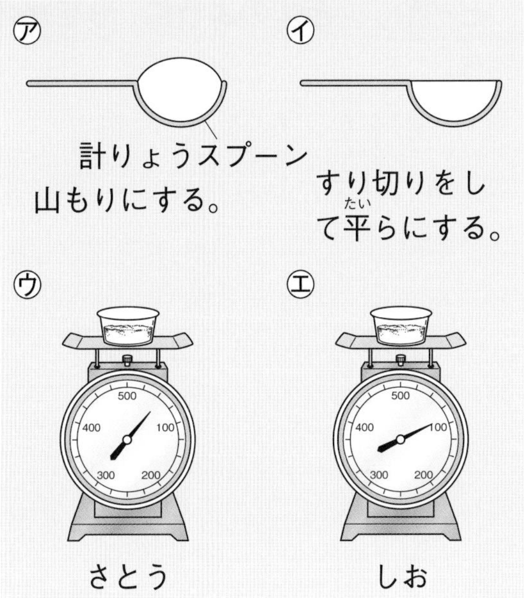

㋐
㋑
計りょうスプーン
山もりにする。
すり切りをして平《たい》らにする。
㋒
㋓
500
400
100
300
200
500
400
100
300
200
さとう
しお

(1)　さとうとしおを同じ体せきにして重さをくらべるには、右の図の㋐、㋑のどちらのようにしてはかりますか。（　　　）

(2)　重さをはかるのに、台ばかりを使いました。次の文のうち、台ばかりの使い方として正しいものに○をつけましょう。

①（　　　）台ばかりは、水平なところで使う。

②（　　　）はりは何ものせないときに100を指すように調せつする。

③（　　　）目もりはななめ横から読む。

(3)　さとうとしおを同じ体せきにして、台ばかりで重さをはかると、図の㋒、㋓のようになりました。さとうとしおは、どちらが重いですか。（　　　　）

2　右の図のように、体せきと形が同じで、しゅるいのちがうものを5つじゅんびしました。次の問いに答えましょう。

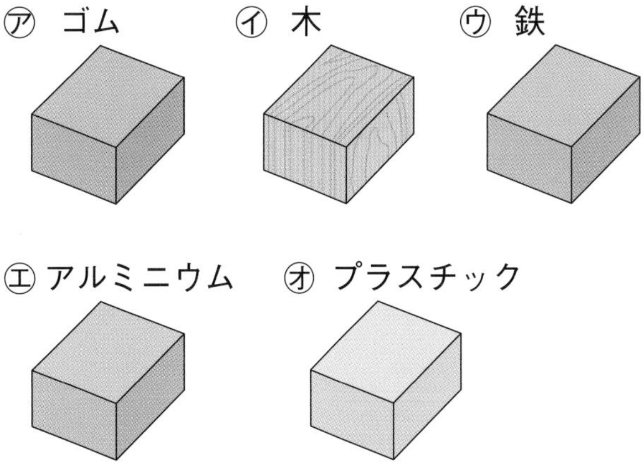

㋐ ゴム
㋑ 木
㋒ 鉄
㋓ アルミニウム
㋔ プラスチック

(1)　重さをはかるとき、デジタルはかりはどのようなところにおきますか。

（　　　　　　　　　　）

(2)　㋐～㋔の重さをはかると、右の表のようになりました。㋐～㋔のうち、一番重かったものと、一番軽かったものはどれですか。

記ごう	㋐	㋑	㋒	㋓	㋔
重さ	113g	83g	988g	338g	180g

一番重かったもの（　　　　）

一番軽かったもの（　　　　）

(3)　体せきが同じだと、もののしゅるいがちがっても、重さは同じだといえますか。

（　　　　　　　　）

勉強した日　月　日

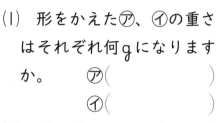

まとめのテスト

12　ものの重さを調べよう

とく点　/100点

おわったらシールをはろう

時間 20分

教科書 158～166、181ページ　答え 19ページ

よく出る **1** **ものの重さと形**　1つ100gのねん土を4つじゅんびし、次の図のように、㋐と㋑や、㋒と㋓のように、形をかえたり、分けたりしました。次の問いに答えましょう。

1つ6〔36点〕

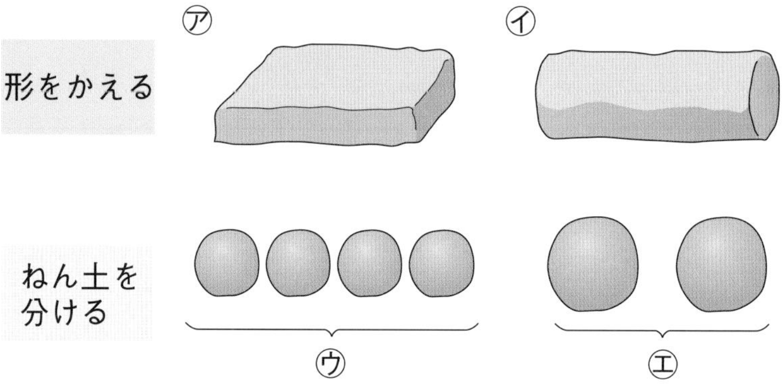

(1)　形をかえた㋐、㋑の重さはそれぞれ何gになりますか。　㋐(　　　　)
㋑(　　　　)

(2)　㋒や㋓のように4つや2つに分けたものをそれぞれいっしょにしてはかりにのせて重さをはかると、それぞれ何gになりますか。　㋒(　　　　)
㋓(　　　　)

(3)　ものの形をかえたとき、ものの重さはかわりますか。(　　　　)

(4)　ものをいくつかに分けたとき、全部集めて重さをはかると、ものの重さはかわりますか。(　　　　)

2 **ものの重さとおき方**　なつみさんは、次の図のようにいろいろなしせいで体重（たいじゅう）をはかりました。㋐～㋒で、なつみさんの体重はどうなりましたか。下の①～③のうち、正しいものに○をつけましょう。

〔8点〕

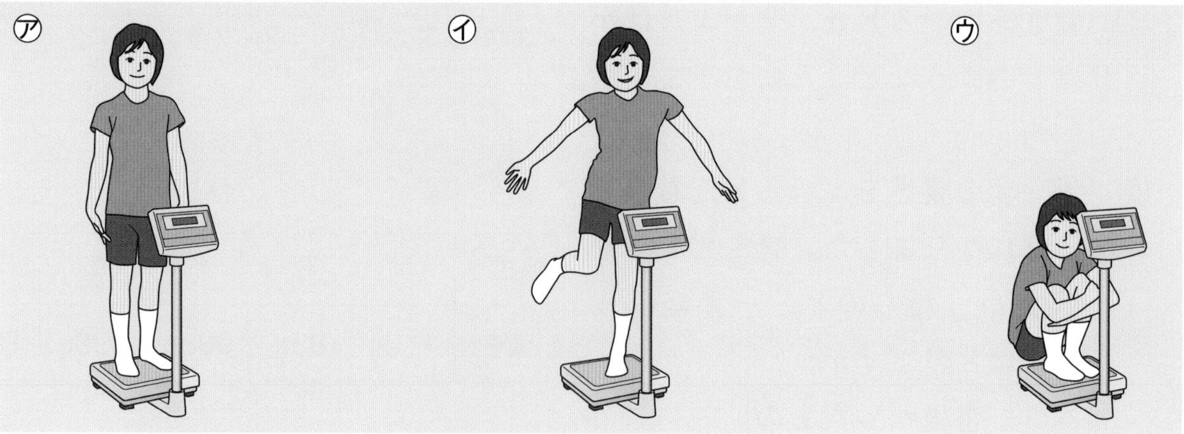

①(　　)㋐→㋑→㋒のじゅんに軽くなった。

②(　　)㋐と㋒は同じだったが、㋑は㋐と㋒より軽かった。

③(　　)㋐、㋑、㋒はすべて同じだった。

よく出る

3 ものの体せきと重さ

同じ体せきの鉄、発ぽうポリスチレン、木、プラスチックの重さをはかったところ、右の表のようになりました。次の問いに答えましょう。

1つ6〔24点〕

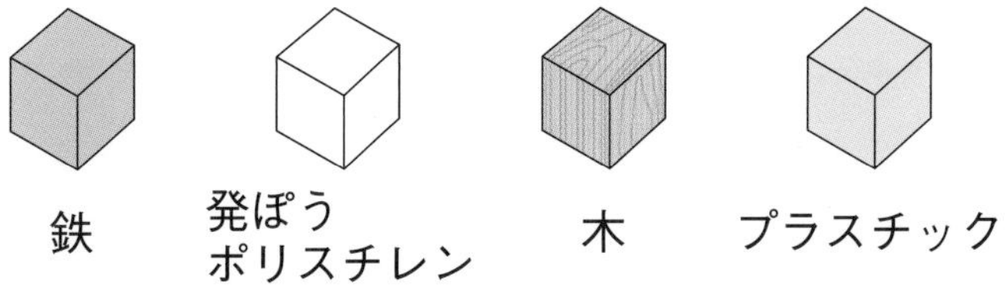

鉄	発ぽう ポリスチレン	木	プラスチック
300g	1g	25g	55g

(1)　4つのうち、一番重いものはどれですか。名前を書きましょう。

(　　　　　　　　)

(2)　4つのうち、一番軽いものはどれですか。名前を書きましょう。

(　　　　　　　　)

(3)　(1)、(2)より、ものの重さについてどのようなことがわかりますか。次の文の(　)にあてはまる言葉を、下の〔　〕からえらんで書きましょう。

しゅるいの①(　　　　　)ものは、同じ②(　　　　　)にしたとき、重さがちがう。

〔　同じ　　ちがう　　重さ　　体せき　〕

4 もののしゅるいと重さ

ひかるさんは、さとうとしおの重さをくらべるために、右の図のように、大きさのちがう㋐、㋑のふくろを手に持ちました。次の問いに答えましょう。

1つ8〔16点〕

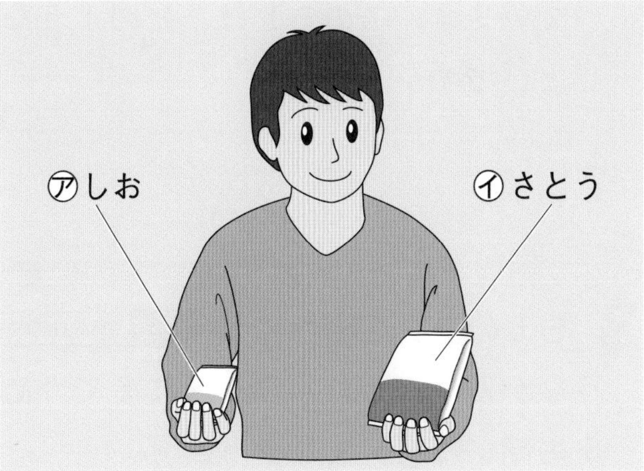

(1)　ひかるさんは、㋑の方が重く感じたので、しおよりさとうの方が重いと答えました。これは正しいですか、正しくないですか。

(　　　　　　　　)

記述

(2)　(1)のことから、しゅるいがちがうものの重さをくらべるには、どうすることがひつようですか。

(　　　　　　　　)

5 さとうとしおの重さ

さとうとしおの重さをくらべました。次の問いに答えましょう。

1つ8〔16点〕

(1)　重さをはかるため、カップに計りょうスプーン5はいのさとうを入れました。しおは、べつのカップに計りょうスプーンで何ばい入れますか。(　　　　　　　　)

(2)　重さをはかるときに使う道具を1つ書きましょう。(　　　　　　　　)

勉強した日　月　日

考えてとく問題にチャレンジ!

プラスワーク

おわったら
シールを
はろう

答え　19ページ

1 植物を育てよう

教科書 16～23ページ　右の図は、ひとみさんがある植物を育てるために用意した道具です。次の問いに答えましょう。

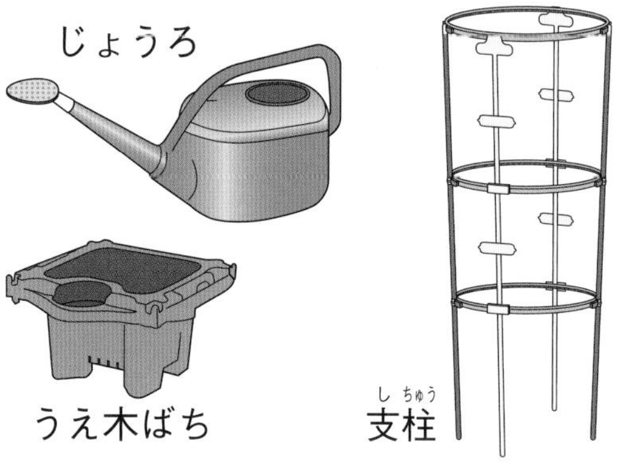

(1)　ひとみさんが育てようとしている植物はホウセンカとアサガオのうち、どちらですか。
（　　　　　）

思考 (2)　(1)のように答えたのはなぜですか。その理由を書きましょう。
（　　　　　　　　　　　　）

2 こん虫を調べよう

教科書 70～79ページ　右の図は、草むらをすみかにしているオンブバッタです。次の問いに答えましょう。

(1)　図で、オンブバッタはどこにいますか。オンブバッタを◯でかこみましょう。

思考 (2)　オンブバッタは、からだの色や形が、草によくにています。このことは、どのようなことにつごうがよいですか。
（　　　　　　　　　　　　）

3 ものの重さを調べよう

教科書 158～166ページ　右の図のようなかんを、ビニルぶくろに多くつめたいと思います。次の問いに答えましょう。

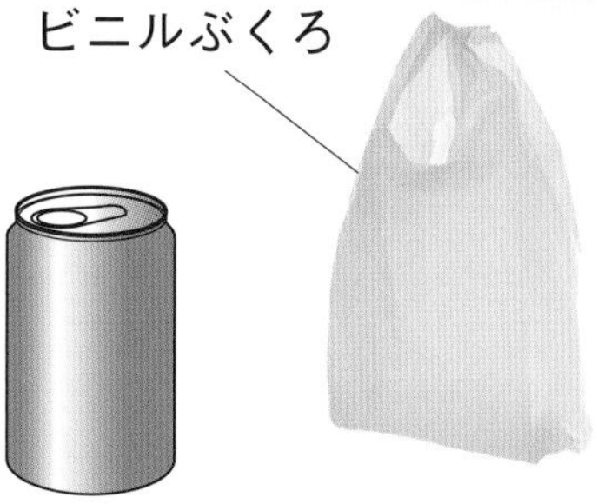

(1)　ビニルぶくろにできるだけ多くのかんをつめるには、かんをどうすればよいですか。
（　　　　　　　　　　　　）

(2)　図のかん１つの重さをはかったあと、(1)のようにしたかん１つの重さをはかりました。(1)のようにする前後で、かんの重さはどうなりますか。
（　　　　　　　　　　　　）

●勉強した日　　月　　日

実力判定《はんてい》テスト かくにん！たんいとグラフ

時間 30分

名前

できた数 /23 問中

おわったらシールをはろう

たんいやグラフをかく練習をしよう！

答え 23ページ

長さや重さのたんい

1 ものの長さや重《おも》さのたんいを、書いて練習《れんしゅう》しましょう。

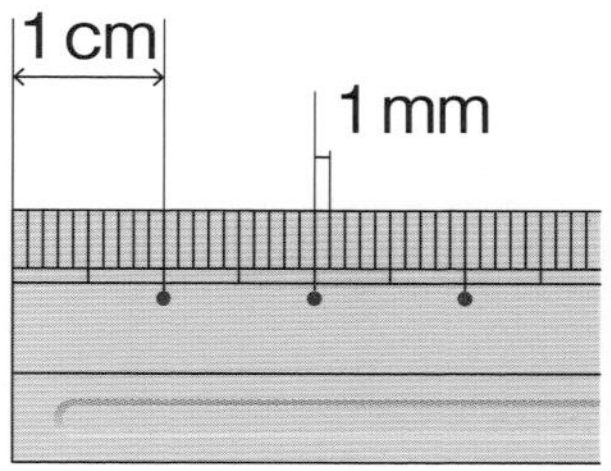

1 m　メートル

1 cm　センチメートル

1 mm　ミリメートル

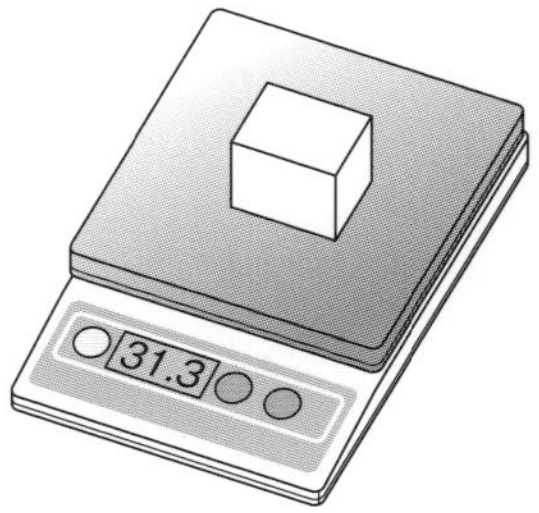

1 kg　キログラム

1 g　グラム

たいせつ

①ものの長さは、ものさしではかることができます。長さのたんいには、「メートル」「センチメートル」「ミリメートル」などがあります。

1 m = 100cm

1 cm = 10mm

②ものの重さは、はかりではかることができます。重さのたんいには、「グラム」「キログラム」などがあります。

1 kg = 1000g

ものの長さや重さは、4年生の理科でも学習《がくしゅう》するよ。よくおぼえておこう！

ぼうグラフのかき方

●勉強した日　月　日

実力判《はん》定《てい》テスト かくにん! きぐの使い方

時間 30分

名前

できた数　/11 問中

おわったらシールをはろう

実けん・かんさつきぐの使い方をたしかめよう！

答え 23ページ

虫めがねの使い方

1 次《つぎ》の①～④の□にあてはまる言葉《ことば》を書きましょう。

動かせるもの（手に持ったもの）を見るとき

1.虫めがねを①□に近づけて持《も》つ。

2.②□を前後に動《うご》かして、はっきり見えるところで止める。

動かせないものを見るとき

1.虫めがねを③□に近づけて持つ。

2.④□を前後に動かして、はっきり見えるところで止める。

方位じしんの使い方

2 次の①、②の□にあてはまる言葉を書きましょう。

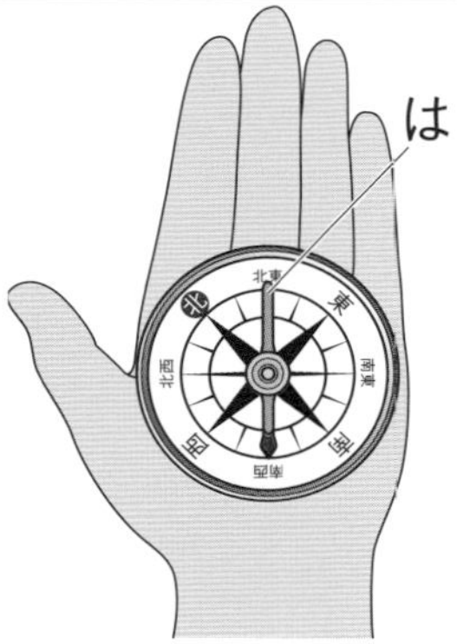

はりが自由《じゆう》に動くように、方位《ほうい》じしんを
① [　　] の上にのせる。

文字ばんを回して、
② [　　] の文字を色のぬってあるはりの先に合わせる。

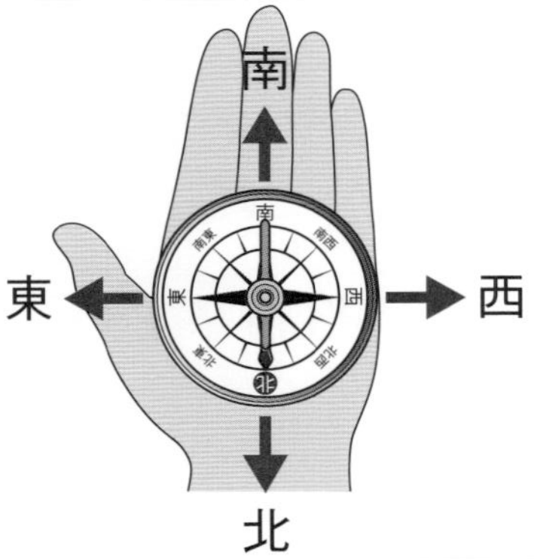

文字ばんの方位(調《しら》べるものの方位)を読む。

温度計の使い方

3 温度計《おんどけい》の目もりを読む目のいちとして、正しいものには○、まちがっているものには×を、①～③の□につけましょう。また、温度計を使うときに気をつけることについて、次の文の④、⑤の(　)のうち、正しい方を⬭でかこみましょう。

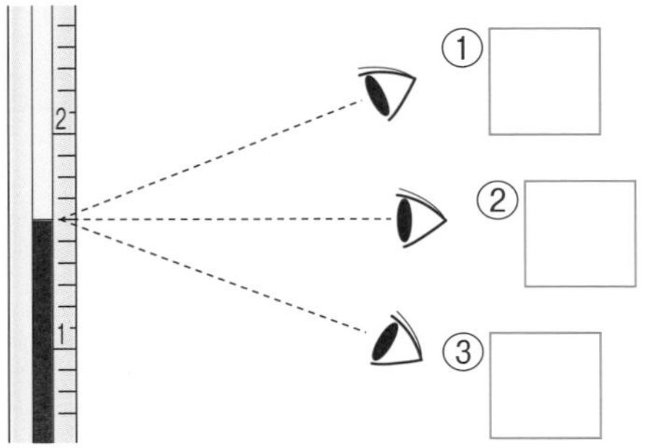

地面《じめん》の温度をはかるときは、温度計がおれるのをふせぐため、温度計で地面にあなを④(ほってもよい　ほってはいけない)また、温度計に日光が直せつ⑤(当たる　当たらない)ようにするため、おおいをする。

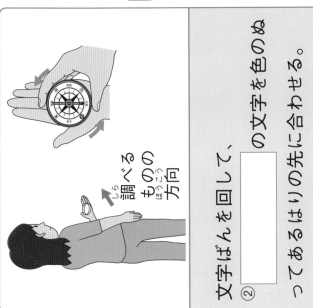

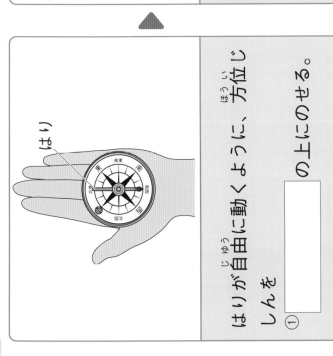

2 次の表《ひょう》のホウセンカのせの高さのかんさつけっかを、ぼうグラフに表《あらわ》しましょう。

ホウセンカのせの高さ

かんさつした日	4月23日	4月28日	5月10日	5月28日
高さ	1cm	3cm	8cm	18cm

ヒント

①自分の名前を書く。
②横《よこ》のじくにかんさつした日にちを書く。
③たてのじくに高さをとり、目もりが表す数字とたんいを書く。
④表題《ひょうだい》(調《しら》べたこと)を書く。
⑤記ろくした高さにあわせて、ぼうをかく。

もののの重さや長さなど、数字で表せるものをぼうグラフにすると、くらべやすいよ。ホウセンカの高さのへんかがわかりやすくなるね。

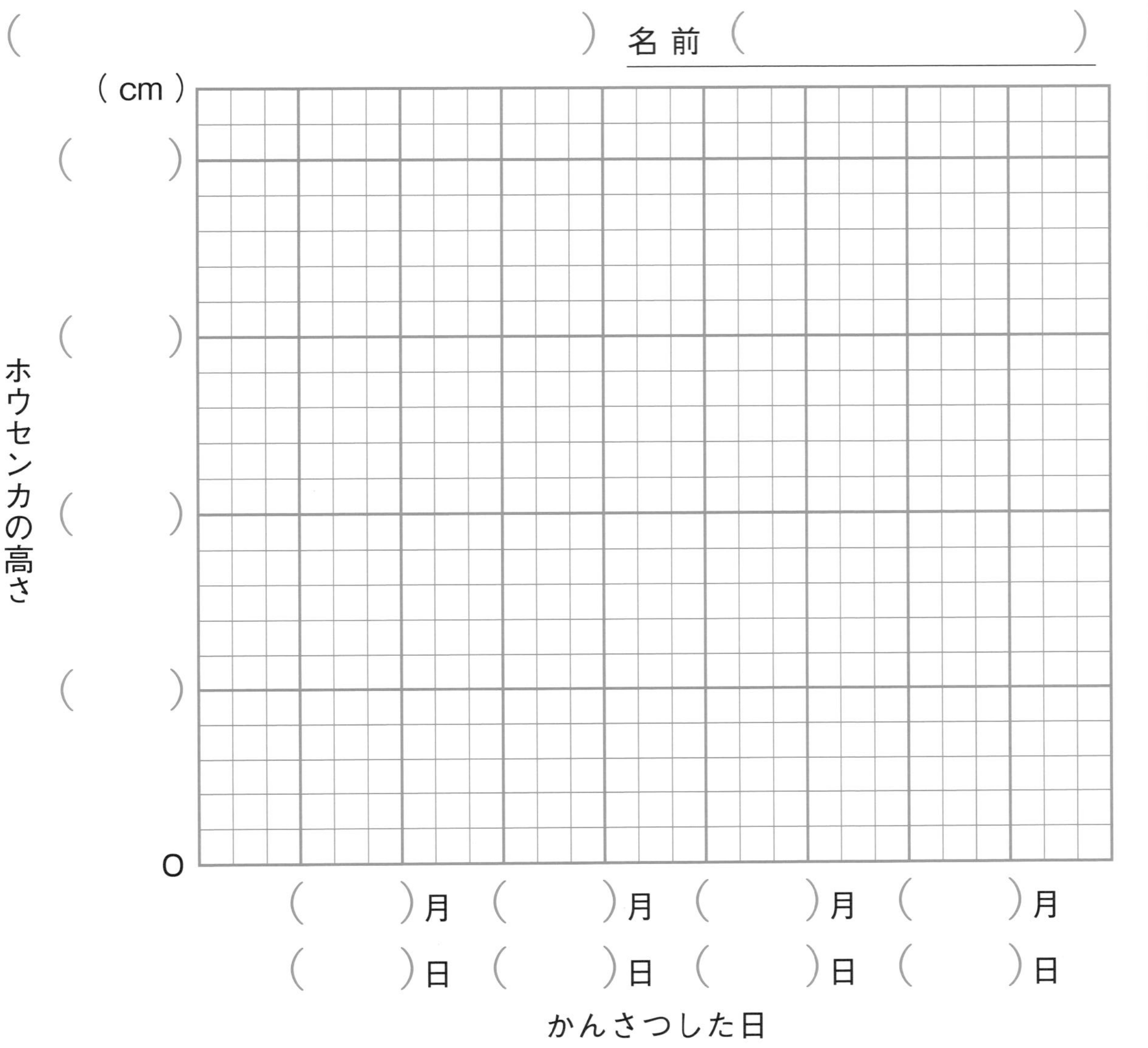

●勉強した日　　月　　日

実力判《はん》定《てい》テスト

学年末のテスト①

時間 30分

名前　　とく点　　/100点

おわったらシールをはろう

教科書　142〜166ページ　　答え　22ページ

1 じしゃくのせいしつについて、次《つぎ》の問《と》いに答えましょう。　1つ5〔35点〕

(1) 次の①〜③の(　)のうち、正しい方を◯でかこみましょう。

じしゃくは、直せつふれていなくても、鉄《てつ》を

①(引きつける　引きつけない)。

じしゃくと鉄の間にものをはさんでいても、じしゃくは鉄を

②(引きつける　引きつけない)。

じしゃくが鉄を引きつける力の強さは、じしゃくと鉄のきょりがかわると、

③(かわる　かわらない)。

(2) 次の図のようにじしゃくを近づけたとき、引きつけ合うものには○、しりぞけ合うものには×を□につけましょう。

①□　　②□

3 次の図の㋐のような、100gのねん土《ど》の形をかえたり、いくつかに分けたりして重《おも》さをはかりました。あとの問いに答えましょう。　1つ8〔32点〕

㋐　①□　②□　③□

100g　形をかえる。　形をかえる。　分ける。

(1) ㋐のねん土を①〜③のようにして、重さをはかりました。㋐とくらべて重くなるときは○、軽《かる》くなるときには×、かわらないときには△を、①〜③の□につけましょう。

(2) 同じものの形をかえると、重さはどうなりますか。　(　　　　　)

4 同じ体《たい》せきの鉄、アルミニウム、木、プラスチ

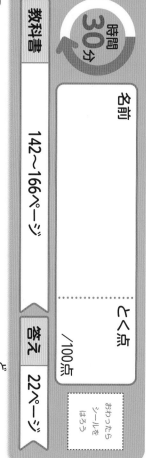

●勉強した日　　月　　日

実力判《はん》定《てい》テスト

学年末のテスト②

時間30分

名前　　とく点　　/100点

おわったらシールをはろう

教科書　6～166ページ　　答え　22ページ

1 次《つぎ》の文のうち、正しいものには○、まちがっているものには×をつけましょう。　1つ6〔30点〕

①(　　)クモ、アリ、ダンゴムシは、すべてこん虫《ちゅう》である。

②(　　)生《い》き物《もの》は、しぜんとかかわり合いながら生きている。

③(　　)植物《しょくぶつ》のしゅるいによって、葉《は》や花の形や大きさがちがう。

④(　　)日なたの地面《じめん》は、日かげの地面より温《おん》度《ど》がひくい。

⑤(　　)太陽《たいよう》の光をものがさえぎると、太陽と同じがわにもののかげができる。

2 次の図のものについて、電気を通すかどうか、じしゃくにつくかどうかを調《しら》べました。あとの問《と》いに答えましょう。　1つ7〔21点〕

3 次の図のように、糸電話を作って話をしました。あとの問いに答えましょう。　1つ7〔28点〕

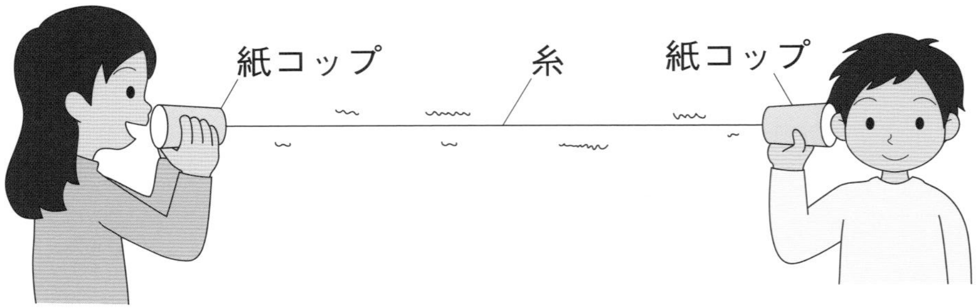

(1)　話をしているときに糸にそっとふれると、糸はどうなっていますか。

(　　　　　　)

(2)　話をしているときに糸を指《ゆび》でつまむと、聞こえていた声はどうなりますか。

(　　　　　　)

(3)　次の①、②の(　)のうち、正しい方を◯でかこみましょう。

音がつたわっているとき、ものは

㋐ ペットボトル

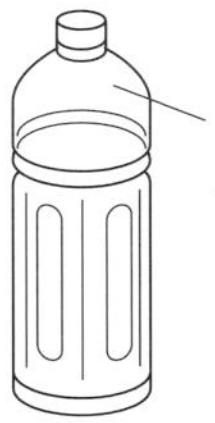

㋑ せんぬき

㋒ 十円玉(青《せい》どう)

㋓ わりばし(木)

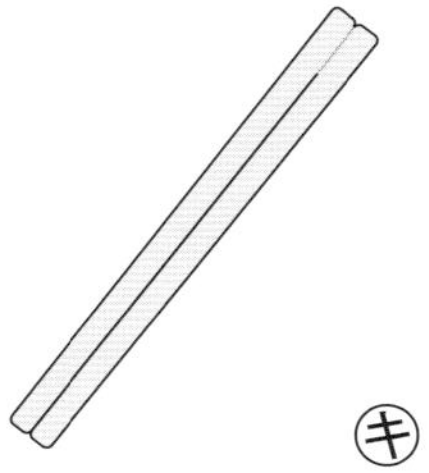

㋔ はさみ(切るところ)

㋕ ガラスのコップ

㋖ アルミニウムはく

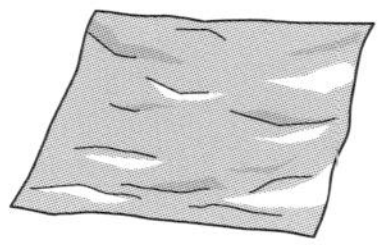

㋗ クリップ

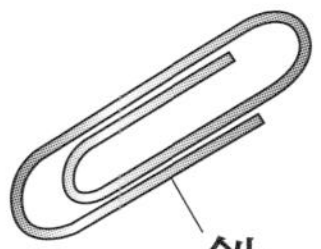

(1) 電気を通すものを、㋐～㋗からすべてえらびましょう。（　　　　　）

(2) じしゃくにつくものを、㋐～㋗からすべてえらびましょう。（　　　　　）

(3) 電気を通すものは、かならずじしゃくにつくといえますか、いえませんか。

（　　　　　）

①（ふるえている　ふるえていない）。

もののふるえを止めると、音は

②（つたわる　つたわらない）。

4 **右の図は、黒い紙に虫めがねで日光を集《あつ》めているようすです。次の問いに答えましょう。**

1つ7〔21点〕

(1) 虫めがねを ➡ の向《む》きに動《うご》かして黒い紙から遠ざけて、あの部《ぶ》分《ぶん》を小さくしました。このとき、あの部分の明るさはどうなりますか。

（　　　　　）

(2) (1)のとき、あの部分のあたたかさはどうなりますか。（　　　　　）

(3) しばらくあの部分を小さくしたままにしておくと、黒い紙はどうなりますか。

（　　　　　）

③

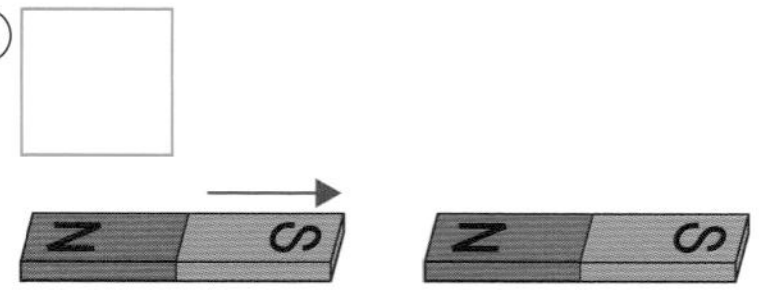

④

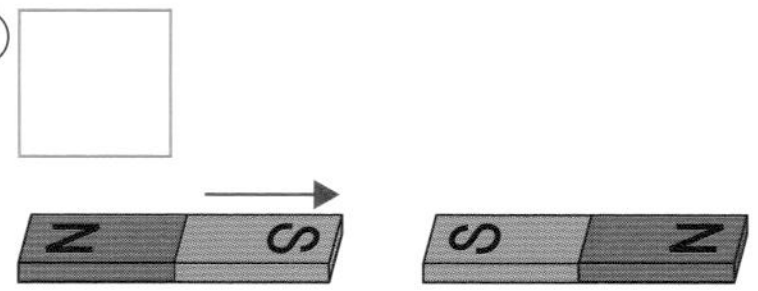

2 **右の図のように、じしゃくに２本の鉄《てつ》のくぎをつないでつけました。次の問いに答えましょう。** １つ５〔15点〕

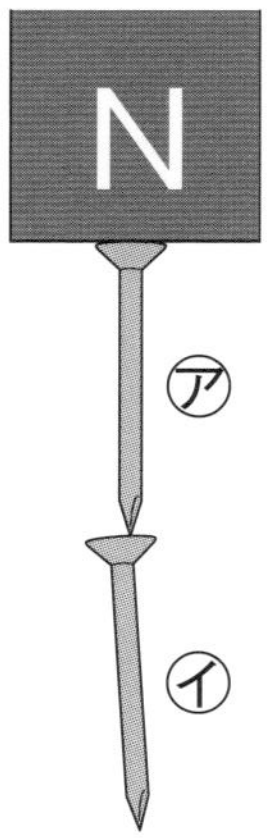

(1)　㋐の鉄のくぎをしずかにじしゃくからはなしたとき、㋑の鉄のくぎはどうなりますか。次のア、イからえらびましょう。（　　　）

ア　㋐の鉄のくぎにつながったまま落《お》ちない。

イ　㋐の鉄のくぎからはなれて落ちる。

(2)　じしゃくからはなした㋐の鉄のくぎをさ鉄に近づけると、さ鉄はどうなりますか。

（　　　　　　　　　　）

(3)　(1)、(2)より、じしゃくについた鉄のくぎは何になったといえますか。（　　　　　）

ックの重さをはかったところ、次の表《ひょう》のようになりました。あとの問いに答えましょう。

１つ６〔18点〕

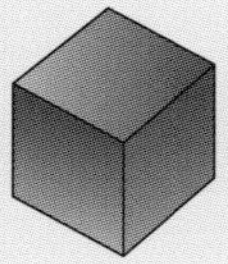 鉄	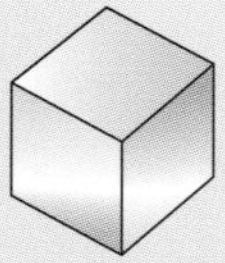 アルミニウム	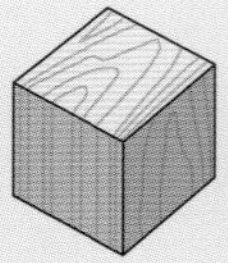 木	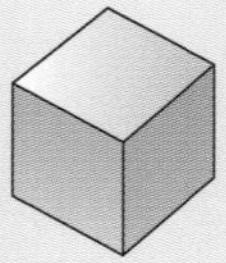 プラスチック
212g	73g	15g	38g

(1)　同じ体せきで重さをくらべたとき、一番重いものはどれですか。鉄、アルミニウム、木、プラスチックからえらびましょう。

（　　　　）

(2)　同じ体せきで重さをくらべたとき、一番軽いものはどれですか。鉄、アルミニウム、木、プラスチックからえらびましょう。

（　　　　）

(3)　同じ体せきのとき、もののしゅるいがちがうと重さは同じですか、ちがいますか。

（　　　　　　）

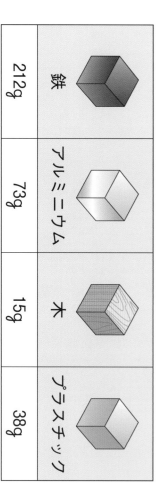

●勉強した日　月　日

実力判定《はんてい》テスト　冬休みのテスト②

時間30分

名前　　とく点　/100点

おわったらシールをはろう

教科書　96～141ページ　答え　21ページ

1 次《つぎ》の図のように、かがみではね返《かえ》した日光をだんボール板《いた》のまとに当てて、日光を集めました。あとの問《と》いに答えましょう。　1つ7〔21点〕

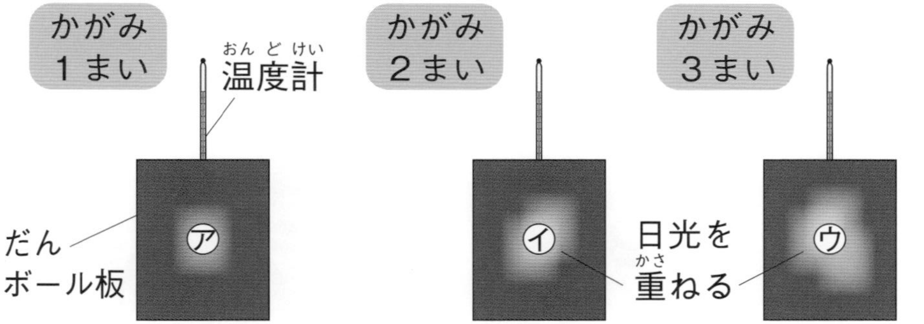

かがみ1まい
温度計《おんどけい》
かがみ2まい
かがみ3まい
だんボール板
㋐
㋑
㋒
日光を重《かさ》ねる

	㋐	㋑	㋒
まとの温度	21℃	29℃	39℃

(1)　㋐～㋒のうち、日光が当たったところが一番明るいのはどれですか。　(　　　)

(2)　次の文の(　)にあてはまる言葉《ことば》を書きましょう。

はね返した日光を重ねるほど、日光が当た

3 ゴムで動《うご》く車をつくり、ゴムののびた長さと車が動くきょりのかんけいを調べました。表《ひょう》は、そのけっかです。あとの問いに答えましょう。

1つ7〔21点〕

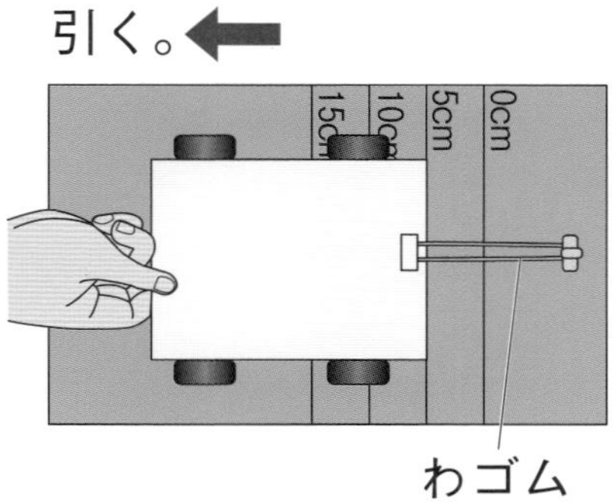

引く。
15cm
10cm
5cm
0cm
わゴム

ゴムののび	車が走ったきょり
10cm	5m
15cm	7m20cm

(1)　車が走ったきょりが長いのは、ゴムののびの長さが10cmのときと15cmのときのどちらですか。　(　　　)

(2)　次の文の(　)にあてはまる言葉を書きましょう。

ゴムが元にもどろうとする力は、ゴムを長くのばすほど①(　　　)なり、ゴ

●勉強した日　　月　　日

実力判《はん》定《てい》テスト

冬休みのテスト①

時間30分

名前　　とく点　　／100点

おわったらシールをはろう

教科書　70～95ページ　答え　21ページ

1 **次《つぎ》の文にあてはまる生《い》き物《もの》を、下の〔　〕からえらんで書きましょう。** 1つ7〔21点〕

① かれ葉《は》の下にいる。
（　　　　　　）

② 草むらの葉の上にいる。
（　　　　　　）

③ 花だんの花にとまっている。
（　　　　　　）

〔 オンブバッタ　モンシロチョウ　オカダンゴムシ 〕

2 **こん虫《ちゅう》のからだのつくりについて、あとの問《と》いに答えましょう。** 1つ5〔35点〕

Ⓐショウリョウバッタ　　Ⓘアキアカネ

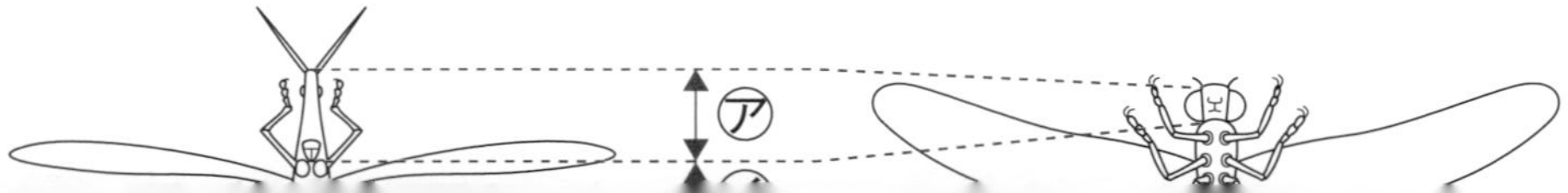

3 **ホウセンカの育《そだ》ち方について、次の問いに答えましょう。** 1つ5〔20点〕

(1) ㋐をさいしょとして、ホウセンカが育つじゅんに、㋑～㋔をならべましょう。

（ ㋐ →　　→　　→　　→　　）

㋐　㋑　㋒　㋓　㋔

(2) ホウセンカの育ち方について、次の文の（　）にあてはまる言《こと》葉《ば》を書きましょう。

ホウセンカは、葉がしげり、①（　　　　）がのびて太くなると，やがて②（　　　　）がさく。②がさいた後、③（　　　　）ができて、たねをのこしてかれていく。

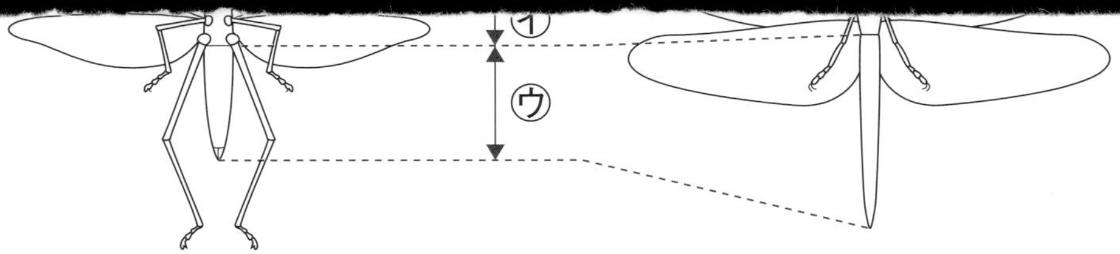

(1)　図の㋐〜㋒の部分（ぶぶん）を何といいますか。

㋐（　　　　）　㋑（　　　　）

㋒（　　　　）

(2)　[あ]、[い]には、あしは何本ついていますか。また、あしは㋐〜㋒のどの部分についていますか。

あしの数（　　　　）

あしがついている部分（　　　　）

(3)　[あ]、[い]のようなとくちょうがある生き物をこん虫といいます。右の図のようなクモは、こん虫のなかまといえますか、いえませんか。

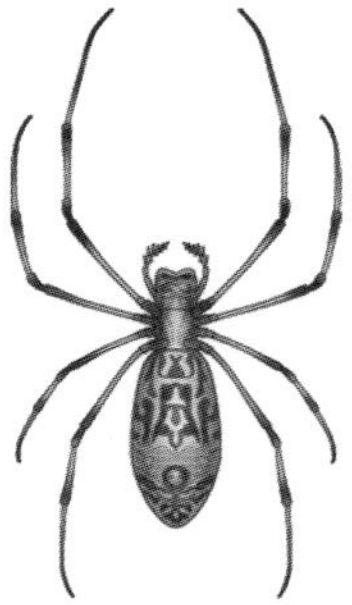

（　　　　）

(4)　(3)のように答えたのはなぜですか。

（　　　　）

4　**次の図のように、たいこの上にようきに入れたビーズをのせ、たいこをたたいて音を出しました。あとの問いに答えましょう。**　1つ8〔24点〕

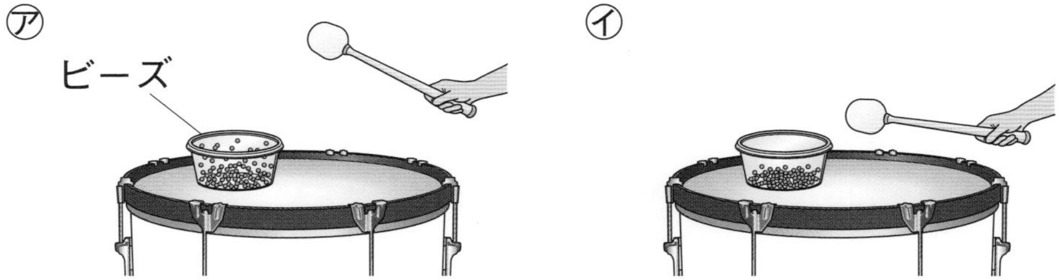

(1)　音が出ているとき、たいこはどうなっていますか。（　　　　）

(2)　大きな音が出ているのは、㋐、㋑のどちらですか。（　　　　）

(3)　右の図のように、トライアングルに糸をつけ、糸のもう一方に紙コップをつけました。トライアングルをそっとたたくと、音が聞こえました。糸を指（ゆび）でつまむと、音はどうなりますか。

（　　　　）

ったところの明るさは①(　　　　　)
なり、温度は②(　　　　　)なる。

2 次の図のような風車をつくり、風を当てて、風の強さと風車の回り方、ものを持《も》ち上げる力について調《しら》べました。あとの問いに答えましょう。

1つ9〔18点〕

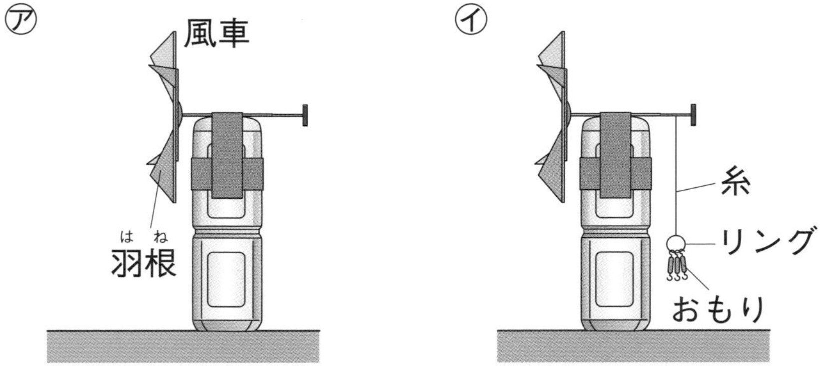

(1) ㋐の風車が速《はや》く回るのは、強い風と弱い風のどちらを当てたときですか。

(　　　　　)

(2) ㋑の風車で、より重《おも》いおもりを持ち上げられるのは、強い風と弱い風のどちらを当てたときですか。

(　　　　　)

ムをのばす長さが短《みじか》くなるほど
②(　　　　　)なる。

4 次の図のうち、豆電球《まめでんきゅう》に明かりがつくものには○、つかないものには×を□につけましょう。

1つ8〔40点〕

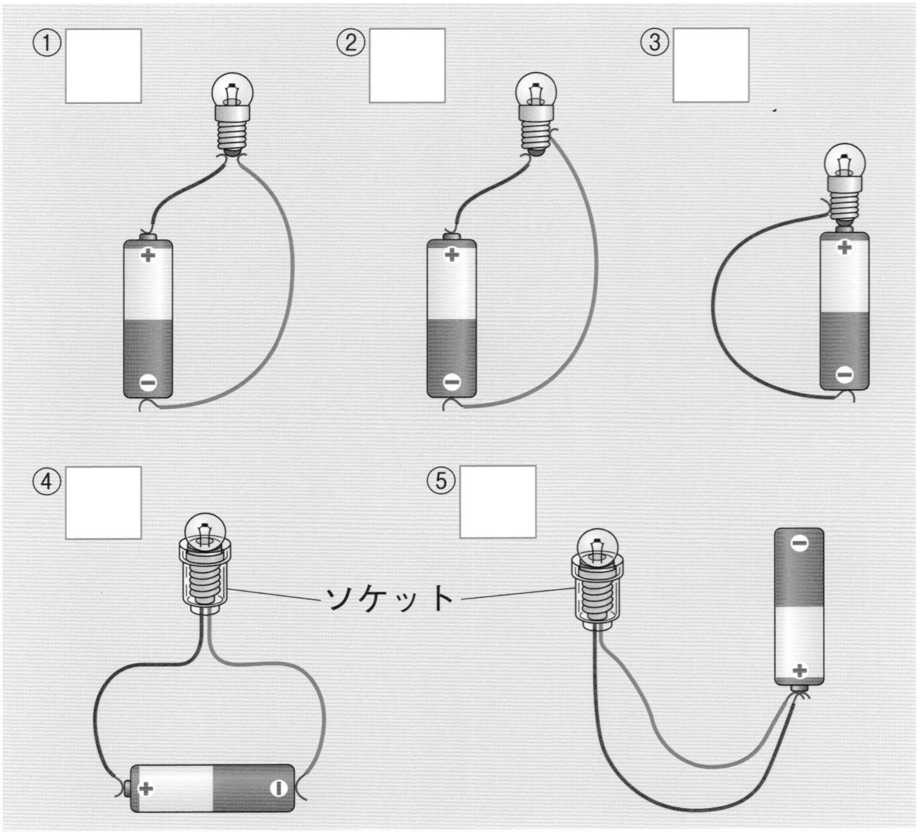

実力判《はん》定《てい》テスト

夏休みのテスト①

●勉強した日　月　日

時間 30分

名前　とく点　/100点

おわったらシールをはろう

教科書　6～23、40～45、66～67、175～177、179ページ　答え　20ページ

1 次《つぎ》の図のような記ろく用紙に、身《み》の回りの生《い》き物《もの》のようすを記ろくしました。　1つ10〔50点〕

(1)　図のあには、調《しら》べたこととして生き物の何を書きますか。（　　　）

(2)　記ろく用紙の書き方について、正しいものを、次のア～エから2つえらびましょう。

2 ホウセンカとヒマワリについて、次の問《と》いに答えましょう。　1つ5〔30点〕

(1)　次の写真《しゃしん》は、ホウセンカとヒマワリのどちらのたねですか。名前を書きましょう。

①（　　　）　②（　　　）

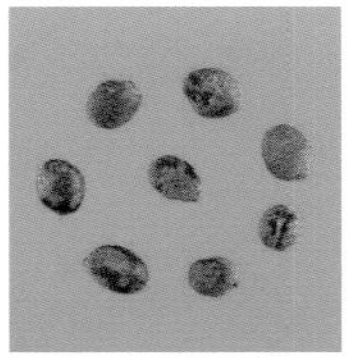

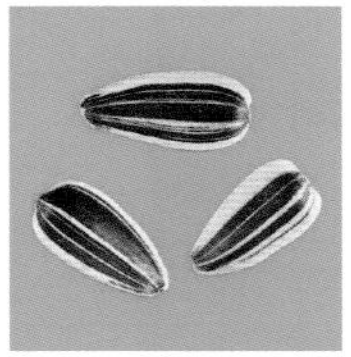

(2)　次のア～エからホウセンカとヒマワリの花と葉《は》をそれぞれえらんで、表《ひょう》に記ごうを書きましょう。

ア

イ

●勉強した日　　月　　日

実力判定《はんてい》テスト

夏休みのテスト②

時間 30分

名前　　とく点　　/100点

おわったら シールを はろう

教科書　24〜39、46〜65、180ページ　　答え　20ページ

1 **次《つぎ》の図のように、地面《じめん》にぼうを立てて、ぼうのかげの向《む》きと太陽《たいよう》の見える方向《ほうこう》を調《しら》べました。あとの問《と》いに答えましょう。**　1つ5〔20点〕

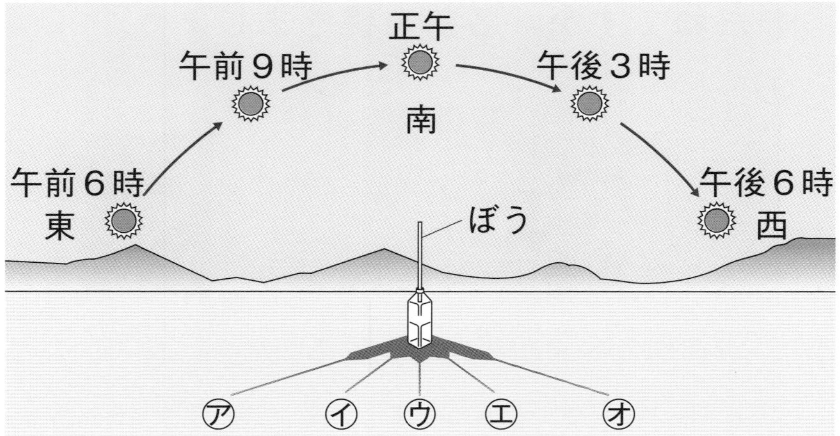

(1)　午前９時のかげの向きを、㋐〜㋔からえらびましょう。　(　　　)

(2)　時間がたつと、かげの向きと太陽の見える方向は、それぞれどのようにかわりますか。東、西、南、北で答えましょう。

かげの向き(　　→　　→　　)

3 **モンシロチョウの育《そだ》ち方とからだのつくりについて、次の問いに答えましょう。**　1つ6〔42点〕

(1)　次の写真《しゃしん》は、モンシロチョウの育つようすを表《あらわ》したものです。

㋐

㋑

㋒

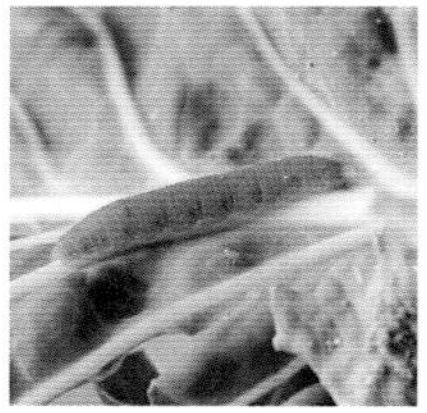

㋓

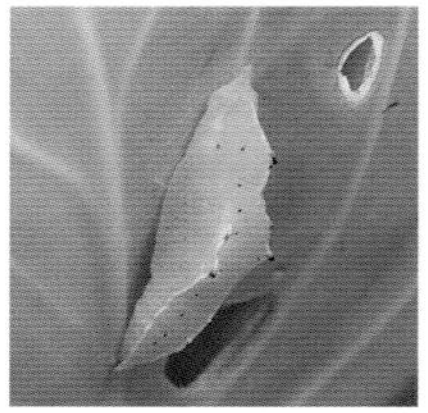

①　㋐〜㋓のすがたを、何といいますか。

㋐(　　　)　㋑(　　　)

㋒(　　　)　㋓(　　　)

②　㋐をさいしょとして、モンシロチョウが育つじゅんに、㋑〜㋓をならべましょう。

(　㋐　→　　→　　→　　)

③　皮《かわ》をぬいで大きくなっていくのは、㋐〜㋓のどのときですか。　(　　　)

太陽の見える方向（　　　→　　　→　　　）

(3)　時間がたつと、かげのいちがかわるのは、なぜですか。

（　　　　　　　　　　）

2 **右の図は、日なたと日かげの地面の温《おん》度《ど》を調べたときの温度計の目もりです。次の問いに答えましょう。**

1つ5〔20点〕

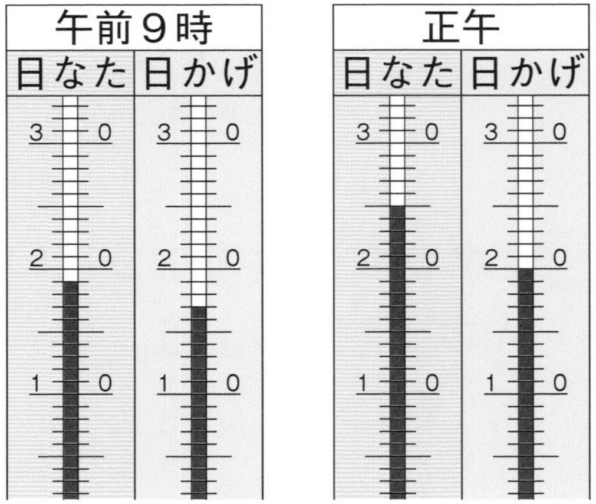

(1)　午前９時の日なたと日かげの地面の温度を読みとりましょう。　日なた（　　　）

日かげ（　　　）

(2)　正午に地面の温度が高かったのは、日なたと日かげのどちらですか。（　　　）

(3)　(2)のようになるのは、地面が何によってあたためられるからですか。（　　　）

(2)　モンシロチョウのように、からだが頭・むね・はらの３つの部《ぶ》分《ぶん》に分かれていて、むねにあしが６本ついているなかまを何といいますか。

（　　　）

4 **次の図のトノサマバッタとカブトムシの育ち方について、あとの文の（　）にあてはまる言《こと》葉《ば》を書きましょう。**

1つ6〔18点〕

トノサマバッタ

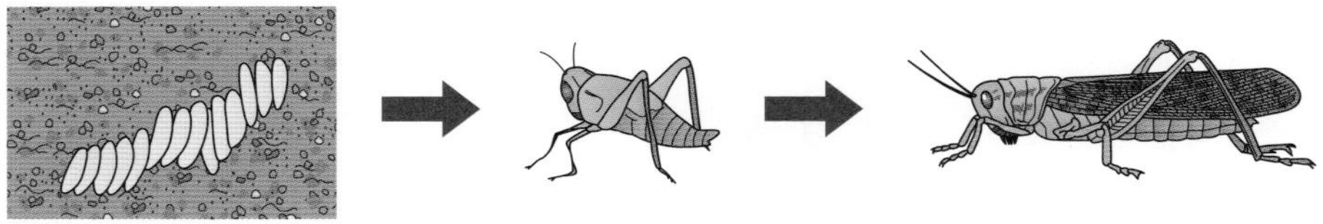

カブトムシ

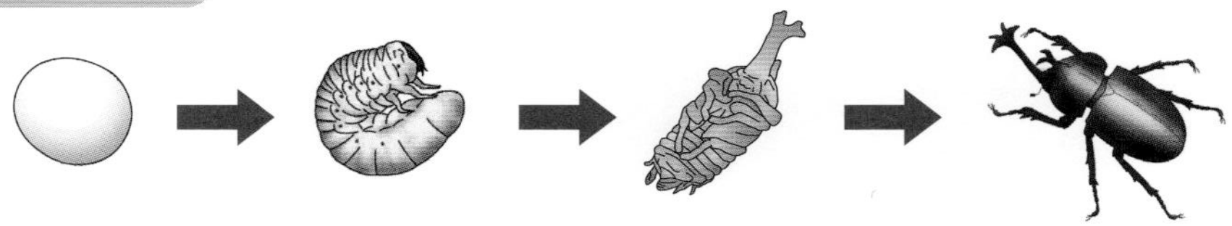

こん虫《ちゅう》には、たまご→①（　　　）→②（　　　）→成虫《せいちゅう》のじゅんに育つものと、たまご→③（　　　）→成虫のじゅんに育つものがいる。

(　　　)(　　　)

ア　気づいたことは、言葉《ことば》だけでせつめいして、スケッチはかいてはいけない。

イ　かんさつしたものの大きさ、色、形を書く。

ウ　生き物の大きさは、ものさしなどではかったり、ほかのものとくらべたりする。

エ　調べたりかんさつしたりした日にちや天気は書かず、時こくだけを書く。

(3)　次の図は、かんさつした生き物のようすです。生き物の色や形、大きさは、それぞれ同じですか、ちがいますか。　(　　　　　)

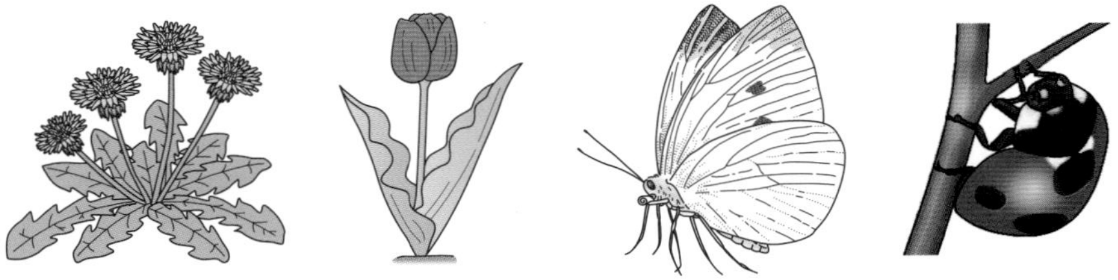

(4)　手に持《も》ったものを虫めがねで見るとき、何を前後《ぜんご》に動《うご》かしますか。正しい方に○をつけましょう。

①(　　　)見るもの　②(　　　)虫めがね

	花	葉
ホウセンカ		
ヒマワリ		

3　ホウセンカのからだのつくりについて、次の問いに答えましょう。

1つ5〔20点〕

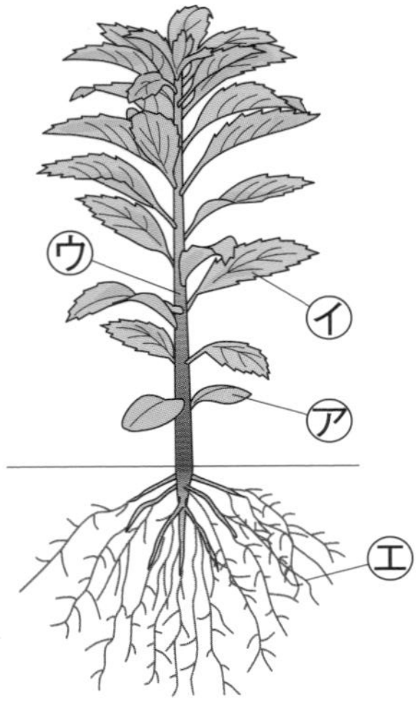

(1)　たねをまいたあと、はじめに出てくる葉は、㋐、㋑のどちらですか。また、その葉を何といいますか。

記ごう(　　　)

名前(　　　)

(2)　㋒、㋓の部分《ぶぶん》の名前を何といいますか。

㋒(　　　)　㋓(　　　)

名前 **ショウリョウバッタ**

育ち方

たまご → よう虫 → せい虫

からだのつくり

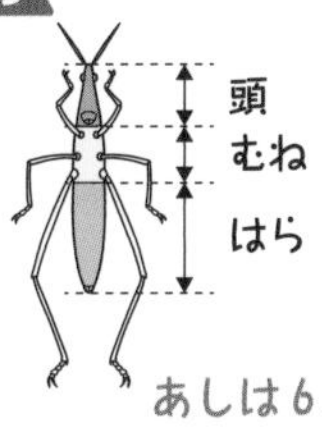

頭
むね
はら

あしは6本

⑫

名前 **モンシロチョウ**

育ち方

たまご → よう虫 → さなぎ → せい虫

からだのつくり

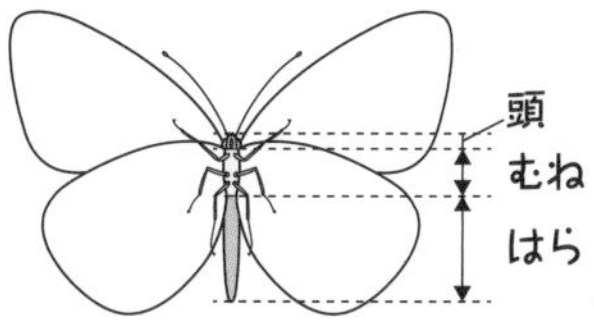

頭
むね
はら

あしは6本

⑪

名前 **カブトムシ**

すみか 林の中

食べ物 木のしる

とくちょう

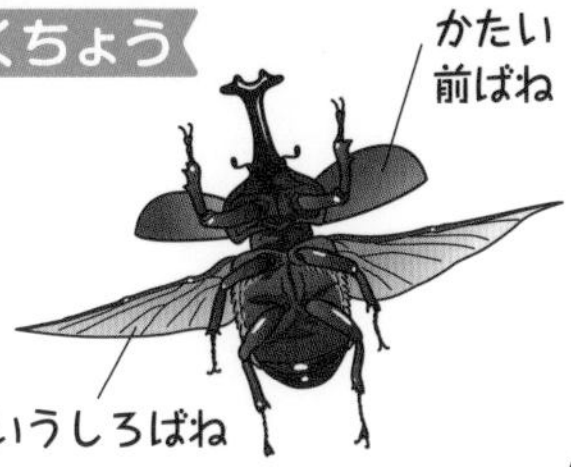

かたい
前ばね
うすいうしろばね

⑭

名前 **ナナホシテントウ**

すみか 草むら

食べ物 小さな虫

とくちょう

ナナホシテントウの
せい虫は、かれ葉の下
などで冬をこす。

Zzz

⑬

名前 **クモ**

すみか 草むらや
林の中など

食べ物 ほかの虫

とくちょう

からだは、
2つの部分《ぶぶん》に
分かれている。

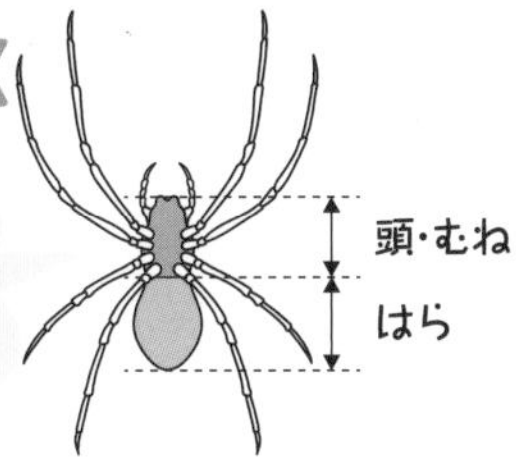

頭・むね
はら

あしは8本

⑯

名前 **ダンゴムシ**

すみか 石の下や
落《お》ち葉の
下など

食べ物 落ち葉や
かれ葉

とくちょう

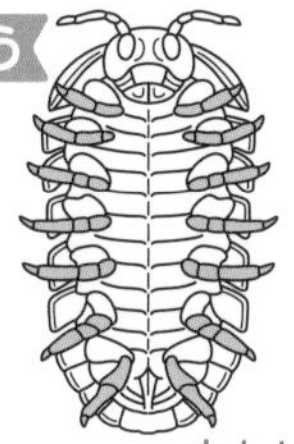

あしは14本

⑮

ゴムの力

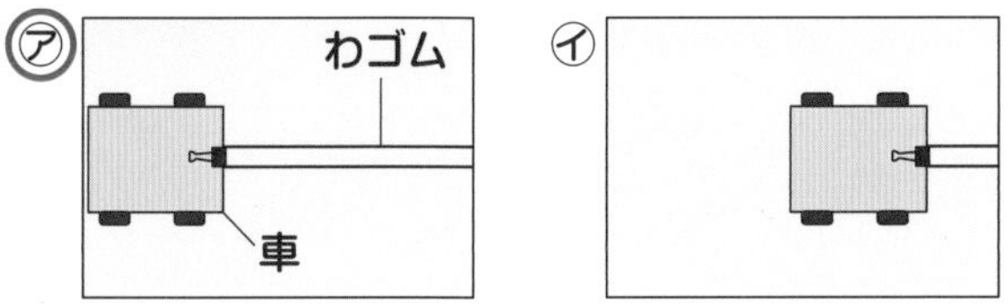

㋐
わゴム
車
㋑

●ものを動かすはたらきを大きくするには、わゴムを**長くのばす**！

⑱

風の力

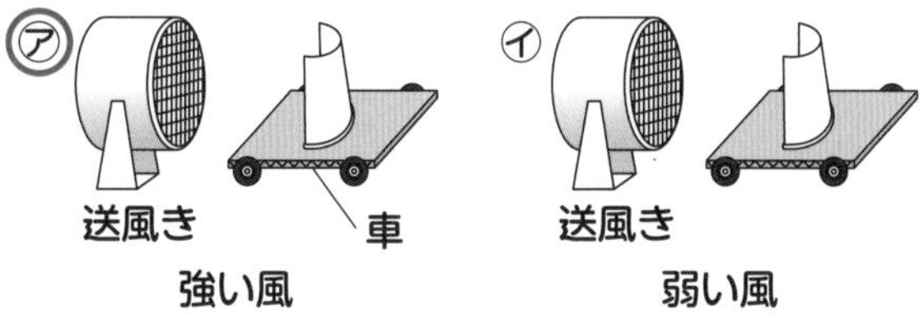

㋐
送風き
車
強い風
㋑
送風き
弱い風

●ものを動かすはたらきを大きくするには、風を**強くする**！

⑰

音のせいしつ

たいこのふるえが大きい
と音は**大きく**、ふるえが
小さいと音は**小さい**よ。

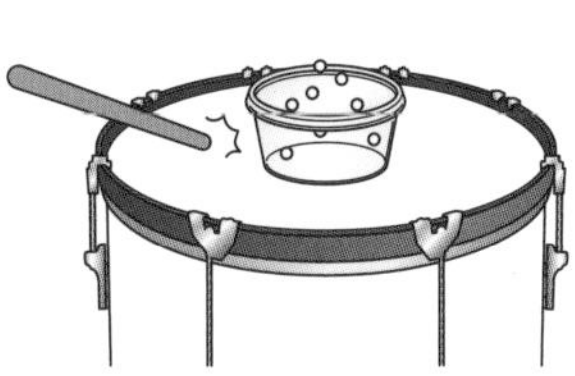

⑳

光のせいしつ

かがみで光をはね返《かえ》すと、
光はまっすぐ進んでいるの
がわかる。

光をたくさん重ねている
㋓がいちばん明るい。

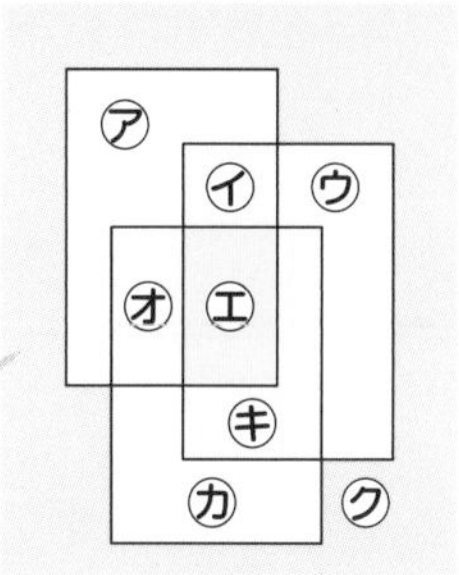

㋐
㋑
㋒
㋔
㋓
㋖
㋕
㋗

⑲

ものの重さと体積

鉄は534g、
発ぽうスチ
ロールは2g
だから…

発ぽうスチロール
のほうが軽い！

鉄
発ぽうスチロール
534g
2g

●体積が同じでも、ものによって重さは**ちがう**！

㉒

電気とじしゃくのふしぎ

●電気を通すもの

鉄、銅、アルミニウムなどの金ぞく

れい **10円玉(銅)、クリップ(鉄)**

●じしゃくにつくもの

鉄でできているもの

れい **クリップ(鉄)**

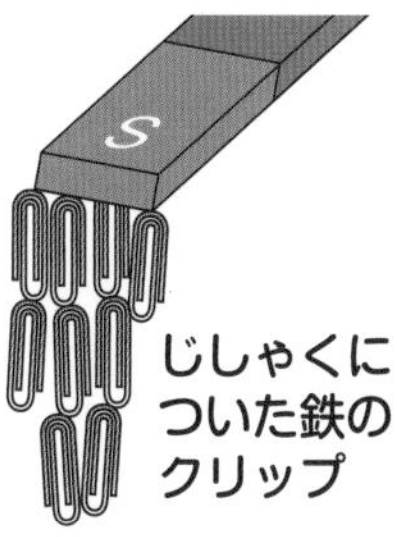

S
じしゃくに
ついた鉄の
クリップ

㉑

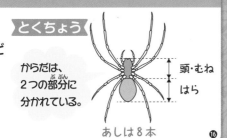

名前

育《そだ》ち方

からだのつくり

11

名前

育ち方

からだのつくり

12

名前

すみか

食べ物《もの》

13

名前

すみか

食べ物

14

名前

すみか

食べ物

15

名前

すみか

食べ物

16

風の力

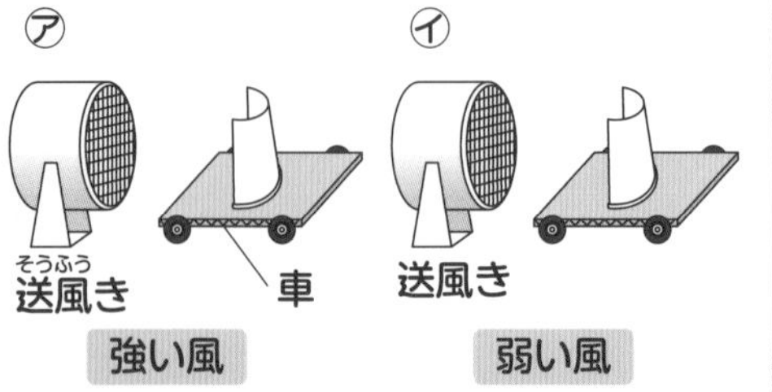
ア
イ
送風《そうふう》き
車
送風き
強い風
弱い風

遠くまで走るのはア、イどっち？

ものを動かすはたらきを大きくするには？

17

ゴムの力

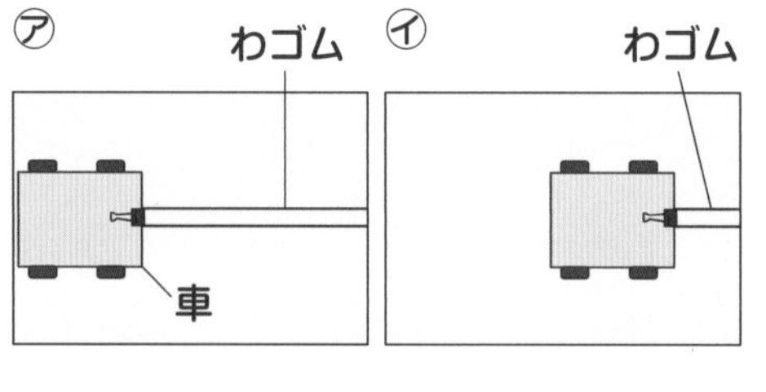
ア
わゴム
イ
わゴム
車

遠くまで走るのはどっち？

ものを動かすはたらきを大きくするには？

18

光のせいしつ

ア
イ
ウ
オ
エ
キ
カ
ク

光はどう進《すす》む？

いちばん明るいのは？

19

音のせいしつ

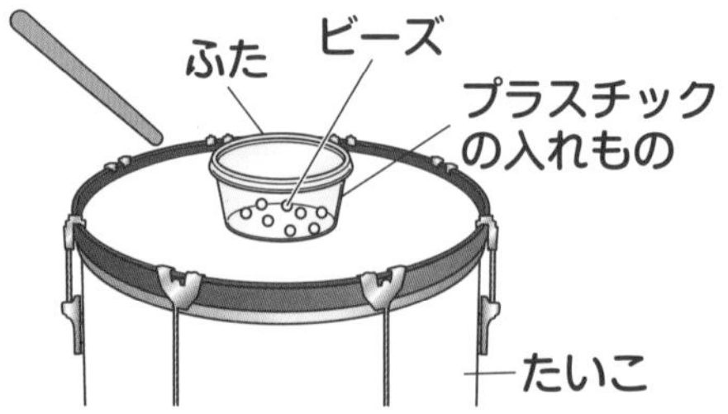
ふた
ビーズ
プラスチックの入れもの
たいこ

ふるえが大きいときの音の大きさは？

ふるえが小さいときの音の大きさは？

20

電気とじしゃくのふしぎ

10円玉(銅《どう》)　クリップ(鉄《てつ》)　コップ(ガラス)

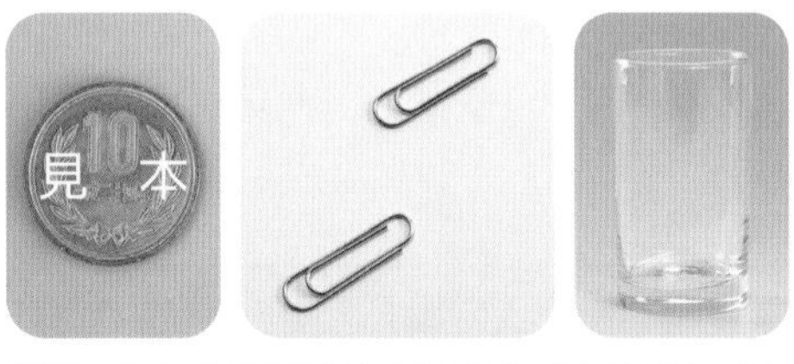
見本

電気を通すものは？

じしゃくにつくものは？

21

ものの重《おも》さと体積《たいせき》

鉄　　発《はっ》ぽうスチロール

どちらが軽《かる》い？

体積が同じものの重さは同じ？ちがう？

22